图像序列光流计算理论及优化方法

陈 震 张聪炫 葛利跃 冯 诚 著

科 学 出 版 社

北 京

内 容 简 介

本书是著者及项目团队近十年对图像序列光流计算理论与优化方法的研究成果. 从传统图像序列光流计算理论与深度学习光流计算理论两个研究方向, 较为系统与全面地介绍近十年图像序列光流计算领域中出现的新方法、新理论. 本书主要内容包括图像序列光流研究背景、基本定义与国内外研究现状、图像序列光流计算数据集与评价标准、图像序列变分光流计算理论与优化策略方法、图像局部匹配光流计算理论与优化策略方法以及深度学习光流计算理论与优化策略方法; 重点论述了不同图像序列光流计算理论与优化策略方法的数学推导过程, 并以著者与项目团队研究成果为例详细介绍了相关理论在光流估计中的应用方法与解决的问题. 本书最后对所论述的光流计算理论与优化策略方法优缺点进行了总结, 并对未来图像序列光流计算理论与优化方法的研究方向进行了展望.

本书可作为计算机视觉、人工智能、电子信息、控制科学与工程类等研究机构和企事业研究人员从事研究和应用的参考书, 也可作为上述专业的高年级本科生、硕士生、博士生和教师用于教学与科研的参考书.

图书在版编目(CIP)数据

图像序列光流计算理论及优化方法/陈震等著. —北京: 科学出版社, 2022.6
ISBN 978-7-03-072274-4

Ⅰ. ①图… Ⅱ. ①陈… Ⅲ. ①图象光学处理 Ⅳ. ①TP391.41

中国版本图书馆 CIP 数据核字(2022) 第 082545 号

责任编辑: 胡庆家 孙翠勤 / 责任校对: 郑金红
责任印制: 吴兆东 / 封面设计: 无极书装

科学出版社 出版
北京东黄城根北街 16 号
邮政编码: 100717
http://www.sciencep.com
北京建宏印刷有限公司印刷
科学出版社发行 各地新华书店经销
*
2022 年 6 月第 一 版 开本: 720×1000 1/16
2025 年 1 月第三次印刷 印张: 12
字数: 242 000

定价: 98.00 元

(如有印装质量问题, 我社负责调换)

前　言

图像序列光流计算及其优化技术一直是计算机视觉技术领域中的热点问题. 自 Horn 首次提出图像序列光流计算理论及优化方法后, 国内外众多相关专家学者投入到该领域研究工作中, 使图像序列光流计算及优化技术研究取得显著进展. 近些年, 随着计算机软、硬件水平的不断提升以及深度学习在该领域的广泛应用, 图像序列光流计算及其优化技术已被广泛应用于工业智能检测视觉系统、无人机定位与导航系统、VR/AR 场景制作以及医学图像分析和诊断系统等社会生产生活的多个领域.

本书主要阐述图像序列光流计算理论及其优化技术, 重点在于变分光流计算理论方法、深度学习光流计算理论方法及优化策略的介绍.

第 1 章是绪论, 主要介绍了图像序列光流定义及基本约束方程的推导过程, 并对国内外图像序列光流计算理论的发展研究现状进行详细介绍.

第 2 章主要对当前图像序列光流计算理论及优化方法研究领域内具有代表性的光流计算数据库和通用的量化评价基准指标进行详细介绍.

第 3 章和第 4 章分别详细阐述了图像序列变分光流计算理论与方法和图像序列变分光流计算优化策略与方法, 并以基于图像局部结构张量的变分光流算法、基于遮挡检测的非局部 TV-L1 变分光流计算方法和基于运动优化语义分割的变分光流计算方法、基于联合滤波的非局部 TV-L1 变分光流计算方法为例详细介绍与分析上述计算理论与优化策略是如何应用于光流计算的.

第 5 章着重阐述图像局部匹配光流计算理论与方法, 首先分别介绍图像局部特征点匹配模型和图像局部区域匹配模型, 然后详细叙述了基于图像相似变换的局部匹配光流计算方法和基于图像深度匹配的大位移运动光流计算方法, 并对它们的性能做了详细的实验对比分析.

第 6 章和第 7 章重点介绍了深度学习光流计算理论与方法以及深度学习光流优化策略与方法. 首先, 在深度学习光流计算理论与方法方面详细介绍了卷积神经网络模型, 并以 FlowNet、FlowNet2.0 和 PWC-Net 为例详细分析了深度学习光流计算模型的构建方法以及工作原理、训练方法. 然后, 在深度学习光流优化策略与方法方面本书详细介绍了光流估计网络优化策略和光流估计训练优化策略, 同时, 以遮挡场景光流计算问题为例, 详细介绍和分析了基于遮挡检测的多尺度自注意力光流估计方法和基于多尺度上下文网络模型的光流估计方法.

第 8 章对本书内容进行概括和总结, 并针对目前光流计算方法进行分类总结, 同时对光流计算技术发展进行一定展望.

本书的撰写是第一著者在 2012 年出版《图像序列光流计算技术及其应用》后, 对近十年来图像序列光流计算理论及优化技术研究成果的又一次深入总结与凝练. 为使内容上具有理论性、实用性和先进性, 本书在介绍图像序列光流计算领域的一些经典理论与优化策略的同时又汇集了作者及课题组成员近年来在研究图像序列光流计算理论及优化技术方面的最新理论与成果, 相信本书可以为图像序列光流计算理论及优化技术研究领域的广大研究人员提供一些参考.

感谢南昌航空大学图像检测与智能识别课题组的张聪炫、葛利跃、冯诚、危水根、江少锋等老师和博士研究生, 他们为本书的完成和出版提供了大量的帮助; 感谢课题组的汪明润、覃仁智、熊帆、王雪冰、周仲凯、张道文、邓士心、吴俊劼、何超、马龙、史世栋等硕士研究生为本书提供了大量的实验图片及数据等宝贵资料. 本书的出版得到了国家重点研发计划 (2020YFC2003800)、国家自然科学基金 (61866026、61772255)、江西省优势科技创新团队 (20165BCB19007)、江西省自然科学基金 (20202ACB214007) 等项目的资助. 没有这些资助, 本书的研究及出版就无法顺利进行, 在此谨致以诚挚的感谢. 书中所有图片的彩色原图可以通过扫描封底的二维码获取.

由于作者水平有限, 不足之处在所难免, 欢迎读者批评指正.

陈 震

2021 年秋于南昌航空大学

目　　录

第 1 章 绪　　论

1.1 研究背景

近年来, 随着计算机软件、硬件水平的不断提高, 利用计算机视觉技术自动从图像或视频中获取目标的运动信息和三维结构已在社会生产、生活、军事交通、航空航天等领域得到广泛应用并发挥着重要作用. 如在无人驾驶中的障碍物检测、无人机定位、目标追踪以及 VR (虚拟现实) 等应用场景中, 计算机视觉均作为核心技术扮演着重要角色. 光流作为上述计算机视觉任务的重要基础, 自 Horn 和 Schunck 提出以来, 逐渐成为计算机视觉技术研究领域的重要内容.

当人的眼睛观察包含运动物体的场景时, 运动物体会在人的视网膜上形成一系列连续变化的图像信息, 这些连续变化的图像信息像水流一样不断 "流过" 视网膜, 所以称之为光流 (Optical Flow, OF). 将其理论化定义则有：光流是指运动物体或场景表面的光学特征部位在投影平面的瞬时速度. 从光流的定义可以看出, 光流的存在包含以下三个要素：第一是包含运动即速度场, 这是光流形成的必要条件; 第二是运动物体表面要可以携带信息的光学特征部位; 第三是能够被观察到, 即可以成像投影. 光流存在的三个要素也反映出光流不仅包含了物体或场景的运动参数, 还携带了丰富的三维结构信息.

在早期的研究中, 受计算机硬件水平和计算能力的限制, 研究人员大多针对图像序列光流计算理论进行研究, 主要解决光流计算的不适定问题和连续性问题. 通过构建一系列数学方程, 并利用多种优化策略使方程获取最优解进而得到最终光流结果. 计算机计算能力和算法不够完善, 使得光流计算的时间、计算精度和鲁棒性难以满足高精度计算机视觉任务需求, 限制了光流技术的发展和应用. 近年来, 随着深度学习技术的快速发展和计算机计算能力的不断提高, 光流计算的精度、鲁棒性和效率得到了显著提高, 图像序列光流计算技术研究成为当前计算机视觉研究领域热点.

1.2 图像序列光流定义

1.2.1 运动场与光流场对应关系

物体在三维空间内运动, 其在图像平面上的投影也会形成对应的图像运动. 如图 1-1 所示, 令摄像机镜头位于原点 O 处, 在摄像机观测范围内有一物体相对于摄像机运动, 假设其表面上的任意三维点 P 经时间 Δt 后运动到点 P' 处, 则 P 点在成像平面上的对应投影点 q 经时间 Δt 后运动到点 P' 的对应投影点 q' 处.

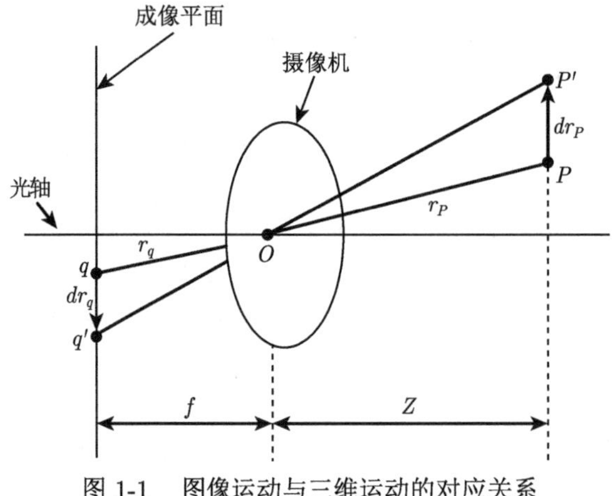

图 1-1 图像运动与三维运动的对应关系

已知三维点 P 和图像点 q 的移动距离分别为 dr_P 和 dr_q, 则三维点 P 的移动速度 v_P 和图像点 q 的移动速度 v_q 可以表示为

$$v_P = \frac{dr_P}{\Delta t} \tag{1-1}$$

$$v_q = \frac{dr_q}{\Delta t} \tag{1-2}$$

式 (1-1) 和 (1-2) 中, r_P 和 r_q 具有如下对应关系：

$$\frac{1}{f} \cdot r_q = \frac{1}{Z} \cdot r_P \tag{1-3}$$

式中, f 是摄像机焦距, Z 是三维点 P 的深度. 式 (1-3) 描述了三维运动物体和成像平面投影的对应关系. 图像中所有像素点光流矢量的集合称为光流场 (Optical Flow Field, OFF), 在理想情况下, 图像光流场与成像平面的运动场是对应的, 但实际情况却不全是如此. 这是因为光流形成有三个必要条件：首先, 要有运动场, 即物体或场景与摄像机之间的相互运动. 其次, 物体或场景表面要带有包含光学特性的部位, 例如有灰度或彩色信息的像素点. 最后, 要有成像投影, 以便于观察. 当满足这三个条件时, 通常认为光流场近似等于图像平面运动场.

图 1-2 展示了材质球运动与光流场的对应关系, 其中图 1-2(a) 是合成材质球平移图像序列第 36 帧原图像, 图像中材质球由左上方向右下方作平移运动. 图 1-2(b) 是该图像序列第 36、37 帧间的光流场. 图中材质球的光流场与其运动场一

致, 研究光流的目的也就是为了从图像序列中近似计算出不能直接得到的运动场, 从而利用图像运动与三维运动的对应关系实现运动物体或场景的三维重建.

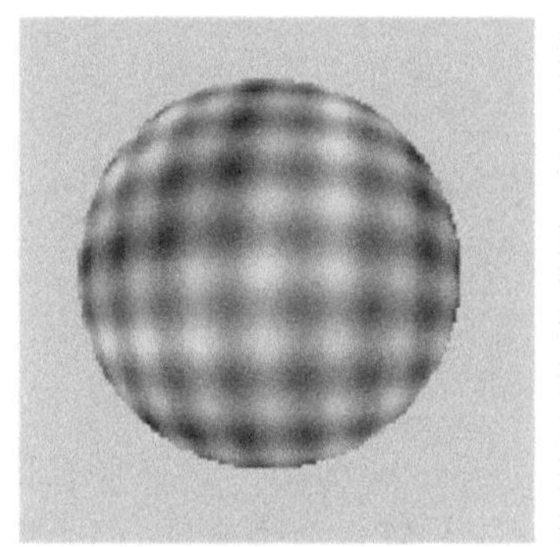

(a) 材质球图像序列第36帧 (b) 材质球图像序列标准光流场

图 1-2 材质球平移图像序列及光流场

1.2.2 光流基本约束方程

假设在时刻 t 时, 图像中像素点 (x, y) 处的灰度值为 $I(x, y, t)$; 在时刻 $(t+\Delta t)$ 时, 该像素点运动到点 $(x+\Delta x, y+\Delta y)$ 处, 其灰度值为 $I(x+\Delta x, y+\Delta y, t+\Delta t)$. 根据图像灰度一致性假设, 即当图像时间间隔很短时, 图像中灰度保持不变, 满足 $dI(x, y, t)/dt = 0$, 则图像像素点灰度守恒假设 (又称为亮度守恒假设) 可以表示为

$$I(x, y, t) = I(x + \Delta x, y + \Delta y, t + \Delta t) \tag{1-4}$$

令 u 和 v 分别表示像素点光流矢量沿 x 和 y 轴的两个分量, 且 $u = dx/dt$, $v = dy/dt$. 将式 (1-4) 中等号右边部分用泰勒公式 (Taylor Formula) 展开可得

$$I(x + \Delta x, y + \Delta y, t + \Delta t) = I(x, y, t) + \frac{\partial I}{\partial x}\Delta x + \frac{\partial I}{\partial y}\Delta y + \frac{\partial I}{\partial t}\Delta t + \varepsilon \tag{1-5}$$

忽略式 (1-5) 中的二阶以上高阶项后代入式 (1-4) 中可得

$$\frac{\partial I}{\partial x}\Delta x + \frac{\partial I}{\partial y}\Delta y + \frac{\partial I}{\partial t}\Delta t = 0 \tag{1-6}$$

由于 $\Delta t \to 0$, 式 (1-6) 可以写为

$$\frac{\partial I}{\partial x}\frac{dx}{dt} + \frac{\partial I}{\partial y}\frac{dy}{dt} + \frac{\partial I}{\partial t} = 0 \tag{1-7}$$

令 $I_x = \dfrac{\partial I}{\partial x}, I_y = \dfrac{\partial I}{\partial y}, I_t = \dfrac{\partial I}{\partial t}$ 分别表示图像像素点灰度沿 x 轴、y 轴和时间 t 方向的偏导数, 则可以得到线性化的亮度守恒假设公式:

$$I_x u + I_y v + I_t = 0 \tag{1-8}$$

式 (1-8) 就是亮度守恒假设, 也称为光流基本约束方程 (Optical Flow Constraint Equation, OFCE). 将其写成矢量形式为

$$\nabla_2 I \cdot w + I_t = 0 \tag{1-9}$$

式 (1-9) 中, $\nabla_2 = (I_x, I_y)$ 表示一阶梯度算子, $w = (u, v)^{\mathrm{T}}$ 表示图像像素点光流矢量. 如图 1-3 所示, 由于光流矢量 $w = (u, v)^{\mathrm{T}}$ 包含两个变量, 而光流的基本约束方程只有一个公式, 利用光流基本约束方程只能求出光流矢量 $w = (u, v)^{\mathrm{T}}$ 沿梯度方向上的值, 而不能同时求出光流矢量的两个分量. 因此利用光流基本约束公式求解图像序列光流场是一个不适定问题, 必须添加其他的约束条件才能求出光流矢量 $w = (u, v)^{\mathrm{T}}$ 的唯一解.

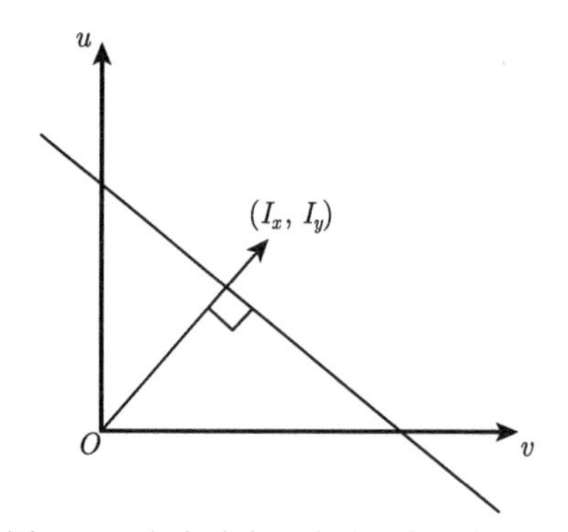

图 1-3　光流基本约束公式的坐标描述

1.3　国内外研究发展与现状

1.3.1　基于变分理论的光流计算方法

基于变分理论的光流计算方法自光流概念提出以来一直是光流计算研究领域的重点, 图 1-4 展示了变分理论光流计算方法发展脉络, 从图中可以看出, 依据研究内容的不同, 可将变分理论光流计算方法研究分为: 针对光流计算图像预处理的研究、针对光流计算能量泛函的研究和针对光流计算优化策略的研究等三个研究方向.

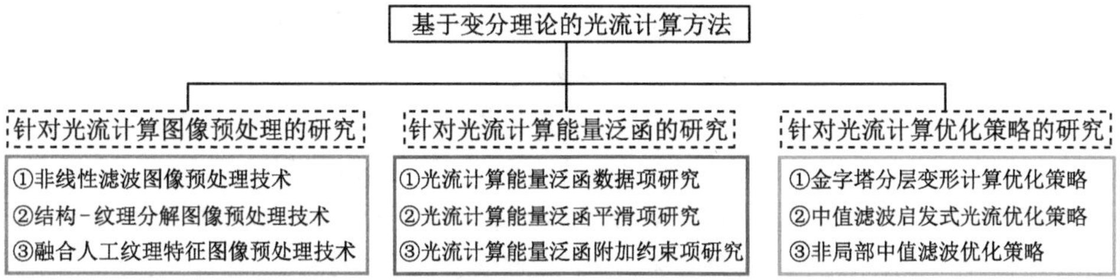

基于变分理论的光流计算方法

针对光流计算图像预处理的研究
①非线性滤波图像预处理技术
②结构–纹理分解图像预处理技术
③融合人工纹理特征图像预处理技术

针对光流计算能量泛函的研究
①光流计算能量泛函数据项研究
②光流计算能量泛函平滑项研究
③光流计算能量泛函附加约束项研究

针对光流计算优化策略的研究
①金字塔分层变形计算优化策略
②中值滤波启发式光流优化策略
③非局部中值滤波优化策略

图 1-4　变分理论的光流计算方法发展脉络图

1. 针对光流计算图像预处理的研究

光流计算的基础是图像, 因此图像质量的优劣是决定光流计算精度的一个重要因素. 当图像中包含噪声、光照阴影和弱纹理等因素时, 如何提高光流计算的精度是光流技术研究的重要内容. 针对图像噪声导致输入图像数据可靠性较差问题, 基于非线性滤波技术的图像预处理方法最先被应用于光流估计问题. 针对光照阴影导致光流计算精度降低问题, 基于结构–纹理分解的图像预处理模型被证明是解决该问题的有效方法, 通过将原始图像分解为纹理图像可以较为准确地剔除图像中的阴影. 针对图像弱纹理引起光流计算鲁棒性下降问题, 通用的做法是使用人工纹理特征对图像进行预处理, 以增强弱纹理区域图像数据的可靠性.

2. 针对光流计算能量泛函的研究

仅依靠对图像进行预处理难以大幅提高光流计算的精度, 因此, 为了从本质上提高光流计算的精度, 针对光流计算能量泛函的研究成为重点. 光流计算能量泛函是光流计算数值化的基础, 主要包括数据项和正则化项两部分. 其中数据项主要由各种图像数据守恒假设构成, 决定了光流计算的精度, 正则化项主要由各种平滑策略构成, 控制着光流的扩散强度和方向. 针对基于图像灰度守恒假设的数据项不能有效应对光照变化的问题, 通用的解决方法是在数据项中引入对光照变化鲁棒的图像高阶守恒假设. 例如, 图像梯度守恒假设、图像结构张量守恒假设以及 Hessian 矩阵守恒假设已成为数据项重要组成部分. 虽然, 高阶守恒假设能够增强数据项抗光照变化能力, 但是其对图像噪声过于敏感. 为了提高数据项的抗噪性, 一种有效的方法是使用多重守恒假设构建数据项, 例如, 基于全局与局部守恒假设的 CLG 光流计算模型, 在提高光流计算抗噪性的同时又能获得稠密的光流结果. 结合双边滤波约束的数据项既能够提高模型抗噪性又能够较好地保持图像边缘. 以上方法均使用灰度图像作为输入, 而实际上彩色图像能够提供更加丰富的图像数据信息. 因此, 图像颜色守恒假设逐渐被用于构建光流计算能量泛函的数据项, 该守恒假设的引入进一步使数据项的鲁棒性和准确性得到了提高.

在早期, Horn-Schunck 为了解决光流扩散的问题, 最先将空间一致性平滑策略引入光流计算能量泛函, 然而该方法会造成图像边缘模糊和过度平滑的问题.

为了在控制光流扩散的同时防止图像边缘过度平滑, 基于图像驱动的平滑策略被提出用以保护图像边缘. 所谓图像驱动就是利用图像扩散理论, 通过建立一个基于图像数据的权重函数让光流扩散与图像数据建立联系, 进而达到控制光流扩散强度的目的. 目前常用的基于图像驱动的平滑策略是 Nagel 和 Werlberger 分别提出的基于图像梯度的自适应变化平滑策略和基于图像结构张量的各向异性平滑策略. 然而, 图像驱动的平滑策略往往会导致图像边缘呈现过度分割的现象. 为了解决该问题, 基于光流驱动的平滑策略逐渐被用以构建正则化项. 光流驱动就是通过设计一个扩散关系模型, 使扩散张量与光流矢量建立一种联系, 进而控制光流在图像边缘的扩散强度. 例如, Schnörr 等人和 Weicker 等人分别提出的基于各向同性的光流驱动平滑策略和基于各向异性的光流驱动平滑策略, 被证明可以有效防止图像边缘过度分割, 两者区别仅在于后者考虑了方向信息. 进一步地, 研究人员将上述两类平滑策略的优点相结合, 提出一种基于图像–光流联合驱动的正则化项模型, 使得光流结果在充分展现运动细节的同时又能较为准确地贴合图像边缘.

由于传统能量泛函在复杂场景下常常无法满足高精度光流估计的需求, 因此针对能量泛函附加约束项的研究成为光流计算研究的重点问题. 针对大位移运动光流计算的鲁棒性和准确性问题, 通过在光流计算能量泛函中引入图像匹配约束项可以有效地提高大位移运动场景光流计算的性能. 例如, Hornacek 等人使用块匹配约束提高了大位移运动光流估计的精度. 此外, 通过在光流计算能量泛函中引入边缘感知约束项可以在一定程度上达到保护图像边缘的目的. 图 1-5 以 desert 序列为例, 展示了附加边缘感知约束项和未附加边缘感知约束项的光流估计效果. 从图中可以看出附加边缘感知约束项的光流估计结果实现了最佳的图像边缘保护效果.

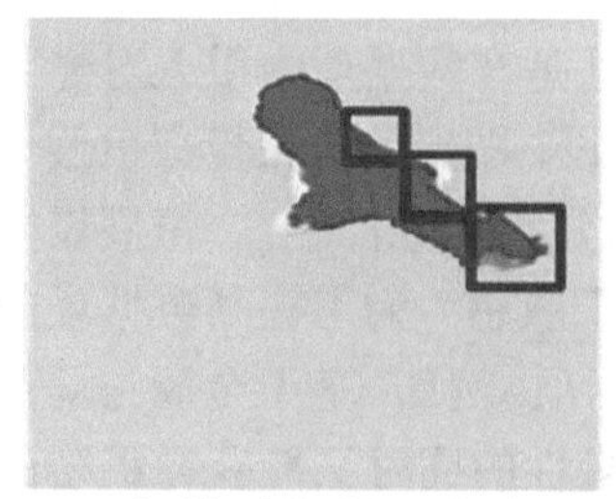
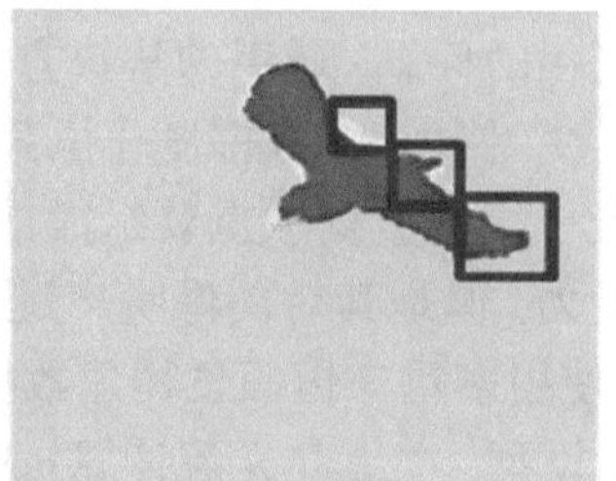

未附加边缘感知约束项　　附加边缘感知约束项　　光流真实值

图 1-5　desert 序列光流估计效果

3. 针对光流计算优化策略的研究

随着图像获取设备技术的提高, 由其获取的图像分辨率越来越高, 图像计算难度也越来越大, 因此针对光流计算优化策略的研究逐渐成为新的热点. 为了解决大位移运动光流计算模型难以优化问题, 基于图像金字塔分层的由粗到细光流估计策略被证明是解决该问题的有效手段. 然而, 金字塔光流计算模型在低分辨率图像易产生光流溢出点问题. 为了抑制光流溢出点, 基于中值滤波启发式光流优化方法被广泛应用于解决光流溢出点问题. 针对传统中值滤波方法易导致光流结果过度平滑问题, 在光流计算模型中引入非局部中值滤波优化策略, 可以有效改善该问题. 后续 Sun 等人采用图像像素点亮度距离、空间距离以及遮挡系数最优化像素点滤波权重, 提出一种加权中值滤波优化策略, 进一步完善了基于中值滤波启发式的光流优化方法.

1.3.2 基于匹配模型的光流计算方法

基于图像匹配的光流计算方法通过计算像素点匹配关系对大位移运动区域进行有效定位, 相对于变分方法, 其在大位移运动区域的光流计算结果更加精确. 基于图像匹配的光流计算方法大致可分为两类: ① 基于特征匹配附加约束项的变分光流计算方法; ② 基于特征匹配运动场与变分光流场进行融合优化的计算方法. 图 1-6 展示了基于匹配模型的光流计算方法的发展脉络.

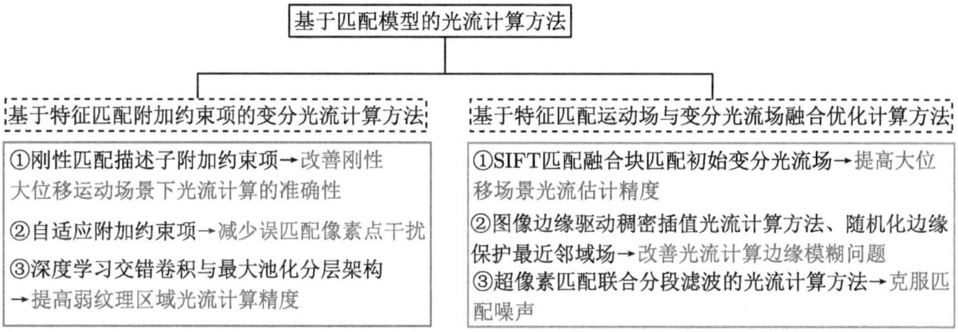

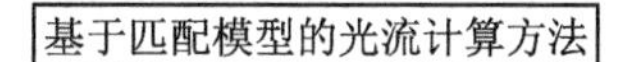

图 1-6 基于匹配模型的光流计算方法脉络图

由于基于变分理论的光流计算方法在包含大位移运动的图像序列中存在计算精度与鲁棒性不理想的问题, Brox 等人首先提出在光流估计能量泛函中引入基于刚性匹配描述子的附加约束项, 显著地提高了刚性大位移运动场景下光流计算的准确性. 然而, 该方法有许多缺点, 例如局部描述子仅在显著区域可靠, 并且容易产生错误匹配影响光流估计精度. 针对错误匹配像素点影响光流估计精度的问题, Stoll 等人提出基于自适应附加约束项的计算策略, 一定程度上减少了误匹配像素点的干扰. 针对传统匹配算法在弱纹理区域无法有效匹配的问题, Weinzaepfel 等人提出类似于深度学习的计算策略, 利用交错卷积与最大池化分层架构进行稠密采样, 求解更加丰富和准确的像素点匹配关系, 有效提高了弱纹理区域的光流计算精度.

针对包含多种困难运动类型图像序列光流计算的准确性与鲁棒性问题, Lempitsky 等人首先提出将多种光流或设置了不同参数的一种光流进行融合, 求解更加鲁棒的稠密光流场. 受该方法的启发, 基于特征匹配运动场与变分光流场进行融合优化的计算方法逐渐成为研究热点. Xu 等人提出采用 SIFT 匹配算法和块匹配方法计算候选光流值优化初始变分光流场, 提高了大位移场景光流估计精度. 针对现有光流计算方法在遮挡、运动边界和非刚性运动等情况下易产生边缘模糊现象的问题, Revaud 等人采用图像边缘驱动的稠密插值策略计算稠密运动场初始化光流估计能量泛函, 实验证明该方法对于包含大位移、运动遮挡的图像序列具有很好的边缘保护作用. 针对稠密插值策略易受匹配噪声影响的问题, Hu 提出基于超像素匹配联合分段滤波的光流估计策略, 克服了匹配噪声影响光流估计精度的问题. 针对像素点匹配策略由于缺少正则化而产生噪声的问题, 采用对块匹配结果执行金字塔分层迭代优化的策略求解更加鲁棒和丰富的块匹配关系, 可以有效改善光流估计中的噪声问题. 针对特征匹配与块匹配方法的鲁棒性与准确性问题, Li 等人提出采用金字塔梯度匹配方法产生鲁棒稠密运动场并将其代入变分能量泛函进行迭代优化, 由于梯度图像的高效性和可拓展性, 因此该方法具有更高的光流估计精度. 为了提升优化效率, Bao 等人提出构建快速随机化边缘保护最近邻域场, 该方法不但能有效保护运动边缘, 而且大大减少了计算复杂度.

现阶段, 图像匹配计算技术已逐渐成为克服大位移光流估计难题的重要手段, 然而该类方法在复杂场景、非刚性大位移运动和运动模糊等情况下易产生错误匹配, 影响最终光流估计精度.

1.3.3　基于深度学习的光流计算方法

近年来, 随着深度学习理论与技术的快速发展, 卷积神经网络模型被广泛应用于光流计算技术研究, 该类方法由于具有计算速度快、稳定性高等显著优点, 因此逐渐成为光流计算研究领域的热点. 如图 1-7 所示, 根据学习策略的不同, 基于深度学习的光流计算方法可分为：基于有监督学习的光流计算方法、基于无监督学习的光流计算方法以及基于半监督学习的光流计算方法.

1. *有监督学习光流计算方法*

有监督学习光流计算方法首先利用卷积神经网络在多尺度卷积空间提取图像特征, 然后根据图像特征建立相邻图像像素点的对应关系, 最后根据像素对应关系计算稠密光流场, 具有训练方便、预测精度高等显著优点.

Dosovitskiy 等人首先使用卷积神经网络搭建了基于有监督学习方式的光流估计模型 FlowNet, 该工作首次证明了利用通用 U-Net CNN 架构直接估计原始图像光流的可行性. 图 1-8 展示了 FlowNet 光流估计模型示意图, 从图中可以看出, FlowNet 模型分为 FlowNetS 和 FlowNetC 两种网络架构, 并且这两种网络的结构均由卷积收敛层和扩展细化层组成. 其中, 卷积收敛层用于提取图像特征获取预测光流, 扩展细化层则将预测光流细化为高分辨率输出. 不同之处在于, FlowNetS 首先在输入部分堆叠连续两帧图像, 然后再对网络进行端到端 (End-to-End) 训练, 可以隐式地计算图像中像素点的对应光流. FlowNetC 相对于 FlowNetS 增加了一个特征融合过程, 即先通过关联操作显式地获取两帧图像间的运动特征, 再通过类似于 FlowNetS 的网络结构预测图像光流. 上述模型均包含大量卷积操作, 因此模型参数较多, 训练过程收敛较慢且光流预测结果也就存在大量异常值和噪声. 尽管 FlowNet 模型在运算时间上能够达到实时估计, 但光流估计精度仍低于传统的变分光流计算方法.

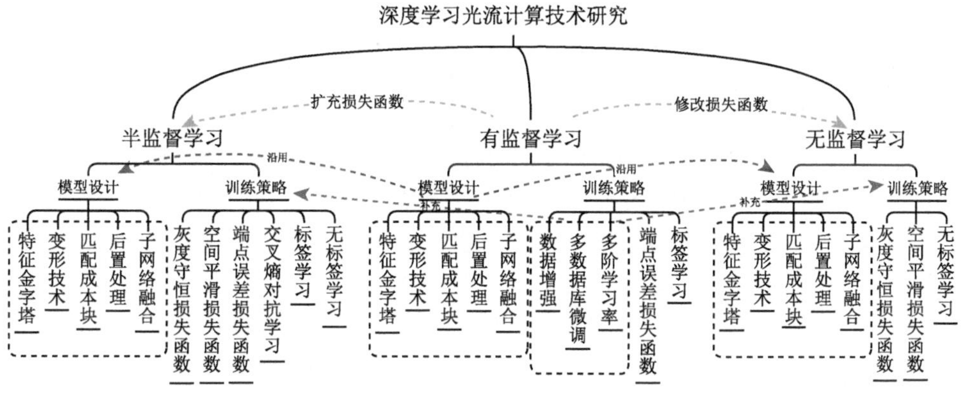

图 1-7 深度学习光流计算技术研究体系与发展脉络图

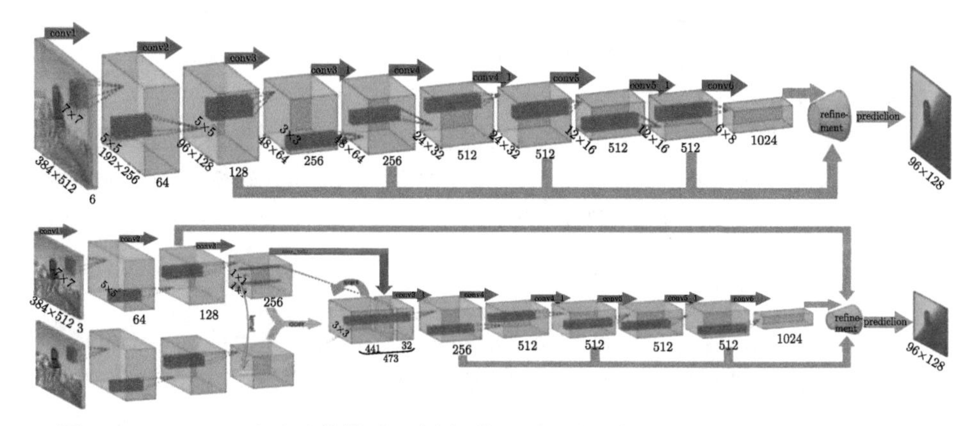

图 1-8 FlowNet 光流计算模型示意图, 从上到下分别为 FlowNetS, FlowNetC 模型

针对原始 FlowNet 模型光流估计精度较低的问题, Ilg 等人提出了基于加强型卷积神经网络的光流估计模型 FlowNet2.0. FlowNet2.0 模型首先通过使用 Stack 操作将 FlowNetS 和 FlowNetC 网络进行堆叠提高网络的深度, 然后针对性估计

小位移运动光流, 最后将网络堆叠输出与小位移光流输出进行融合获得最终的光流预测结果, 使得 FlowNet2.0 模型在光流估计精度上超越了传统的变分光流计算方法. 但是, 由于 FlowNet2.0 模型是由 FlowNetS 和 FlowNetC 网络堆叠而来的, 因此该模型面临结构复杂、参数过多、网络训练难度剧增等问题.

为了降低卷积网络模型结构复杂度和参数数量, Ranjan 和 Black 将经典的空间金字塔模型与卷积神经网络相结合, 提出了 SpyNet 光流估计网络模型. 该模型通过建立图像金字塔网络并利用图像变形技术处理大位移运动, 显著减小了模型的尺寸和参数量. 但是, SpyNet 网络结构过于简单, 导致光流估计精度较低. 为了兼顾光流估计的精度与效率, Sun 等人提出一种基于紧凑型卷积神经网络的光流估计模型 PWC-Net, 首先使用特征金字塔网络从原始图像序列中提取置信度较高的特征图作为输入, 然后通过引入变形层和成本层减小模型的尺寸和参数量, 最后采用多层扩张型卷积神经网络估计光流. 该方法在减少模型参数量和时间消耗的同时有效提高了光流预测的精度. 针对运动遮挡情况下光流估计的可靠性问题, 研究人员利用 FlowNet2.0 模型分别估计了图像序列的前向和后向光流, 然后通过匹配前向与后向光流检测图像遮挡区域, 最后利用遮挡信息修正网络光流的预测结果, 有效提高了运动遮挡光流估计的鲁棒性. 针对卷积操作易导致运动边缘过度平滑的问题, Hui 等人提出了基于正则化约束的 LiteFlowNet 光流估计模型, 首先将金字塔特征提取网络与光流估计网络分开处理以减小光流估计网络模型的尺寸, 然后通过引入正则化约束项保护光流估计结果的边缘特征信息. 鉴于图像光流与目标分割存在共同性, Cheng 等人通过联合图像分割与光流估计提出了基于双向结构的 SegFlow 网络模型, 该模型通过在光流估计网络 FlowNet 中引入目标分割信息, 并利用交替迭代进行网络训练, 能够显著提高弱小目标的光流估计精度与鲁棒性.

虽然有监督学习策略通常能够获取较高精度的光流估计结果, 但该类方法需要大量标签数据训练模型参数且模型训练过程复杂, 因此其网络学习时间消耗过大, 难以应用于不包含真实光流数据的现实场景.

2. 无监督学习光流计算方法

无监督学习光流计算方法通常使用辅助光流代替真实光流或利用不依赖于真实光流的损失函数进行网络参数训练, 能够克服标签数据对网络模型的限制.

Jason 等人以有监督学习 FlowNet 模型为基准首先提出无监督光流预测网络模型 UnsupFlowNet, 该模型通过联合变分光流方法中数据项与平滑项作为网络损失函数, 使光流计算模型不需依赖包含光流真实值的标签数据便可进行网络训练. 图 1-9 展示了典型的无监督学习光流估计模型框架, 从图中可以看出, 与有监督学习网络模型相比, 无监督学习光流估计模型通常是在有监督学习光流预测网络的基础上, 利用灰度守恒损失函数或其他图像高阶数据守恒损失函数与空间平滑损失函数共同组成损失能量泛函, 再通过迭代更新最小化能量泛函获取网络模型参数, 以达成无监督学习的光流估计任务. 由于图像数据在光照变化、大位移以及弱纹理等情况下并不可靠, 因此基于图像数据守恒的损失函数难以获得最优的网络参数, 这导致典型的无监督学习模型光流估计精度较低、鲁棒性较差. 近年来, 随着动态视觉传感器 (Event Camera) 技术的快速发展, 其成像质量不受外部环境变化与相互运动的影响, 因此基于动态图像数据守恒的损失函数能够使无监督光流网络模型更充分学习运动的一般特性, 有效提高模型的光流预测精度与可靠性.

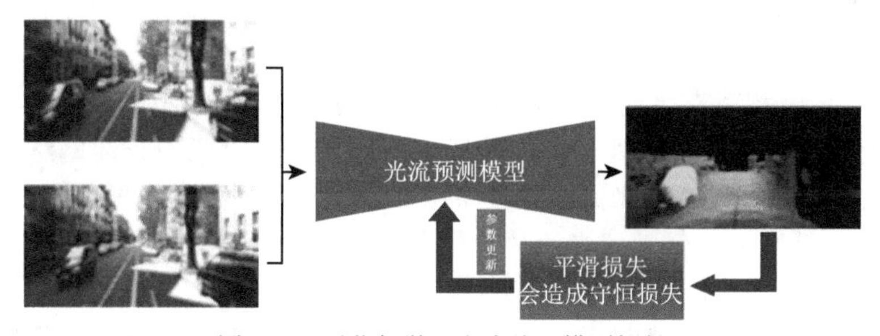

图 1-9 无监督学习光流估计模型框架

当图像序列中包含运动遮挡现象时, 图像局部像素点的时隐时现会导致基于图像数据守恒的损失函数产生明显误差. 针对运动遮挡场景的光流估计准确性问题, Meister 等人提出的 Unflow 模型首先使用前后向光流的一致性匹配策略进行遮挡检测, 然后通过设计基于遮挡感知的损失函数提高了运动遮挡场景下无监督学习光流估计网络模型的精度. 与 Meister 等人所述方法不同, Wang 等人首先使用背景光流进行前向变形得到遮挡映射信息, 然后在损失函数中加入遮挡信息和边缘感知平滑约束, 在提高运动遮挡场景光流估计精度的同时有效保护了光流预测的边缘结构特征. 针对长序列遮挡光流估计的可靠性问题, Janai 在 PWC-Net 模型的基础上提出一种基于无监督多帧遮挡感知的光流估计网络模型 Back2FutureFlow, 该模型的损失函数由数据项、平滑项、恒定速度约束项和遮挡先验项组成, 提高了长序列遮挡场景光流估计的精度与鲁棒性. 但是由于模型参数的训练并不准确, 因此该类方法的光流估计精度较低.

3. 基于半监督学习策略的光流计算方法

基于半监督学习策略的光流计算方法在综合有监督学习与无监督学习方法的基础上, 联合标签数据和真实数据进行网络模型训练, 能够有效克服网络模型训练对标签数据的依赖性.

典型的半监督学习光流估计网络模型损失函数可表示如下：

$$E_{total}=\sum_{i\in D_l}L_{EPE}(w^i,\hat{w}^i)+\sum_{j\in D_u}\left(\lambda_d\xi_{data}(I_1^j,I_2^j,w^j)+\lambda_s\xi_{smooth}(w^j)\right)\quad(1\text{-}10)$$

式 (1-10) 中, $L_{EPE}(\cdot)$, $\xi_{data}(\cdot)$ 与 $\xi_{smooth}(\cdot)$ 分别表示端点误差损失函数、灰度守恒损失函数与空间平滑损失函数, 符号 λ_d 和 λ_s 是灰度守恒损失函数与空间平滑损失函数的权重因子. 符号 D_l, D_u 分别代表标注数据集与未标注数据集, $w^i=(u^i,v^i)^{\mathrm{T}}$, $\hat{w}^i=(\hat{u}^i,\hat{v}^i)^{\mathrm{T}}$ 分别表示标注数据集的预测光流值和真实光流值, 符号 I_1^j, I_2^j 和 w^j 分别表示未标注数据集输入图像序列的第一帧、第二帧以及预测光流值. 由于半监督学习模型同时利用标签数据集和无标签数据集作为网络训练样本, 因此相对于有监督和无监督学习具有训练样本要求低、模型预测精度高的优点.

当前, 鉴于相对充足的训练样本数据集和应用领域的针对性, 基于半监督学习的光流估计技术研究还处于起步阶段. 典型的半监督学习光流网络模型是利用标签数据有监督地训练光流计算模型参数, 并利用无标签数据无监督地对模型进行微调. 针对无监督学习光流估计的适用性问题, Zhu 等人提出了一种引导光流学习模型, 通过使用经典能量泛函计算的光流作为标签数据引导网络模型的光流预测. 虽然该方法能够摆脱标签数据集的限制, 但依靠经典能量泛函获取的光流标签数据存在较多噪声, 因此模型的光流预测精度较低. 针对标签数据的准确性问题, Yang 等人设计了一种基于数据驱动的标签数据学习策略, 通过利用 FlowNet2.0 有监督学习光流模型与无监督学习模型交替学习策略提高了半监督网络模型的光流计算精度. 如图 1-10 所示, Lai 等人通过使用对抗生成网络将优化复杂的灰度守恒与空间平滑损失函数转为简单的二分类最大似然函数, 避免了对损失函数进行显式的建模, 显著降低了半监督学习光流估计的复杂度.

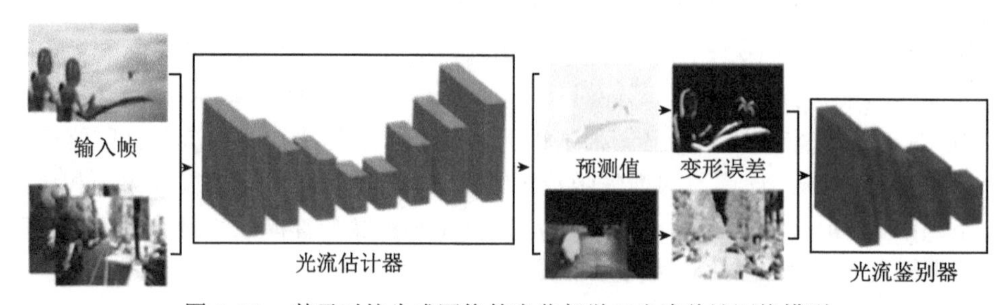

图 1-10 基于对抗生成网络的半监督学习光流估计网络模型

1.3.4 图像序列光流计算存在的若干问题

图像序列光流计算技术研究是计算机视觉、图像处理与模式识别等领域研究的重点任务之一, 虽然当前图像序列光流计算理论和优化方法已经得到快速发展,

并在针对简单场景图像序列光流估计精度和鲁棒性方面得到了巨大提升, 但仍然存在以下问题:

1) 当图像序列中包含较剧烈光照变化、弱纹理区域、大形变运动以及运动遮挡等困难情况时, 如何有效地减小图像亮度突变以及亮度缺失所带来的误差影响是光流计算技术面临的一项挑战.

2) 当图像序列中包含复杂非刚性运动以及运动模糊等现象时, 如何建立适用于不同运动类型的光流计算模型是图像序列光流计算的另一个研究难点.

3) 针对深度学习光流计算方法研究如何设计一种高置信图像特征提取网络模型以充分利用图像特征信息是当前深度学习光流计算技术研究的重点问题. 同时, 现实世界是千变万化、错综复杂的, 如何建立具有泛化性的光流预测网络模型是深度学习光流计算技术研究的难点.

4) 针对深度学习光流计算方法研究如何利用有限的标签数据探索高精度, 强鲁棒性的光流计算网络学习策略是深度学习光流计算技术的关键问题.

1.4 本书的主要内容及章节安排

本书主要阐述图像序列光流计算理论及其优化方法, 重点在于不同计算手段的光流计算理论方法和优化策略.

第 1 章是绪论, 主要介绍图像序列光流计算研究的背景、图像序列光流基本定义以及图像序列光流计算理论和优化方法的国内外研究现状, 并指出当前图像序列光流计算研究存在的若干问题.

第 2 章主要介绍图像序列光流计算研究中常用的和最具代表性的光流计算数据库及其对应测试方法, 同时, 对光流计算评价基准进行介绍.

第 3 章重点阐述图像序列变分光流计算理论与方法, 首先, 叙述变分光流计算理论和基本方法, 然后, 对变分光流能量泛函进行重点介绍, 最后, 依据变分光流计算理论和方法, 介绍基于图像局部结构张量的变分光流算法和基于遮挡检测的非局部 TV-L1 变分光流计算方法

第 4 章是第 3 章的延伸, 主要介绍图像序列变分光流计算优化策略与方法. 详细阐述图像序列变分光流计算方法中的图像纹理结构分解优化策略、金字塔分层变形计算策略和非局部加权中值滤波优化, 并以此为基础对基于运动优化语义分割的变分光流计算方法和基于联合滤波的非局部 TV-L1 变分光流计算方法进行深入介绍和分析.

第 5 章对图像局部匹配光流计算理论与方法进行详细阐述, 主要分为图像局部特征点匹配模型和图像局部区域匹配模型两部分, 并对应介绍基于图像相似变换的局部匹配光流计算方法和基于图像深度匹配的大位移运动光流计算方法.

第 6 章是对当前的深度学习光流计算理论与方法进行介绍, 首先, 介绍卷积神经网络模型, 然后, 以 FlowNet、FlowNet2.0 和 PWC-Net 光流计算方法为例详细介绍和分析基于卷积神经网络模型的光流计算方法. 最后, 对卷积神经网络光流计算训练方法进行详细介绍.

第 7 章是第 6 章的延伸, 主要介绍深度学习光流优化策略和方法. 主要从光流估计网络优化策略和光流估计训练优化策略两部分进行详细阐述与分析, 并详细介绍和分析基于遮挡检测的多尺度自注意力光流估计方法和基于多尺度上下文网络模型的光流估计方法.

第 8 章对本书内容进行概括总结, 并对当前图像序列光流计算理论和优化方法进行展望.

第 2 章　光流计算数据库及评价基准

2.1　引　　言

第 1 章主要介绍了光流研究背景、国内外研究现状以及当前光流计算技术研究中存在的挑战. 在正式介绍光流计算技术研究方法前, 本章将详细介绍光流计算技术研究中常用的基准图像数据库和评价指标, 并详细分析这些基准图像数据库的应用场景以及评价指标的作用、含义.

2.2　光流计算数据库

计算机视觉领域中有许多公开的数据集 (Dataset), 这些数据集降低了研究人员获取数据的难度, 使研究人员可以更专注于方法设计. 许多数据集设立了自己的网站, 接收上传各种计算方法对数据集测试后的计算结果, 并依据计算结果对该方法进行排名, 这使得各方法在同一基准 (Benchmark) 下可以进行客观公正的对比评价.

光流计算领域中, 同样有大量公开数据集供研究人员使用, 按照这些数据集获取方式的不同, 可以分为计算机合成数据集和真实场景数据集. 合成数据集 (Synthetic Dataset) 是利用计算机动画 (Computer Graphics, CG) 技术人工合成不同场景和物体, 由于场景中所有物体和摄像机的运动参数已知, 因此可以直接生成对应的光流真实值. 真实数据集是在真实场景下, 利用多种传感器联合采集, 例如同时使用可见光摄像头和激光雷达采集场景图像与点云信息, 然后利用图像和点云信息产生稀疏的光流场真实值. 这些数据集伴随着光流计算技术的发展而出现, 极大促进了光流计算方法的发展.

2.2.1　Middlebury 数据集

Middlebury 数据集是由美国明德学院 (Middlebury College) 计算机视觉实验室在 2007 年提出的首个光流计算领域基准数据集, 该数据集由在真实场景下叠加计算机合成图像得来, 包含了非刚性运动、运动遮挡和大位移等困难复杂场景, 其部分场景图像序列如图 2-1 所示.

该数据集提供了 16 组图像序列, 包含了多帧序列和两帧序列两种类型, 其中 8 组图像序列提供了光流真实值, 另外 8 组图像序列没有提供真实值供测试评价使用. 在深度学习兴起之前, Middlebury 数据集被广泛应用于光流计算方法测试评价. 然而, 由于该数据集样本数据较少, 不符合深度学习方法需要大量训练样本的要求, 因此, 近年基于卷积神经网络的光流计算方法很少在该数据集上进行测试.

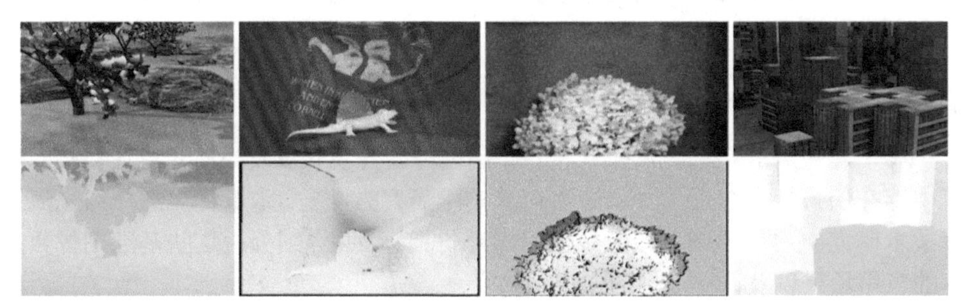

图 2-1　Middlebury 数据集, 从上到下分别为参考帧和对应光流真实值

2.2.2　MPI-Sintel 数据集

随着计算机动画技术的发展, 三维动画作为一种新的动画形式出现. 2012 年, 华盛顿大学 (University of Washington)、马克斯–普朗克智能系统研究所 (Max-Planck Institute for Intelligent Systems) 和佐治亚理工学院 (Georgia Institute of Technology) 的研究人员共同合作, 利用一个名为 Sintel 的开源三维动画短片制作了 MPI-Sintel 光流基准数据集. 该数据集分为 clean 和 final 两个类别, clean 数据集中所有场景与物体都只进行了简单渲染, 而 final 数据集则在 clean 数据集的基础上, 增加了大量光照变化和运动模糊. clean 和 final 两个数据集均包含了 1041 组提供真实光流的图像序列, 并提供测试使用的 552 组不包含真实光流的图像序列, 图 2-2 展示了该数据集部分图像序列参考帧及其对应光流真实值.

图 2-2　MPI-Sintel 数据集, 从上到下分别为参考帧和对应光流真实值

相比于 Middlebury 数据集, MPI-Sintel 数据集中包含更多场景, 人物、物体与背景的关系更加复杂, 对光流计算方法的鲁棒性提出了巨大的挑战. MPI-Sintel 数据集具有数据样本多、场景复杂等特点因而成为光流计算领域重要的基准测试集之一, 目前已有 300 多种方法在 MPI-Sintel 数据集上进行了公开测试与排名.

2.2.3 KITTI 数据集

虽然 MPI-Sintel 数据集已经提供大量数据样本供研究人员测试光流计算方法的准确性和鲁棒性, 但是计算机合成的数据集仍有其局限性, 难以反映光流计算方法在真实场景下的表现. 针对这一问题, 来自马克斯–普朗克智能系统研究所和卡尔斯鲁厄理工学院 (Karlsruher Institut für Technologie) 的研究人员通过在车辆上搭载摄像头、激光雷达和全球定位系统 (Global Positioning System, GPS) 的方式在德国卡尔斯鲁厄的城市街道采集了大量数据并制作了 KITTI 光流数据集, 如图 2-3 所示. KITTI 数据集分为 KITTI2012 和 KITTI2015 两个数据集, 一共提供了 394 组带有稀疏光流真实值的图像序列和 395 组用于测试的无光流真实值图像序列. KITTI2015 数据集与 KITTI2012 数据集的不同之处在于, KITTI2012 数据集拍摄时的背景是静止的, KITTI2015 数据集则包含了动态背景. KITTI 数据集的出现, 使得光流计算方法可以在真实场景下进行测试, 为光流计算方法填补了缺乏真实场景数据的缺陷.

图 2-3 KITTI 数据集, 从上到下分别为参考帧和对应光流真实值

2.2.4 FlyingChairs 数据集

尽管 MPI-Sintel 数据集和 KITTI 数据集已经提供了近 1500 组图像序列, 但是仍然不足以满足深度学习方法的训练需求, 过少的数据易导致卷积神经网络出现过拟合现象. 为了解决这一问题, 来自弗赖堡大学 (Universität Freiburg) 计算机视觉实验室的研究人员通过将形态不同的椅子模型叠加在不同场景的背景上, 对背景和椅子模型施加不同的仿射变换, 创建了名为 FlyingChairs 的数据集 (部分示例如图 2-4 所示). FlyingChairs 数据集包含 22000 多对带有光流真实值的图像序列, 为卷积神经网络的训练提供了大量数据.

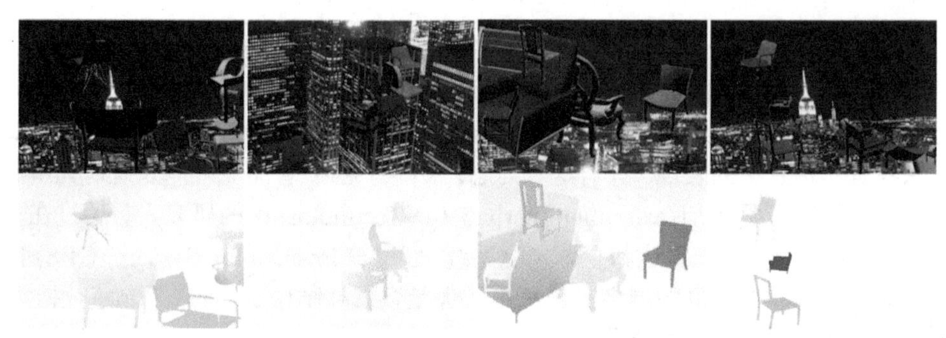

图 2-4 FlyingChairs 数据集, 从上到下分别为参考帧和对应光流真实值

2.2.5 FlyingThings3D 数据集

FlyingChairs 数据集的大量数据有效地解决了深度学习光流计算模型在训练时过拟合的问题. 为了提高数据样本的复杂度, 增强模型的鲁棒性, 来自弗赖堡大学计算机视觉实验室的研究人员再次利用计算机合成技术, 将不同种类物体模型叠加到不同场景中, 并施加平移、三维旋转等复杂运动变换, 创建了包含 25000 多对带有光流真实值的图像序列的 FlyingThings3D 数据集 (部分示例如图 2-5 所示). 该数据集包含了更多复杂运动, 通过该数据集为卷积神经网络模型预训练的模型往往具备更好的鲁棒性.

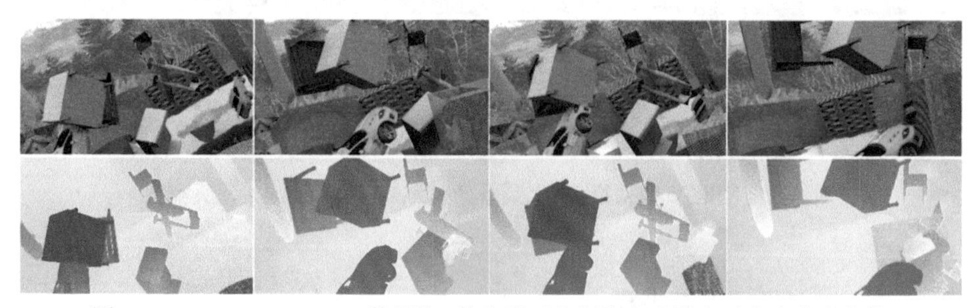

图 2-5 FlyingThings3D 数据集, 从上到下分别为参考帧和对应光流真实值

2.2.6 HD1K 数据集

与合成数据集相比, 具有真实光流标签的真实场景样本数据仍然较少. 为了填补这一空缺, 海德堡图像处理合作实验室 (Heidelberg Collaboratory for Image Processing, HCI) 公开了一个名为 HD1K 的数据集 (部分示例如图 2-6 所示). 该数据集包含了 10000 多张在真实街道场景下拍摄的带有光流真实值的图像序列, 这些数据采集自不同环境、不同时间段以及不同天气状况, 极大丰富了真实场景数据样本. 该数据集由于公开的时间不长, 当前并未受到广泛关注.

图 2-6 HD1K 数据集, 从上到下分别为参考帧和对应光流真实值

2.2.7 FlyingChairsOCC 数据集

为了给更多遮挡-光流联合计算任务提供数据样本, 达姆施塔特工业大学 (Technische Universität Darmstadt) 计算机科学系的研究人员依照 FlyingChairs 数据集的制造方式, 制作了包含了 22000 多对带有光流真实值和运动遮挡真实值图像序列的 FlyingChairsOCC 数据集 (部分示例如图 2-7 所示). 该数据集也成为遮挡–光流联合计算模型重要的预训练数据集之一.

图 2-7 FlyingChairsOCC 数据集, 从上到下分别为参考帧和对应光流真实值

2.3 光流评价标准

为了对光流进行多方面的评价, 各个基准数据集根据其不同特点设定了不同的评价标准. 本节对这些评价标准的计算进行了详细的归纳总结.

2.3.1 Middlebury 数据集评价标准

Middlebury 数据集采用的光流评价标准主要有两种：平均端点误差 (Average Endpoint Error, AEE) 和平均角误差 (Average Angle Error, AAE). 图 2-8 和图 2-9 分别展示了 Middlebury 数据集网站平均端点误差排行榜和平均角误差排行榜.

Average endpoint error	avg. rank	Army (Hidden texture) GT im0 im1			Mequon (Hidden texture) GT im0 im1			Schefflera (Hidden texture) GT im0 im1			Wooden (Hidden texture) GT im0 im1		
		all	disc	untext	all	disc	untext	all	disc	untext	all	disc	untext
NNF-Local [75]	5.1	0.07 1	0.20 2	0.05 1	0.15 2	0.51 5	0.12 6	0.18 2	0.37 2	0.14 2	0.10 3	0.49 9	0.06 3
PMMST [112]	12.3	0.09 35	0.21 5	0.07 21	0.18 14	0.51 5	0.16 36	0.21 9	0.42 8	0.17 22	0.10 3	0.33 3	0.08 15
RAFT-TF_RVC [179]	12.4	0.10 52	0.30 77	0.05 1	0.18 14	0.56 12	0.14 24	0.21 9	0.43 9	0.19 46	0.06 1	0.23 1	0.04 1
OFLAF [78]	13.6	0.08 9	0.21 5	0.06 7	0.16 7	0.53 7	0.12 6	0.19 3	0.37 2	0.14 2	0.14 14	0.77 41	0.07 8
MDP-Flow2 [68]	14.2	0.08 9	0.21 5	0.07 21	0.15 2	0.48 1	0.11 1	0.20 5	0.40 5	0.14 2	0.15 31	0.80 50	0.08 15
NN-field [71]	15.5	0.08 9	0.22 16	0.05 1	0.17 11	0.56 12	0.13 14	0.19 3	0.39 4	0.15 7	0.09 2	0.48 8	0.05 2
ComponentFusion [94]	18.7	0.07 1	0.21 5	0.05 1	0.16 7	0.56 12	0.12 6	0.20 5	0.44 10	0.15 7	0.11 7	0.65 14	0.06 3

Average endpoint error	Grove (Synthetic) GT im0 im1			Urban (Synthetic) GT im0 im1			Yosemite (Synthetic) GT im0 im1			Teddy (Stereo) GT im0 im1		
	all	disc	untext	all	disc	untext	all	disc	untext	all	disc	untext
NNF-Local [75]	0.41 1	0.61 1	0.21 2	0.23 4	0.66 5	0.19 4	0.10 15	0.12 14	0.17 27	0.34 2	0.80 7	0.23 2
PMMST [112]	0.51 5	0.74 4	0.28 8	0.24 5	0.65 4	0.20 7	0.11 32	0.12 14	0.17 27	0.37 5	0.74 3	0.35 6
RAFT-TF_RVC [179]	0.51 5	0.75 6	0.25 4	0.14 1	0.42 1	0.11 1	0.07 2	0.12 14	0.08 1	0.37 5	0.80 7	0.27 3
OFLAF [78]	0.51 5	0.78 8	0.25 4	0.31 16	0.76 6	0.25 22	0.11 32	0.12 14	0.21 62	0.42 13	0.78 5	0.63 29
MDP-Flow2 [68]	0.63 23	0.93 23	0.43 26	0.28 8	0.76 6	0.23 13	0.11 32	0.12 14	0.17 27	0.38 8	0.79 6	0.44 9
NN-field [71]	0.41 1	0.61 1	0.20 1	0.52 73	0.64 3	0.26 27	0.13 62	0.13 46	0.20 56	0.35 3	0.83 10	0.21 1
ComponentFusion [94]	0.71 45	1.07 50	0.53 49	0.32 20	1.06 36	0.28 30	0.11 32	0.13 46	0.15 19	0.41 11	0.88 16	0.54 17

图 2-8　Middlebury 数据集网站平均端点误差排行榜

Average angle error	avg. rank	Army (Hidden texture) GT im0 im1			Mequon (Hidden texture) GT im0 im1			Schefflera (Hidden texture) GT im0 im1			Wooden (Hidden texture) GT im0 im1		
		all	disc	untext	all	disc	untext	all	disc	untext	all	disc	untext
NNF-Local [75]	6.7	2.69 3	7.56 4	1.98 3	1.97 4	7.01 6	1.59 5	2.18 2	5.36 3	1.53 4	1.87 5	9.14 9	1.06 5
NN-field [71]	12.4	2.89 8	8.13 15	2.11 5	2.10 9	7.15 12	1.77 18	2.27 4	5.59 5	1.61 9	1.58 2	8.52 8	0.79 2
OFLAF [78]	15.8	3.04 14	7.80 9	2.40 15	2.14 10	7.02 7	1.72 12	2.25 3	5.32 2	1.56 6	2.62 23	13.7 31	1.37 25
RAFT-TF_RVC [179]	16.2	3.89 59	11.3 79	2.11 5	2.21 13	6.86 5	1.88 23	2.82 16	7.00 15	2.47 59	0.96 1	3.49 1	0.64 1
PMMST [112]	17.0	3.42 45	7.60 5	2.66 34	2.32 15	6.39 1	2.20 39	2.63 11	6.08 8	2.03 32	2.06 8	6.07 4	1.44 33
nLayers [57]	19.7	2.80 6	7.42 3	2.20 9	2.71 34	7.24 13	2.56 65	2.61 9	6.24 9	2.45 58	2.30 15	12.7 17	1.16 9
MDP-Flow2 [68]	21.9	3.23 31	7.93 12	2.60 25	1.92 2	6.64 3	1.52 1	2.46 7	5.91 7	1.56 6	3.05 50	15.8 66	1.51 44

Average angle error	Grove (Synthetic) GT im0 im1			Urban (Synthetic) GT im0 im1			Yosemite (Synthetic) GT im0 im1			Teddy (Stereo) GT im0 im1		
	all	disc	untext	all	disc	untext	all	disc	untext	all	disc	untext
NNF-Local [75]	2.28 2	2.94 1	1.57 2	2.39 7	6.78 4	2.15 11	2.00 30	3.36 19	1.62 25	0.99 1	2.16 3	0.57 2
NN-field [71]	2.35 4	3.05 5	1.60 3	1.89 2	5.20 2	1.37 1	2.43 65	3.70 60	1.95 52	1.01 2	2.25 4	0.53 1
OFLAF [78]	2.35 4	3.13 6	1.62 4	2.98 27	7.73 9	2.67 25	2.08 37	3.27 12	2.05 57	1.33 13	2.43 7	1.40 21
RAFT-TF_RVC [179]	2.75 24	3.60 24	1.89 9	1.78 1	5.10 1	1.60 2	1.44 2	3.27 12	0.98 4	1.33 13	2.96 16	0.81 3
PMMST [112]	2.60 10	3.27 8	1.91 11	2.56 9	6.78 4	2.09 7	2.06 33	3.53 42	1.63 26	1.27 10	2.29 5	1.02 8
nLayers [57]	2.30 3	3.02 3	1.70 5	2.62 13	6.95 6	2.09 7	2.29 56	3.46 29	1.89 48	1.38 17	3.06 20	1.29 19
MDP-Flow2 [68]	2.77 26	3.50 18	2.16 30	2.86 23	8.58 20	2.70 37	2.00 30	3.50 37	1.59 23	1.28 11	2.67 12	0.89 5

图 2-9　Middlebury 数据集网站平均角误差排行榜

平均端点误差反映了光流预测值和真实值之间的平均偏差距离, 其计算方式如下:

$$AEE = \frac{1}{WH} \sum_{x=0}^{W} \sum_{y=0}^{H} \left\| \boldsymbol{f}_p(x,y) - \boldsymbol{f}_{gt}(x,y) \right\|_2 \tag{2-1}$$

上式中, $\boldsymbol{f}_p$ 是光流场估计值, $\boldsymbol{f}_{gt}$ 是真实光流场, $\boldsymbol{f}_p(x,y)$ 和 $\boldsymbol{f}_{gt}(x,y)$ 代表在坐标 (x,y) 处的预测光流和真实光流, 是一个二维矢量, W 和 H 分别是光流场的宽和高. 平均端点误差是光流场每个像素点上的光流值计算偏差的绝对平均值, 能较好地反映光流场的整体误差水平.

平均角误差反映了光流预测值和真实值之间的平均角度偏移大小, 其计算方式如下:

$$AAE = \frac{1}{WH} \sum_{x=0}^{W} \sum_{y=0}^{H} \arccos\left(\frac{\boldsymbol{f}_p(x,y) \cdot \boldsymbol{f}_{gt}(x,y)}{\left|\boldsymbol{f}_p(x,y)\right| \left|\boldsymbol{f}_{gt}(x,y)\right|} \right) \tag{2-2}$$

平均端点误差是光流场每个像素点上的光流值计算角度偏差的平均值, 能反映光流场方向上的整体误差水平.

2.3.2　MPI-Sintel 数据集评价标准

为了对光流场进行更全方位的评估, MPI-Sintel 数据集网站计算了不同区域的光流场误差 (如图 2-10 所示), 表 2-1 对图 2-10 中的评价指标进行了详细阐述.

在表 2-1 中, “EPE all” 指标反映了光流场的整体误差水平, “EPE matched” 指标反映了非遮挡区域的光流场误差水平, “EPE unmatched” 指标反映了遮挡区域的光流场误差水平, “d0−10” 指标反映了运动边界附近的光流场误差水平, “d10−60” 指标反映了运动边界和背景区域过渡范围内的光流场误差水平, “d60−140” 指标反映了背景区域的光流场误差水平, “s0−10” 指标反映了小位移区域的光流场误差水平, “s10−40” 指标反映了大位移区域的光流场误差水平, “s40+” 指标反映了超远位移区域的光流场误差水平.

MPI-Sintel 数据集的众多评价指标使研究人员能对不同范围和目标进行对比分析, 极大丰富了光流计算评价分析工具库.

	EPE all	EPE matched	EPE unmatched	d0-10	d10-60	d60-140	s0-10	s10-40	s40+
GroundTruth[1]	0.000	0.000	0.000	0.000	0.000	0.000	0.000	0.000	0.000
GMA[2]	2.470	1.241	12.501	2.863	1.057	0.653	0.566	1.817	13.492
SeparableFlow[3]	2.667	1.275	14.013	2.937	1.056	0.620	0.580	1.738	15.269
MixSuo[4]	2.685	1.213	14.685	2.863	1.034	0.542	0.571	1.671	15.228
RAFT+NCUP[5]	2.692	1.323	13.854	3.139	1.086	0.636	0.635	1.844	14.949
L2L-Flow-ext-warm[6]	2.780	1.319	14.697	3.098	1.145	0.637	0.656	1.879	15.502
MFR[7]	2.801	1.380	14.385	3.075	1.112	0.772	0.674	1.829	15.703

图 2-10 MPI-Sintel 数据集网站排行榜

表 2-1 MPI-Sintel 数据集评价指标

评价指标	定义标准
EPE all(AEPE)	整幅图像的平均端点误差
EPE matched	非运动遮挡区域的平均端点误差
EPE unmatched	运动遮挡区域的平均端点误差
d0−10	距离遮挡边界 10 个像素点以内区域的平均端点误差
d10−60	距离遮挡边界 10 个像素点到 60 个像素点区域的平均端点误差
d60−140	距离遮挡边界 60 个像素点到 140 个像素点区域的平均端点误差
s0−10	图像帧间位移小于 10 个像素点区域的平均端点误差
s10−40	图像帧间位移 10 个像素点到 40 个像素点区域的平均端点误差
s40+	图像帧间位移 40 个像素点以上区域的平均端点误差

2.3.3 KITTI 数据集评价标准

KITTI 数据集的光流真实值是由车载激光雷达采集的点云信息处理后计算而来, 与合成数据集相比存在一定的误差. 因此 KITTI 数据集采用光流异常值百分比作为评价标准, 如图 2-11 所示, 该标准将光流端点误差小于 3 个像素点或者小于 5%的光流视为正确估计光流.

	Method	Setting	Code	Fl-bg	Fl-fg	Fl-all	Density	Runtime	Environment	Compare
1	RigidMask + ISF		code	2.63%	7.85%	3.50%	100.00%	3.3 s	GPU@2.5 Ghz(Python)	☐

G.Yang and D. Ramanan: Learning to Segment Rigid Motions from Two Frames. CVPR 2021.

	Method	Setting	Code	Fl-bg	Fl-fg	Fl-all	Density	Runtime	Environment	Compare
2	Dahua SF			2.86%	8.44%	3.79%	100.00%	0.5 s	1core@2.5 Ghz(Python)	☐
3	RAFT - 3D			3.39%	8.79%	4.29%	100.00%	2 s	GPU@2.5 Ghz(Python+C/C++)	☐

Z. Teed and J. Deng: RAFT-3D: Scene Flow using Rigid-Motion Embeddings. arXiv preprint arXiv: 2012.00726 2020.

	Method	Setting	Code	Fl-bg	Fl-fg	Fl-all	Density	Runtime	Environment	Compare
4	LPSF			3.18%	9.92%	4.31%	100.00%	60 s	1core@2.5 Ghz(C/C++)	☐
5	MixSup			3.99%	6.01%	4.33%	100.00%	0.2 s	1core@2.5 Ghz(Python)	☐
6	SeparableFlow			4.32%	4.24%	4.64%	100.00%	0.25 s	GPU	☐

F. Zhang, O. Woodford, V.Prisacariu and P. Torr. Separable Flow: LearningMotion Cost Volumes for Optical FloW Estimation. Proceedings of the IEEE/CVF lnternational Conference on Computer Vision 2021.

图 2-11 KITTI 数据集网站排行榜

同时, KITTI 数据集也提供不同区域的光流误差水平分析, 如表 2-2 所示, "Fl-all" 指标反映了整体的误差水平, "Fl-bg" 指标反映了图像背景区域的误差水平, "Fl-fg" 指标反映了图像前景区域的误差水平.

表 2-2 KITTI 数据集评价指标

评价指标	定义标准
Fl-all	整幅图像的平均异常值百分比
Fl-bg	背景区域的平均异常值百分比
Fl-fg	前景区域的平均异常值百分比

2.4 本章小结

本章概述目前已有的光流数据集：Middlebury、MPI-Sintel、KITTI、FlyingChairs、FlyingThings3D、HD1K 以及 FlyingChairsOCC 数据集, 最后对 Middlebury、MPI-Sintel 和 KITTI 数据集等基准数据集的评价标准进行了详细的介绍.

第 3 章　图像序列变分光流计算理论与方法

3.1　引　　言

第 2 章主要介绍了图像序列变分光流计算中常用的基准图像数据集以及对应评价指标, 本章将主要谈论图像序列光流计算中重要的方法——图像序列变分光流计算理论与方法. 首先, 阐述变分光流计算理论、基本方法和变分光流能量泛函, 并对其数据项和平滑项进行系统研究分析, 然后, 以此为切入点分别详细介绍基于图像局部结构张量的变分光流算法和基于遮挡检测的非局部 TV-L1 变分光流计算方法.

3.2　变分光流计算理论

3.2.1　变分原理

变分方法 (又称微分方法) 通常是将图像序列光流计算转化为求解某一能量函数 (Energy Function) 的全局极值问题. 在一维情况下, 假设能量函数的广义形式为

$$E(u)=\int_{x_0}^{x_1}F(x,u,u_x)dx \tag{3-1}$$

式 (3-1) 中, 函数 $u(x)$ 在定义域的两个端点分别满足条件 $u(x_0)=a$, $u(x_1)=b$. 已知在偏微分方法中, 求解函数 $f(x)$ 极值点的问题对应于求解该函数一阶导数 $f'(x)=0$ 的问题. 因此, 求解式 (3-1) 中函数 $E(u)$ 极值点的问题与求解函数 $E(u)$ 的变分形式 $\partial E(u)/\partial u=0$ 是对应的. 那么, 要计算函数 $E(u)$ 的极值点就要首先得到函数 $E(u)$ 的一阶变分形式 $E'(u)$. 为此, 对解 $u(x)$ 添加一个微扰 $v(x)$, 式 (3-1) 可以写为

$$E(u+v)=\int_{x_0}^{x_1}F(x,u+v,u_x+v_x)dx \tag{3-2}$$

当添加的微扰 $v(x)$ 足够小时, 将式 (3-2) 中的积分函数采用 Taylor 公式展开:

$$F(x,u+v,u_x+v_x)=F(x,u,u_x)+\frac{\partial F}{\partial u}v+\frac{\partial F}{\partial u'}v'+\cdots \tag{3-3}$$

将式 (3-3) 代入式 (3-2) 并舍去高阶项：

$$E(u+v) \cong E(u) + \int_{x_0}^{x_1} \left(\frac{\partial F}{\partial u} v + \frac{\partial F}{\partial u'} v' \right) dx \tag{3-4}$$

已知式 (3-4) 中积分函数满足固定端点条件：$u(x_0) + v(x_0) = a$, $u(x_1) + v(x_1) = b$, 则有 $v(x_0) = v(x_1) = 0$. 根据分部积分法, 式 (3-4) 中积分项可以写为

$$\int_{x_0}^{x_1} \frac{\partial F}{\partial u'} v' dx = \int_{x_0}^{x_1} \frac{\partial F}{\partial u'} dv = v \frac{\partial F}{\partial u'} \bigg|_{x_0}^{x_1} - \int_{x_0}^{x_1} v \frac{d}{dx} \left(\frac{\partial F}{\partial u'} \right) dx = -\int_{x_0}^{x_1} \frac{d}{dx} \left(\frac{\partial F}{\partial u'} \right) dx \tag{3-5}$$

将式 (3-5) 代入式 (3-4) 中整理后可得

$$E(u+v) = E(u) + \int_{x_0}^{x_1} \left[v \frac{\partial F}{\partial u} - v \frac{d}{dx} \left(\frac{\partial F}{\partial u'} \right) \right] dx \tag{3-6}$$

由式 (3-6) 可知, 当 $E(u)$ 是凸性的, 能量函数 $E(u)$ 达到极值时, 对解 $u(x)$ 添加的微扰 $v(x)$ 足够小, 那么能量函数 $E(u)$ 的值保持不变, 则有

$$\frac{\partial F}{\partial u} - \frac{d}{dx} \left(\frac{\partial F}{\partial u'} \right) = 0 \tag{3-7}$$

式 (3-7) 称为式 (3-1) 中能量函数对应的 Euler-Lagrange 方程, 下面将变分方法扩展到二维情况, 假设二维能量函数具有如下广义形式：

$$E(u) = \iint_{\Omega} F(x, y, u, u_x, u_y) dx dy \tag{3-8}$$

采用和一维情况下类似的推导步骤, 可以得到二维情况下能量函数对应的 Euler-Lagrange 方程为

$$\frac{\partial F}{\partial u} - \frac{d}{dx} \left(\frac{\partial F}{\partial u_x} \right) - \frac{d}{dy} \left(\frac{\partial F}{\partial u_y} \right) = 0 \tag{3-9}$$

3.2.2 梯度下降流

通过前面对变分原理的介绍可知, 求解能量函数极值问题与求解这一能量函数对应的 Euler-Lagrange 方程是一致的. 通常情况下, 能量函数对应的 Euler-Lagrange 方程是非线性偏微分方程 (PDE), 通过对其离散化可以得到一个非线性的代数方程组, 因此直接对其进行数值计算比较困难. 为了解决这一问题, 引入一个代表 “时间” 的辅助变量 τ, 将静态的非线性偏微分方程转化为动态的非线性偏

微分方程. 当这一动态非线性偏微分方程随着 "时间" τ 演化达到稳态时, 就可以得到能量函数对应 Euler-Lagrange 方程的解, 这就是采用梯度下降流 (Gradient Descent Flow, GDF) 计算非线性偏微分方程的基本思想, 下面就一维情况下梯度下降流的具体方法进行讨论.

引入一个表示 "时间" 的辅助变量 τ, 式 (3-1) 中一维情况下能量函数的广义表达式可以写为

$$E\left(u(x,\tau)\right)=\int_{x_0}^{x_1} F\left(x,u(x,\tau),u_x(x,\tau)\right)dx \tag{3-10}$$

对能量函数的解 $u(x,\tau)$ 添加一个微扰函数 $v(x,\tau)=\dfrac{\partial u}{\partial \tau}\Delta\tau$, 其表示能量函数的解 $u(x,\tau)$ 经过时间 $\Delta\tau$ 演化后所产生的误差. 根据微扰函数表达形式, 式 (3-6) 可以写为如下形式:

$$\begin{aligned}&E\left(u(x,\tau+\Delta\tau)+v(x,\tau+\Delta\tau)\right)\\&=E\left(u(x,\tau)+v(x,\tau)\right)+\Delta\tau\int_{x_0}^{x_1}\frac{\partial u}{\partial \tau}\left[\frac{\partial F}{\partial u}-\frac{d}{dx}\left(\frac{\partial F}{\partial u'}\right)\right]dx\end{aligned} \tag{3-11}$$

根据式 (3-11), 只要使等号右边的积分项为

$$\frac{\partial u}{\partial \tau}=-\left[\frac{\partial F}{\partial u}-\frac{d}{dx}\left(\frac{\partial F}{\partial u'}\right)\right]=\frac{d}{dx}\left(\frac{\partial F}{\partial u'}\right)-\frac{\partial F}{\partial u} \tag{3-12}$$

则有

$$\begin{aligned}\Delta E&=E\left(u(x,\tau+\Delta\tau)+v(x,\tau+\Delta\tau)\right)-E\left(u(x,\tau)+v(x,\tau)\right)\\&=-\Delta\tau\int_{x_0}^{x_1}\left[\frac{\partial F}{\partial u}-\frac{d}{dx}\left(\frac{\partial F}{\partial u'}\right)\right]^2dx\leqslant 0\end{aligned} \tag{3-13}$$

式 (3-13) 中, 随着 "时间" τ 的变化, 可以使得能量函数 $E\left(u(x,\tau)\right)$ 不断减小. 因此, 式 (3-12) 就是一维情况下变分能量函数对应的梯度下降流. 为了得到能量函数对应的 Euler-Lagrange 方程的解, 可以根据经验选取适当的初始函数 u_0 代入式 (3-12) 中进行迭代计算, 当 $u(x,\tau)$ 达到稳态时有

$$\frac{\partial u}{\partial \tau}=0\Rightarrow\frac{\partial F}{\partial u}-\frac{d}{dx}\left(\frac{\partial F}{\partial u'}\right)=0 \tag{3-14}$$

当 $E(u)$ 是凸性的时候, 它有唯一极小值. 式 (3-12) 中梯度下降流的稳态解 $u(x,\tau)$ 也是式 (3-7) 中 Euler-Lagrange 方程的解. 与一维情况下梯度下降流的推

导过程类似, 直接给出二维情况下梯度下降流的对应形式:

$$\frac{\partial u}{\partial \tau}=\frac{d}{dx}\left(\frac{\partial F}{\partial u_x}\right)+\frac{d}{dy}\left(\frac{\partial F}{\partial u_y}\right)-\frac{\partial F}{\partial u} \tag{3-15}$$

需要说明的是: 只有当能量函数 $E(u)$ 是凸性的时, 其才具有唯一极小值, 从而能量函数对应的梯度下降流可以得到与初始值不相关的全局最优解. 而当能量函数 $E(u)$ 不是凸性的时, 其对应的梯度下降流则可能会因为初始值的选取问题只能得到局部最优解而非全局最优解.

3.2.3 变分光流基本方法

已知光流计算的基本约束方程为

$$I_x u+I_y v+I_t=0 \tag{3-16}$$

式 (3-16) 中包含两个未知数 (u,v) 而只有一个方程, 因此利用基本约束方程计算光流是一个不适定问题, 必须对其添加其他约束条件才能计算出唯一的光流解. 在 Horn 和 Schunck 提出的光流计算基本方法中, 假定计算出的光流是平滑的, 即图像序列中运动物体表面各像素点的运动速度相同, 因此各相邻像素点的图像帧间速度变化率为 0, 则有

$$|\nabla_2 u|^2+|\nabla_2 v|^2=\left(\frac{\partial u}{\partial x}\right)^2+\left(\frac{\partial u}{\partial y}\right)^2+\left(\frac{\partial v}{\partial x}\right)^2+\left(\frac{\partial v}{\partial y}\right)^2=0 \tag{3-17}$$

上式中, $\nabla_2=(\partial_x,\partial_y)^{\mathrm{T}}$ 表示一阶梯度算子. Horn 和 Schunck 将式 (3-17) 作为约束条件设计了基本的变分光流能量函数:

$$\begin{aligned}E(u,v)&=E_{data}+\alpha\cdot E_{smooth}\\&=\iint_{\Omega}\left[(I_x u+I_y v+I_t)^2+\alpha(|\nabla_2 u|^2+|\nabla_2 v|^2)\right]dxdy\end{aligned} \tag{3-18}$$

式中, Ω 表示图像区域. E_{data} 称为变分光流能量函数的数据项, 它主要由根据图像先验知识规定的各种守恒假设组成; E_{smooth} 称为平滑项, 主要由各种平滑策略构成, 它保证了光流计算可以取得唯一解; α 是平滑项权重系数, 它决定了在光流计算时数据项与平滑项所占的权重比例, 其取值主要考虑图像序列中的噪声情况, 一般情况下是一个固定值, 也可以是随图像数据变化的函数形式.

根据变分原理和梯度下降流方法, 对式 (3-18) 中变分光流能量函数的未知数 (u,v) 分别求偏导, 可以得到变分光流计算的扩散反应方程:

$$\begin{cases} \dfrac{\partial u}{\partial \tau} = \Delta u - \dfrac{1}{\alpha} I_x (I_x u + I_y v + I_t) \\ \dfrac{\partial v}{\partial \tau} = \Delta v - \dfrac{1}{\alpha} I_y (I_x u + I_y v + I_t) \end{cases} \tag{3-19}$$

式 (3-19) 中, $\Delta = (\partial_{xx}, \partial_{yy})^{\mathrm{T}}$ 表示二阶梯度算子. 令 $w = (u, v)^{\mathrm{T}}$ 表示图像光流矢量, 式 (3-19) 可以改写为如下矢量形式:

$$\frac{\partial w}{\partial \tau} = \Delta w - \frac{1}{\alpha} \nabla_2 I (\nabla_2 I \cdot w + I_t) \tag{3-20}$$

式 (3-20) 与式 (3-15) 中梯度下降流方法具有相类似的形式, 这就是 Horn 和 Schunck 提出的基本变分光流方法从能量函数的建立到光流矢量 $w = (u, v)^{\mathrm{T}}$ 迭代计算的过程. 式 (3-20) 中, Δw 称为扩散项, 其形式由能量函数中的平滑项决定; $\nabla_2 I(\nabla_2 I \cdot w + I_t)$ 称为反应项, 其形式由能量函数中的数据项决定. 在 Horn 和 Schunck 的基本变分光流模型中扩散项具体形式为

$$\Delta w = div(a \cdot \nabla_2 w) \tag{3-21}$$

结合式 (3-20) 可知, Horn 和 Schunck 提出的基本变分光流能量函数对应的扩散项采用的是线性扩散, 即在图像中所有区域光流扩散率都是相同的, 这就使得在物体边缘处, 光流的扩散导致边缘的过度平滑, 从而出现边缘模糊现象.

3.3 变分光流能量泛函

3.3.1 数据项

数据项是变分光流计算的重要因素, 它决定了光流计算结果的精度. 为了设计合理的数据项, 引入 Horn 和 Schunck 提出的基本变分光流能量函数中的数据项:

$$E_{data} = \iint\limits_{\Omega} (I_x u + I_y v + I_t)^2 dxdy \tag{3-22}$$

式 (3-22) 中, 基本能量函数中的数据项是由亮度守恒假设的平方式构成. 亮度守恒假设是在图像亮度不变的前提下提出的, 当图像中包含较剧烈光照变化时, 亮度守恒假设往往是不可靠的, 表 3-1 给出了几种常见的基于图像数据先验知识的守恒假设对比结果.

由表 3-1 可以看出, 在各种守恒假设中, 基于梯度的守恒假设在图像中包含光照变化时具有较高的可靠性, 且计算较为简单, 对噪声不敏感. 在数据项中加入

梯度守恒假设作为对亮度守恒假设的补充. 采用和亮度守恒假设相同的推导过程, 对表 3-1 中梯度守恒假设进行 Taylor 公式展开并略去高阶项后可以得到线性化的梯度守恒假设:

$$\nabla_2 I_x u + \nabla_2 I_y v + \nabla_2 I_t = 0 \tag{3-23}$$

表 3-1　数据项不同守恒假设对比

守恒假设	公式表示	光照变化	噪声	运动
亮度守恒	$I(X+w,t+1)-I(X,t)=0$	不适合	不敏感	适合所有运动形式
梯度守恒	$\nabla_2 I(X+w,t+1)-\nabla_2 I(X,t)=0$	适合	不敏感	适合所有运动形式
Hessian 守恒	$H_{ss}I(X+w,t+1)-H_{ss}I(X,t)=0$	适合	敏感	平移发散
Laplacian 守恒	$\Delta I(X+w,t+1)-\Delta I(X,t)=0$	适合	敏感	适合所有运动形式
结构张量守恒	$T(X+w,t+1)-T(X,t)=0$	适合	敏感	适合所有运动形式

将式 (3-23) 中梯度守恒假设引入式 (3-22) 中, 可以得到亮度守恒假设与梯度守恒假设相结合的数据项:

$$E_{data} = \iint_{\Omega} [(I_x u + I_y v + I_t)^2 + (\nabla_2 I_x u + \nabla_2 I_y v + \nabla_2 I_t)^2] dxdy \tag{3-24}$$

当图像包含的噪声较小时, 采用式 (3-24) 中的数据项可以计算出较为准确的光流结果. 但是, 当图像中包含较大噪声时, 仅采用亮度守恒假设和梯度守恒假设平方式所构成的数据项进行计算常常导致光流结果存在较大误差, 鲁棒性较差. 由 Lucas 和 Kanade 提出的局部约束光流算法是利用图像像素点相互间的约束关系进行光流计算, 对图像中的噪声有较好的抑制作用, 其中心思想是假设在图像中一个很小区域内, 各像素点的光流矢量相同, 因此有

$$E_{LK}(u,v) = \sum_{N} W^2(x,y) \cdot (I_x u + I_y v + I_t)^2 \tag{3-25}$$

式中, $W^2(x,y)$ 表示各像素点在计算光流时的权重, N 表示在图像中选取的一个较小区域, 一般情况下, N 的大小取 2×2. 在利用局部方法计算光流时, 通常使用高斯核函数作为各像素点权重 $W^2(x,y)$. 那么, 式 (3-25) 可以改写为

$$E_{LK}(u,v) = \sum_{N} G_\sigma \cdot (I_x u + I_y v + I_t)^2 \tag{3-26}$$

式中, G_σ 表示高斯核函数, σ 表示高斯标准差. 将局部约束引入式 (3-24) 中的数据项, 可以得到全局约束与局部约束相结合的鲁棒数据项:

$$E_{data} = \iint_{\Omega} G_\sigma [(I_x u + I_y v + I_t)^2 + (\nabla_2 I_x u + \nabla_2 I_y v + \nabla_2 I_t)^2] dxdy \tag{3-27}$$

通常情况下, 由 Horn 和 Schunck 提出的全局方法可以得到稠密的光流场, 但是光流计算的鲁棒性较差; 而 Lucas 和 Kanade 提出的局部方法有效地提高了光流计算的鲁棒性, 但只能得到稀疏的光流场. 式 (3-27) 中设计的亮度守恒与梯度守恒相结合、全局约束与局部约束相结合的数据项既提高了在图像中包含较剧烈光照变化和较强噪声时光流计算的鲁棒性, 又能得到稠密的光流场.

3.3.2 平滑项

平滑项是变分光流算法中能量泛函的又一重要组成部分, 主要包含了各种平滑和分段平滑策略, 它使变分光流计算方法取得唯一解. 平滑项各种平滑策略与应用和图像的各种扩散思想密切相关. 许多学者借鉴各种图像扩散思想, 形成了许多应用于变分光流计算方法中的平滑项平滑策略, 使得处理光流计算问题, 特别是处理边界光流计算问题更加灵活. 下面本节将从平滑项各种平滑策略与图像扩散关系入手，对结合图像扩散思想的各种光流平滑策略进行详细介绍与讨论.

1. 基于线性扩散的平滑项

不难想象, 如果把整幅二维图像当作一个二维介质, 用图像中各个像素点的灰度值 $I(x,y,t)$ 代表这个位置的杂质浓度 $u(x,y,t)$, 图像的梯度 ∇I 表示杂质的扩散作用力 ∇u, 那么便可以将物理学中的各种扩散思想应用到图像处理领域.

以线性扩散为例, 假设传导系数为常值 1, 图像线性扩散方程为

$$\frac{\partial I(x,y,t)}{\partial t}=div(\nabla I)=\frac{\partial^2 I}{\partial x^2}+\frac{\partial^2 I}{\partial y^2} \tag{3-28}$$

可以想象, 原始图像经时间 t 不断演化, 其像素灰度值将从高的区域逐渐流向灰度值低的区域, 实际上, 式 (3-28) 也可通过 Fourier 变换的方法, 得到它的解:

$$I(x,y,t)=I_0(x,y)*G_t(x,y) \tag{3-29}$$

其中, $G_t(x,y)=\frac{1}{4\pi t}\exp\left(-\frac{x^2+y^2}{4t}\right)$ 表示中心在坐标原点, 宽度为 $\sqrt{2t}$ 的二维高斯函数.

由此可见, 图像的线性扩散等价于传统图像处理中对图像采用高斯滤波器进行滤波. 特别地, 当时间趋于无穷大时, 线性扩散方程的稳态解 $\lim\limits_{t\to\infty}I(x,y,t)$ 将趋于原始图像的平均灰度值. 可见, 随着时间的增大, 图像将变得越来越模糊, 最后, 以图像灰度变为平均值告终.

由 3.2.3 节中的扩散反应方程 (3-20) 可知，扩散反应方程中的扩散项与图像线性扩散形式是一致的. 只不过是图像灰度 I 的扩散变成了光流的扩散, 导致光流在任何地方扩散都是一样的, 这使得光流在运动边缘处很模糊.

2. 基于各向同性图像驱动的平滑项

图像线性扩散模糊了包含图像重要信息的边缘, 这在图像处理中通常是不能接受的. 如果在图像扩散的过程中, 传导系数能依赖图像局部特性, 在平坦区域自动增大，在图像边缘区域自动减小，那么便可以实现既消除噪声又可以保护边缘的理想效果. 为此, Perona 和 Malik 首先提出如下的扩散 PDE 方程.

$$\begin{cases} \dfrac{\partial I(x,y,t)}{\partial t} = div[g(|\nabla I|)\nabla I] \\ I(x,y,0) = I_0(x,y) \end{cases} \tag{3-30}$$

式 (3-30) 简称为 P-M 方程. 其中传导系数为 g, 一般情况下它是图像边缘检测中用到的边缘函数, 比如式 (3-31) 为一常用的边缘函数:

$$g(r) = \frac{1}{1+(r/k)^p}, \quad p = 1, 2 \tag{3-31}$$

其中 k 是选定的常数, 它可以控制 g 的下降速率. 原则上, g 可以是任何单调递减的非负函数, 它依赖于图像梯度 ∇I 的模值大小. 可见 P-M 方程为各向同性的非线性扩散, 它将传统的图像滤波与边缘检测统一起来达到既能滤除噪声又能保护边缘的目的. 有关 P-M 方程的具体行为分析, 本书不再详述. 受到各向同性非线性扩散图像滤波的启发, Weickert 等人给出了基于各向同性非线性扩散图像驱动平滑项的具体形式:

$$E_{smooth}(u,v) = \int_{\Omega} g(|\nabla I|)(|\nabla u|^2 + |\nabla v|^2)dX \tag{3-32}$$

其中 g 为一递减非负函数. 这里的图像驱动表明传导系数 g 只与图像数据有关, 与光流数据无关, 因为一般情况下运动边缘是图像边缘的子集, 这样就可以保护运动边缘的光流不被过于平滑化和模糊化.

平滑项 (3-32) 在扩散反应方程中的对应扩散项可以写为如下:

$$\begin{aligned} \frac{\partial u}{\partial \tau} &= div(g(|\nabla I|^2)\nabla u) \\ \frac{\partial v}{\partial \tau} &= div(g(|\nabla I|^2)\nabla v) \end{aligned} \tag{3-33}$$

由式 (3-33) 和式 (3-30) 对比可以看出, 基于各向同性非线性扩散、图像驱动的平滑项对应的光流扩散过程与图像中各向同性非线性扩散相一致. 运用光滑项 (3-32) 进行光流计算, 能够在图像边缘, 分别减弱光流 u 方向和 v 方向的扩散程度, 从而保护了光流边缘.

3. 基于各向异性图像驱动的平滑项

顾名思义, 各向异性图像驱动的平滑项与各向同性图像驱动的平滑项的区别在于, 在图像边缘不是各个方向都减小扩散, 而是在不同的方向施加不同的影响. 一个基本的方法是在垂直图像边缘的地方减小扩散, 在平行图像边缘的地方增加扩散. 最早把 Horn 变分光流算法中的全局平滑约束替换成各向异性图像驱动平滑项的算法是由 Nagel 提出的, 基于此方法, 可得到这样一个平滑项:

$$E_{smooth}(u,v)=\int_{\Omega}(\nabla u^{\mathrm{T}}D(\nabla I)\nabla u+\nabla v^{\mathrm{T}}D(\nabla I)\nabla v)dX \tag{3-34}$$

其中

$$D(\nabla I)=\frac{1}{|\nabla I|^2+2\lambda^2}(\nabla I^{\perp}\nabla I^{\perp\mathrm{T}}+\lambda^2 E) \tag{3-35}$$

上式中的 E 是单位矩阵.

平滑项 (3-34) 在扩散反应方程中的对应扩散项可以写为如下:

$$\begin{aligned}\frac{\partial u}{\partial \tau}&=div(D(\nabla I)\nabla u)\\ \frac{\partial v}{\partial \tau}&=div(D(\nabla I)\nabla v)\end{aligned} \tag{3-36}$$

下面说明扩散张量矩阵 $D(\nabla I)$ 的设计过程, 首先定义扩散张量矩阵 $D(\nabla I)$ 的特征向量已知, 分别为 $v_1=\nabla I, v_2=\nabla I^{\perp}$, 即其方向分别为图像梯度方向和梯度垂直方向. 那么下面只需要设计扩散张量矩阵的特征值就可以了.

扩散张量矩阵 $D(\nabla I)$ 的两个特征值设计如下:

$$\begin{aligned}\lambda_1(|\nabla I|)&=\frac{\lambda^2}{|\nabla I|^2+2\lambda^2}\\ \lambda_2(|\nabla I|)&=\frac{\lambda^2}{|\nabla I|^2+2\lambda^2}\end{aligned} \tag{3-37}$$

根据矩阵本征分解定理 $D=\lambda_1 v_1 v_1^{\mathrm{T}}+\lambda_2 v_2 v_2^{\mathrm{T}}$ 代入可得上述扩散张量的设计式 (3-35). 可以看到, 当梯度 $|\nabla I|\to 0$ 的平坦区域, $\lambda_1\to 0.5$, $\lambda_2\to 0.5$ 上述扩散变为各向同性的扩散. 在理想域边缘区 $|\nabla I|\to\infty$, 这样 $\lambda_1\to 0$, $\lambda_2\to 1$. 这样就增大了 v_2 方向, 即垂直于梯度方向上的扩散, 并且减小了 v_1 方向即平行梯度方向上的扩散.

4. 基于各向同性光流驱动的平滑项

由上面分析可知, 在图像纹理区域较强区域, 使用图像驱动的光流平滑项容易导致过度分割现象. 为了仅在运动边缘区域减小过度平滑，基于光流驱动的平滑策略被提出. Schnorr 和 Weickert 最早提出了如下各向同性光流驱动的平滑项.

$$E_{smooth}(u,v)=\int\limits_{\Omega}\Psi(|\nabla u|^2+|\nabla v|^2)dX \tag{3-38}$$

其中, $\Psi(s^2)$ 是一个可微的递增函数, 且关于 s 是凸性的：

$$\Psi(s^2)=\varepsilon s^2+(1-\varepsilon)\lambda^2\sqrt{1+\frac{s^2}{\lambda^2}},\quad 0<\varepsilon\leqslant 1,\ \lambda>0 \tag{3-39}$$

平滑项 (3-38) 对应的扩散反应方程中的扩散项为

$$\begin{aligned}\frac{\partial u}{\partial \tau}&=div(\Psi'(|\nabla u|^2+|\nabla v|^2)\nabla u)\\ \frac{\partial v}{\partial \tau}&=div(\Psi'(|\nabla u|^2+|\nabla v|^2)\nabla v)\end{aligned} \tag{3-40}$$

其中, Ψ' 表示函数 Ψ 的导函数. 可见传导系数 $\Psi'(|\nabla u|^2+|\nabla v|^2)$ 是个标量函数, 并且依赖于光流的模值 $|\nabla u|^2+|\nabla v|^2$ 大小, 这表明这个模型是各向同性的并且是光流驱动的.

由式 (3-39) 定义的 Ψ 函数, 可得

$$\Psi'(s^2)=\varepsilon+\frac{1-\varepsilon}{\sqrt{1+\dfrac{s^2}{\lambda^2}}} \tag{3-41}$$

可看出这个非线性扩散关于自变量是递减的, 所以在光流模值 $|\nabla u|^2+|\nabla v|^2$ 大的区域 (即运动边缘), 扩散效果被削弱, 从而使得运动边缘得到保护.

5. 基于各向异性光流驱动的平滑项

要设计各向异性光流驱动的平滑项, 必然要使得其光流扩散过程中, 扩散张量与光流值相关, 以消除图像驱动带来的过度分割现象, 并且还要在运动边缘处对各个方向施加不同的影响. 一个基本的目标是在垂直于光流边缘 (运动边缘) 的地方减小扩散, 在平行于光流运动边缘的地方增加扩散. 这就要求所设计的平滑项经最速下降法得到的扩散项必须满足以上两个要求. 因此, 该平滑项的设计过程较为复杂, 下面本书先给出一些必要设定.

设标量函数 $\Psi(s^2)$ 为式 (3-39) 所示, 设 A 为 $n\times n$ 阶矩阵, 其正交归一的特征向量为 $w_1, w_2, \cdots, w_n$, 其对应的特征值为 $\sigma_1, \sigma_2, \cdots, \sigma_n$, 那么把标量函数 $\Psi(s^2)$ 扩展为关于矩阵 A 的函数如下:

$$\Psi(A) = \sum_{i}^{n} \Psi(\sigma_i) w_i w_i^{\mathrm{T}} \tag{3-42}$$

与此相类似, 对 $\Psi(s^2)$ 的导函数进行扩展:

$$\Psi'(A) = \sum_{i}^{n} \Psi'(\sigma_i) w_i w_i^{\mathrm{T}} \tag{3-43}$$

定义矩阵 A 的对角线元素之和为

$$tr(A) = \sum_{i}^{n} a_{ii} = \sum_{i}^{n} \sigma_i \tag{3-44}$$

基于这些定义, Weickert 给出了如下基于各向异性光流驱动的平滑项:

$$E_{smooth}(u,v) = \int_{\Omega} tr\Psi(\nabla u \nabla u^{\mathrm{T}} + \nabla v \nabla v^{\mathrm{T}}) dX \tag{3-45}$$

上式中, 令

$$J = \nabla u \nabla u^{\mathrm{T}} + \nabla v \nabla v^{\mathrm{T}} \tag{3-46}$$

这是一个对称半正定 n 阶矩阵, 称为结构张量. 含有两个正交特征矢量 v_1, v_2, 其对应的特征值为 μ_1, μ_2, 这两个特征值能反映光流在这两个特征矢量 v_1, v_2 方向上变化. Di Zenzo 曾经在有关多通道图像的边缘分析中引入此概念并进行了详细介绍. 在图像中, 这个张量能反映图像局部结构信息的变化, 这里则反映了光流的局部变化信息.

下面将证明使用形如式 (3-45) 的平滑项, 经最速下降法得到所期待的扩散项, 即

$$\begin{aligned} \frac{\partial u}{\partial \tau} &= div(\Psi'(\nabla u \nabla u^{\mathrm{T}} + \nabla v \nabla v^{\mathrm{T}}) \nabla u) \\ \frac{\partial v}{\partial \tau} &= div(\Psi'(\nabla u \nabla u^{\mathrm{T}} + \nabla v \nabla v^{\mathrm{T}}) \nabla v) \end{aligned} \tag{3-47}$$

为了书写简便, 用 u_1 替代 u, 用 u_2 替代 v, 坐标轴 (x_1, x_2) 替代坐标轴 (x, y), e_i 表示 x_i 方向上的单位矢量. 那么有下列等式成立

$$\Psi'(J) = \Psi'(\mu_1) v_1 v_1^{\mathrm{T}} + \Psi'(\mu_2) v_2 v_2^{\mathrm{T}} \tag{3-48}$$

$$tr(ab^{\mathrm{T}}) = a^T b \tag{3-49}$$

$$div(a) = \sum_i \partial x_i (e_i^{\mathrm{T}} a) \tag{3-50}$$

对式 (3-45) 使用最速下降法, 得到如下的扩散项:

$$\begin{aligned}
\sum_i \frac{\partial\left(\dfrac{\partial(tr\Psi(J))}{\partial u_k}\right)}{\partial x_i} &= \sum_i \partial x_i \partial u_{kxi}(tr\Psi(J)) \\
&= \sum_i \partial x_i tr(\Psi'(J)\partial u_{kxi} J) \\
&\overset{(3\text{-}46)}{=\!=\!=} \sum_i \partial x_i tr(\Psi'(J)(e_i \nabla u_k^{\mathrm{T}} + e_i \nabla u_k e_k^{\mathrm{T}})) \\
&\overset{(3\text{-}48)}{=\!=\!=} \sum_i \partial x_i tr \sum_j (\Psi'(u_j) v_j v_j^{\mathrm{T}} (e_i \nabla u_k^{\mathrm{T}} + e_i \nabla u_k e_k^{\mathrm{T}})) \\
&= \sum_i \partial x_i tr \sum_j \Psi'(u_j)\left(\left(v_j^{\mathrm{T}} e_i\right)\left(v_j \nabla u_k^{\mathrm{T}}\right) + \left(v_j^{\mathrm{T}} \nabla u_k\right)\left(v_j e_i^{\mathrm{T}}\right)\right) \\
&\overset{(3\text{-}49)}{=\!=\!=} 2\sum_i \partial x_i \sum_j \Psi'(u_j)\left(v_j e_i^{\mathrm{T}}\right)\left(v_j^{\mathrm{T}} \nabla u_k\right) \\
&\overset{(3\text{-}48)}{=\!=\!=} 2\sum_i \partial x_i (e_i^{\mathrm{T}} \Psi'(J) \nabla u_k) \\
&\overset{(3\text{-}50)}{=\!=\!=} 2div(\Psi'(J)\nabla u_k) \qquad (k=1,2)
\end{aligned} \tag{3-51}$$

上式证明了由平滑项 (3-45) 经最速下降法可以得到扩散项 (3-47). 注意到 (3-47) 中的扩散矩阵, 其特征值 $\Psi'(u_1)$, $\Psi'(u_2)$ 是不同的, 而 u_1, u_2 表示光流值, 从而实现了光流驱动的各向异性扩散.

通过上述介绍分析, 已经对光流的基本概念、计算基本方法以及能量泛函数据项和平滑项的构建有了一定认识和理解. 下面将以 2 个具体的变分光流计算方法为例, 详细介绍变分理论在光流计算中的应用.

3.4　基于图像局部结构张量的变分光流算法

本节介绍基于图像局部结构张量的变分光流算法, 该方法通过在光流估计能量函数中加入图像局部结构张量守恒假设, 有效提高了包含剧烈光照变化与大位移运动场景图像序列的光流计算精度与鲁棒性.

3.4.1 基于图像局部结构张量的变分光流能量函数

1. 基于图像局部结构张量的鲁棒数据项

假设时刻 t 时图像上点 $X=(x,y)^{\mathrm{T}}$ 处的灰度值为 $I(X)$, 在 $t+1$ 时刻, 该点移动到 $X+W=(x+u,y+v)^{\mathrm{T}}$ 处, 其灰度值可表示为 $I(X+W)$, 当图像间时间间隔很短且灰度变化很小的情况下, 有

$$I(X+W)-I(X)=0 \tag{3-52}$$

式 (3-52) 称为图像序列灰度守恒假设, 即光流计算基本约束方程. 式中, $W=(u,v)^{\mathrm{T}}$ 是相邻两帧图像间的光流矢量. 由式 (3-52) 可以看出, 灰度守恒假设是基于图像像素点灰度不变的常值假设约束, 当图像灰度变化较大或者存在较剧烈光照变化时, 仅依靠灰度守恒假设不成立. 图像局部结构张量, 通常使用如下形式表示:

$$T=G_{\sigma}*(\nabla I)^{\mathrm{T}}(\nabla I)=\begin{bmatrix} I_x^2 & I_xI_y \\ I_xI_y & I_y^2 \end{bmatrix} \tag{3-53}$$

式 (3-53) 中, I_x, I_y 是图像灰度沿 x, y 轴的梯度, G_{σ} 是 Gaussian 滤波函数, 可以有效减小图像噪声的影响. 不难发现, 图像局部结构张量 T 不仅包含了图像灰度变化的模值, 还包含了其变化的方向; 同时由于图像结构张量 T 利用了图像像素点邻域的局部结构信息, 因此对灰度及光照变化不敏感. 依照灰度守恒假设的推导过程, 直接给出图像局部结构张量守恒假设的表达式如下所示:

$$T(X+W)-T(X)=0 \tag{3-54}$$

当图像序列中像素点灰度突变时, 基于图像灰度信息的守恒假设包含较大误差. 因此, 传统变分光流模型数据项采用的平方形式 (L2 模型) 会导致守恒假设误差的非线性放大, 致使光流估计鲁棒性较差. 为了增强数据项的鲁棒性, 这里在数据项引入非平方惩罚函数 $\varphi(s^2)$, 采用非平方形式的数据项模型 (L1 模型), 则基于图像局部结构张量的鲁棒数据项如式 (3-55) 所示:

$$E_{data}=\int_{\Omega}\varphi\{[I(X+W)-I(X)]^2+[T(X+W)-T(X)]^2\}dX \tag{3-55}$$

式 (3-55) 中, 非平方惩罚函数 $\varphi(s^2)=\sqrt{s^2+\varepsilon^2}$, 其中, ε 是趋近于零的任意正实数, 且 $\varepsilon=0.001$. 该函数不仅可以保证数据项的凸性与可微性, 同时能加大对图

像序列中灰度突变点的惩罚力度. 为了更直观地表述数据项 L1 模型与数据项 L2 模型的区别, 首先假设:

$$\begin{cases} \text{L1}(x) = \sqrt{\xi^2 + x^2}, & \xi = 0.001 \\ \text{L2}(x) = x^2 \end{cases} \tag{3-56}$$

令 $x \in [-5, 5]$, 分别给出 L1 模型和 L2 模型的函数曲线如图 3-1 所示.

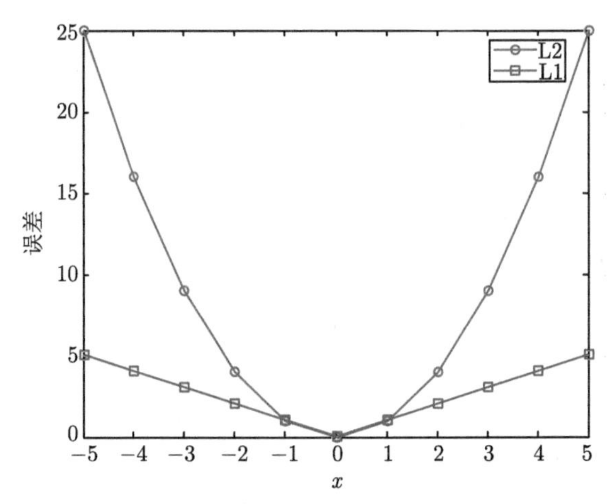

图 3-1 L1 模型和 L2 模型函数曲线图

当 $x \in [-1, 1]$, 即图像序列守恒假设误差较小时, L1 模型和 L2 模型对守恒假设误差 x 的映射误差基本相同, 说明当图像中运动较缓慢或亮度变化较小时, 数据项采用 L1 模型和 L2 模型都可以得到较准确的光流估计结果; 当 $x \in [-5, -1) \cup (1, 5]$, 即图像序列守恒假设误差较大时, L2 模型对守恒假设误差 x 的映射误差明显远大于 L1 模型对 x 的映射误差, 这说明当图像中包含大位移运动或剧烈亮度变化时, 基于 L2 模型的数据项会导致光流估计结果较差.

2. 基于图像结构的自适应扩散平滑项

变分光流能量函数的传统平滑项是由 Horn 提出的一致平滑策略构成, 采用一致平滑策略. 虽然可以得到稠密的光流场, 但是由于一致平滑在图像中任何区域的光流扩散都是相同的, 因此光流结果常常模糊了运动物体或场景的边缘轮廓. 为了在得到稠密光流场的同时, 又能较好地保留图像中运动物体或场景的边缘信息, 基于图像局部结构张量的变分光流算法对平滑项作如下改进:

$$E_{smooth} = J(|\nabla I|) \cdot \int_{\Omega} \varphi \left[(|\nabla u|^2 + |\nabla v|^2) \right] dX \tag{3-57}$$

式 (3-57) 中, $J(|\nabla I|)=\lambda\cdot\exp(-\alpha\,|\nabla I|^{\beta})$ 表示平滑项系数, 是关于图像梯度 ∇I 的单调递减函数, 其中, α, β 和 λ 为常数. 图 3-2 展示了 α, β 和 λ 取不同常数值时函数 $J(\cdot)$ 的曲线形式. 由图中可以看出, α, β 的取值决定了图像光流的平滑程度, α, β 的值越大, 光流扩散的扩散速率越大, 平滑程度越高. λ 的取值决定了平滑项系数的范围, λ 取值越大, $J(\cdot)$ 的变化区间越大.

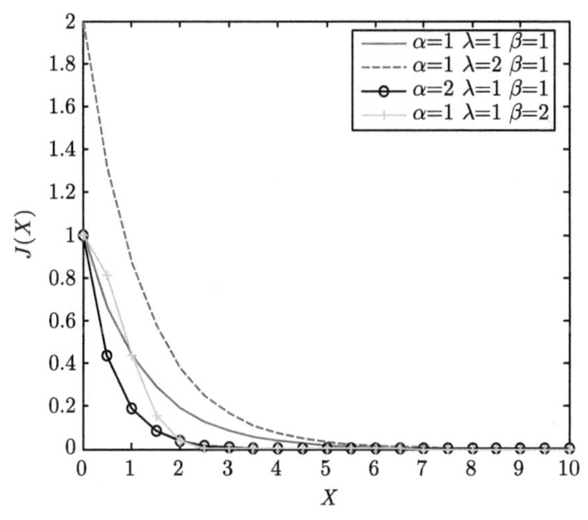

图 3-2 不同参数情况下函数 $J(\cdot)$ 的曲线形式

通过前文对数据项和平滑项的重新设计, 可以得到基于图像局部结构的变分光流计算能量函数如下所示:

$$\begin{aligned}\varepsilon=&\int_{\Omega}\{\varphi[(I(X+W)-I(X))^2+(T(X+W)-T(X))^2]\\&+J(|\nabla I|)\cdot\varphi[(|\nabla u|^2+|\nabla v|^2)]\}dX\end{aligned}\tag{3-58}$$

式 (3-58) 中, 不失一般性, 设定 $\alpha=\beta=\lambda=1$. 则平滑项在梯度变化较大的边缘区域减小光流扩散, 较好地保留物体或场景的边缘; 在梯度变化较小的区域增大扩散, 得到稠密的光流场.

当图像序列中物体或场景的位移较小时, 采用如式 (3-58) 所示的变分光流能量函数可以得到较准确的光流计算结果. 但是, 当图像序列中包含大位移运动时, 由于像素点可能存在灰度突变现象, 因此光流估计结果往往不可信. 针对该问题, 基于图像局部结构张量的变分光流算法引入区域匹配策略以改善该问题, 其中区域匹配策略将在第 5 章进行详细介绍, 这里不再叙述. 加入区域匹配策略后, 最终

的基于图像局部结构的变分光流计算能量函数:

$$\varepsilon = \int_{\Omega} \{\varphi[(I(X+W)-I(X))^2+(T(X+W)-T(X))^2] + J(|\nabla I|)\cdot\varphi[(|\nabla u|^2+|\nabla v|^2)]\}dX + \int_{D}\varphi[(u-u_{i,j})^2+(v-v_{i,j})^2]dX \tag{3-59}$$

式 (3-59) 中, 相关搜索区域 $D \in \Omega$.

3.4.2 基于图像局部结构张量的变分光流算法数值化过程

1. 扩散反应方程

在利用变分原理推导式 (3-59) 对应的光流扩散反应方程时, 式中通常包含关于图像灰度的高阶偏微分等复杂的函数表达式, 为了书写方便, 首先做如下缩写定义:

$$\begin{aligned} &I_x := \partial_x I(X+W), \quad I_{xy} := \partial_{xy} I(X+W) \\ &I_y := \partial_y I(X+W), \quad I_{yy} := \partial_{yy} I(X+W) \\ &I_z := I(X+W)-I(X), \quad I_{xz} := \partial_x I_z \\ &I_{xx} := \partial_{xx} I(X+W), \quad I_{yz} := \partial_y I_z \end{aligned} \tag{3-60}$$

根据变分原理可以求出式 (3-60) 对应的扩散反应方程为

$$\begin{cases} J(|\nabla I|)div(\varphi'_s\cdot\nabla u) = \varphi'_d\cdot(I_z^2)I_zI_x \\ +\varphi'_d\cdot[I_x^2I_{xz}^2+I_y^2I_{yz}^2+(I_{xz}I_y+I_xI_{yz})^2][I_x^2I_{xx}I_{xz}+(I_{xx}I_y+I_xI_{yx}) \\ \cdot(I_{xz}I_y+I_xI_{yz})+I_y^2I_{yx}I_{yz})]+\varphi'_m\cdot[(u-u_{i,j})^2+(v-v_{i,j})^2](u-u_{i,j}) \\ J(|\nabla I|)div(\varphi'_s\cdot\nabla v) = \varphi'_d\cdot(I_z^2)I_zI_y \\ +\varphi'_d\cdot[I_x^2I_{xz}^2+I_y^2I_{yz}^2+(I_{xz}I_y+I_xI_{yz})^2][I_x^2I_{xy}I_{xz}+(I_{xy}I_y+I_xI_{yy}) \\ \cdot(I_{xz}I_y+I_xI_{yz})+I_y^2I_{yy}I_{yz})]+\varphi'_m\cdot[(u-u_{i,j})^2+(v-v_{i,j})^2](v-v_{i,j}) \end{cases} \tag{3-61}$$

式 (3-61) 中:

$$\begin{cases} \varphi'_d = \varphi'[(I(X+W)-I(X))^2+(T(X+W)-T(X))^2] \\ \varphi'_s = \varphi'[(|\nabla u|^2+|\nabla v|^2)] \\ \varphi'_m = \varphi'[(u-u_{i,j})^2+(v-v_{i,j})^2] \end{cases}$$

式 (3-61) 是变分光流能量函数对应的扩散反应方程, 对其采用 Gauss-Seidel 迭代方法直接计算光流仍存在两方面的问题, 首先是式中包含了 φ'_s 和 φ'_m 等非线性函数, 需要对其线性化后才能计算; 其次是区域匹配变分光流算法的计算精度与相关搜索区域的范围是密切相关的. 因此, 在对扩散反应方程进行迭代计算时, 采用基于金字塔分层的变分光流计算策略.

2. 基于金字塔分层的变分光流计算方法

采用图像金字塔分层的方法计算光流, 首先需要按照一定的采样方案, 把原始的两帧图像 I_1 和 I_2 各自分成 n 层. 假设 I_1^k 和 I_2^k $(k=0,1,2,\cdots,n)$ 分别是图像 I_1 和 I_2 对应的第 k 层采样图像, 随着图像层数 k 的增加, 采样图像的分辨率越来越高. 由于非线性函数的存在, 在每一层采样图像计算光流时, 需要采用内外部迭代的方法对非线性函数进行线性化, 为了书写简便, 省略各变量的上标 k, 则第 k 层图像上光流计算模型如式 (3-62) 所示.

$$\left\{\begin{array}{l}
J(\nabla I)div[(\varphi')_s^l\cdot\nabla(u^k+du^{l+1})]=(\varphi')_d^l\cdot(I_z+I_xdu^{l+1}+I_ydv^{l+1})I_x\\
+(\varphi')_d^l\cdot\{I_{xx}(I_{xz}+I_{xx}du^{l+1}+I_{xy}dv^{l+1})+I_{xy}(I_{yz}+I_{yx}du^{l+1}+I_{yy}dv^{l+1})\\
+(I_{xx}I_y+I_xI_{yx})[I_y(I_{xz}+I_{xx}du^{l+1}+I_{xy}dv^{l+1})\\
+I_x(I_{yz}+I_{yx}du^{l+1}+I_{yy}dv^{l+1})]\}\\
+\sum_j(\varphi')_m^l\cdot(u+du^{l+1}-u_{i,j}-du_{i,j}^l)\\
J(\nabla I)div[(\varphi')_s^l\cdot\nabla(v+dv^{l+1})]=(\varphi')_d^l\cdot(I_z+I_xdu^{l+1}+I_ydv^{l+1})I_y\\
+(\varphi')_d^l\cdot\{I_{xy}(I_{xz}+I_{xx}du^{l+1}+I_{xy}dv^{l+1})+I_{yy}(I_{yz}+I_{yx}du^{l+1}+I_{yy}dv^{l+1})\\
+(I_{xy}I_y+I_xI_{yy})[I_y(I_{xz}+I_{xx}du^{l+1}+I_{xy}dv^{l+1})\\
+I_x(I_{yz}+I_{yx}du^{l+1}+I_{yy}dv^{l+1})]\}\\
+\sum_j(\varphi')_m^l\cdot(v+dv^{l+1}-v_{i,j}-dv_{i,j}^l)
\end{array}\right. \tag{3-62}$$

式 (3-62) 中, $W^k=(du^k,dv^k)^{\mathrm{T}}$ 表示第 k 层图像上计算出的光流增量, 假设 $k=0$ 层上光流计算初始值为 $W^0=(0,0)^{\mathrm{T}}$, 将其代入式 (3-62) 中并采用超松弛迭代法 (SOR) 计算出当前图像层的光流增量估计结果 $dW^0=(du^0,dv^0)^{\mathrm{T}}$; 在计算下一层图像的光流时, 光流初始值设定为 $W^1=(u^1,v^1)^{\mathrm{T}}=dW^0+W^0$, 再将其代入式 (3-62) 中计算得到该层的光流结果 $dW^1=(du^1,dv^1)^{\mathrm{T}}$. 利用上述步骤反复迭代计算, 直到图像原始层为止, 则基于图像金字塔分层的变分光流计算策略可用公式 (3-63) 表示.

$$W^k=W^{k-1}+dW^{k-1}=(u^{k-1}+du^{k-1},v^{k-1}+dv^{k-1})^{\mathrm{T}} \tag{3-63}$$

3.4.3 实验与分析

1. 合成图像序列实验

本算例选取 Middlebury 数据集中的 Yosemite 图像序列第 8、9 帧进行实验, 主要验证本节算法在光照变化情况下光流计算的精确性与鲁棒性. 图 3-3(a) 是 Yosemite 图像序列第 8 帧原图像, 图像下方的山谷由内向外作扩张运动, 图像上方的乌云向右运动的同时伴随着剧烈的光照变化, 因此 Yosemite 图像序列通常用来验证光流算法对光照变化的鲁棒性; 图 3-3(b) 是 Yosemite 图像序列第 8、9 帧间光流场真实值; 图 3-3(c) 是 Horn 算法光流场计算结果, 图中光流计算效果较差, 特别是图像上方光照变化区域和左下方山谷运动边缘处光流明显存在较大误差; 图 3-3(d) 展示了 Lucas 算法计算出的光流场, 效果要差于 Horn 算法结果, 这是因为 Lucas 算法采用局部优化的方法导致光流场是稀疏的, 同时在边缘区域误差明显; 图 3-3(e) 是 Papenberg 算法计算出的光流场, 效果明显好于 Horn 算法和 Lucas 算法, 但是平滑项的一致增强扩散导致图像边缘区域光流过于平滑而模糊了图像中山谷的边缘; 图 3-3(f) 展示了 Brox 算法的光流计算结果, 图中光流整体效果较好, Brox 算法采用图像描述符匹配的方法提高了光流计算的准确性, 获得了较好的结果, 但是在图像中上方的乌云区域由于光照变化的影响导致光流扩散不够均匀; 图 3-3(g) 是 CLG-TV 算法计算所得光流场, 可以看出在图中乌云和左侧山谷下方光照变化导致光流结果存在明显误差, 这是因为 CLG-TV 算法采用局部与全局约束相结合的方法导致误差在图像中灰度变化的边缘区域光流计算效果较差; 图 3-3(h) 是本节算法计算出的光流场, 在引入图像结构守恒假设, 并结合自适应扩散的区域匹配策略后, 光流计算精度以及鲁棒性得到明显提升.

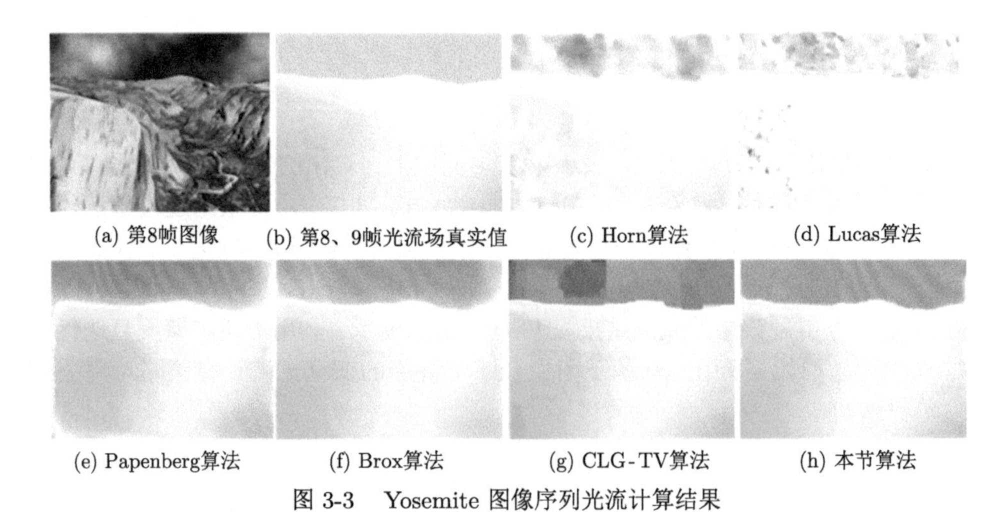

(a) 第8帧图像 (b) 第8、9帧光流场真实值 (c) Horn算法 (d) Lucas算法

(e) Papenberg算法 (f) Brox算法 (g) CLG-TV算法 (h) 本节算法

图 3-3 Yosemite 图像序列光流计算结果

表 3-2 给出了不同光流算法的计算结果, 在计算误差方面, 本节算法计算结果的 AAE 和 AEE 误差最小. 在时间消耗方面, Horn 算法和 Lucas 算法时间消耗最少, 这是因为这两种方法的计算模型较为简单, 且不需要大量迭代, 因此其计算误差最大. 表 3-2 中光流计算对比结果说明本节算法在图像序列中包含剧烈光照变化时仍具有较高的计算精度、较好的鲁棒性和较高的计算效率.

表 3-2 Yosemite 图像序列光流估计结果

算法	AAE	AEE	时间/s
Horn	16.24	0.82	1.52
Lucas	27.02	1.36	2.91
Papenberg	2.67	0.41	33.68
Brox	2.31	0.37	25.43
CLG-TV	8.87	0.51	38.67
本节算法	2.06	0.32	29.18

接着实验选取 Grove3 合成图像序列第 10、11 帧进行实验, 以验证本节算法在计算复杂边缘非刚性物体或场景光流时的有效性和精度. 图 3-4(a) 是 Grove3 图像序列第 10 帧原图像, 图像中包含了较多的树木及背景的边缘细节信息, 因此可看作复杂边缘非刚性物体运动. 图 3-4(b) 是 Grove3 图像序列第 10、11 帧间的光流场真实值. 图 3-4(c) 中 Horn 算法计算出的光流场基本无法反映图像中树木的运动和结构信息, 光流误差很大; 图 3-4(d) 中 Lucas 算法计算效果和精度略好于 Horn 算法结果, 但是在运动物体的边缘区域光流计算存在较大误差; 图 3-4(e) 中 Papenberg 算法的光流计算精度得到较大提升, 但是由于过度平滑的原因, 树木的边缘轮廓过于模糊.

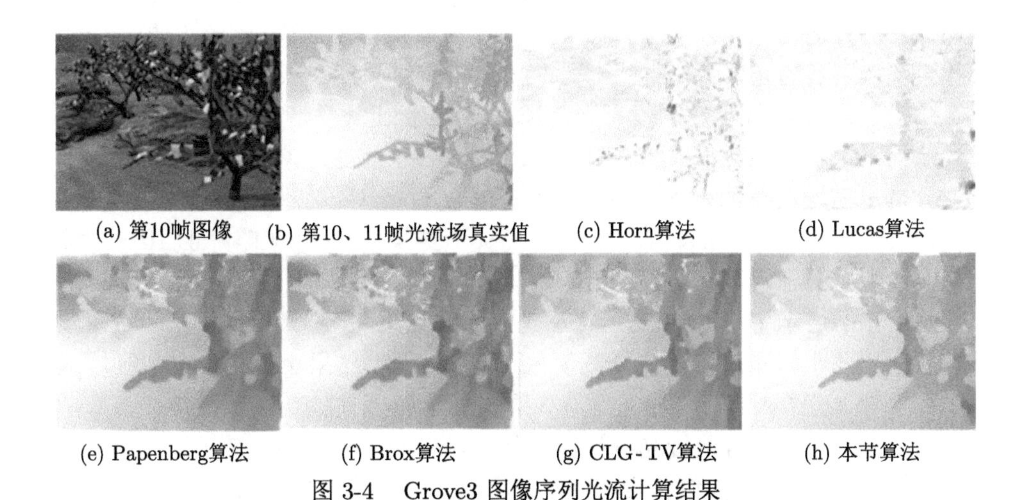

(a) 第10帧图像 (b) 第10、11帧光流场真实值 (c) Horn算法 (d) Lucas算法

(e) Papenberg算法 (f) Brox算法 (g) CLG-TV算法 (h) 本节算法

图 3-4 Grove3 图像序列光流计算结果

图 3-4(f) 展示了 Brox 算法光流计算结果, 图中树木的边缘信息得以较好地保留, 光流结果较准确地反映了图像中物体和场景的运动情况; 图 3-4(g) 是 CLG-TV 算法计算所得光流场, 由于局部优化的原因, 光流在树木和背景的边缘区域过于平滑; 本节算法计算所得光流场如图 3-4(h) 所示, 图中光流计算的整体效果较好, 树木的边缘信息也得以较好地保留. 表 3-3 展示了 Grove3 图像序列各光流算法的计算结果, 可以看出本节算法的计算精度优于其他对比算法, 在时间消耗方面, 除 Horn 算法和 Lucas 算法外, 本节算法的时间消耗仅略逊于 Brox 算法, 说明本节算法在计算复杂边缘非刚性物体光流时具有较高的计算精度和较快的计算效率.

表 3-3　Grove3 图像序列光流估计结果

算法	AAE	AEE	T/s
Horn	36.29	2.98	3.41
Lucas	24.29	2.37	10.39
Papenberg	9.51	1.09	102.15
Brox	4.13	0.63	84.22
CLG-TV	7.48	0.82	129.02
本节算法	3.68	0.51	92.63

2. 真实图像序列实验

本算例选取真实场景中的 Highway 图像序列第 319、320 帧进行实验, 以验证本节算法针对多目标大位移运动的光流计算精度与鲁棒性. 图 3-5(a)、(b) 是 Highway 图像序列第 319、320 帧原图像, 图中包含 4 辆快速运动的汽车, 其中图像下方两辆汽车的图像帧间位移约为 10 像素, 可视为大位移运动. 由于拍摄角度的问题, 图像下侧的黑色汽车是向前运动, 而图像左侧以及图像上方的三辆汽车向图像右前方运动. 由于 Highway 图像序列是真实拍摄而成, 因此图像中包含较大噪声及较剧烈的光照变化.

由于 Highway 图像序列没有光流场真实值, 因此本实验对各对比方法的光流场计算结果进行定性分析比较. 图 3-5(c) 是 Horn 算法光流计算结果, 图中只能大致分辨出三辆汽车的运动区域, 且汽车内部光流计算误差较大, 光流场计算效果较差; 图 3-5(d) 是 Lucas 算法计算所得光流结果, 整体效果略好于 Horn 算法, 但是在检测出的三辆汽车边缘区域存在较大误差, 且图像上方受光照变化影响较大; 图 3-5(e) 展示了 Papenberg 算法光流计算结果, 同样只检测出三辆汽车, 并且图像中间的小轿车出现过度分割现象, 即光流计算结果小于真实运动区域; 图 3-5(f) 是 Brox 算法计算出的光流场结果, 4 辆汽车均被检出, 整体效果较好, 但图像左下方汽车的边缘区域光流计算出现明显误差; 图 3-5(g) 是 CLG-TV 算法计算所得光流场, 由于大位移运动导致图像下方的三辆汽车出现像素点漂移现象,因此计算效果较差; 图 3-5(h) 展示了本节算法计算结果, 从图中可以看出, 无论是汽车内部还是运动边缘处, 光流估计都取得了较好的结果, 同时图像噪声及光照变化并未对光流计算造成影响, 光流计算效果明显优于其他对比方法.

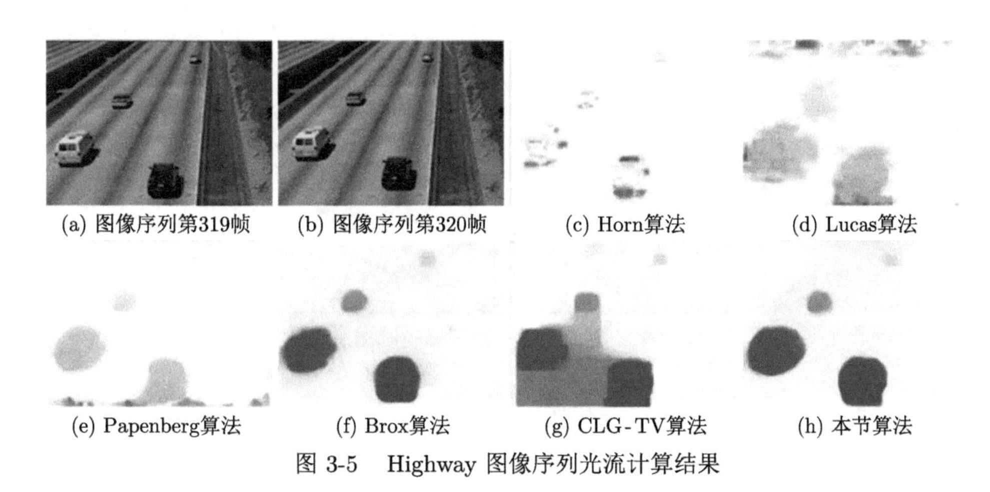

(a) 图像序列第319帧 (b) 图像序列第320帧 (c) Horn算法 (d) Lucas算法

(e) Papenberg算法 (f) Brox算法 (g) CLG-TV算法 (h) 本节算法

图 3-5 Highway 图像序列光流计算结果

表 3-4 给出了各对比方法的时间消耗, 可以看出, 本节算法针对多运动目标大位移运动情况仍具有较高的计算精度、较好的鲁棒性和较少的时间消耗.

表 3-4 Highway 图像序列光流估计结果

算法	时间/s
Horn	1.49
Lucas	2.67
Papenberg	32.43
Brox	19.17
CLG-TV	37.38
本节算法	23.59

通过以上实验可以看出, 通过在变分能量泛函数据项中引入局部结构张量可以较好地提高光流计算模型的抗光照能力和抗噪能力. 下面将介绍如何通过修改变分光流计算模型实现遮挡场景图像序列光流计算.

3.5 基于遮挡检测的非局部 TV-L1 变分光流计算方法

3.5.1 基于 Delaunay 三角网格的图像序列运动遮挡检测

图像序列运动遮挡通常是指图像中运动物体或场景表面像素点随着图像帧间运动 "时隐时现" 的现象. 如图 3-6 所示, 将蓝色三角形和黄色三角形看作图像序列中两个运动物体. 在第一帧图像中, 蓝色三角形与黄色三角形同时完整显示; 而在第二帧图像中, 蓝色三角形的一个顶点进入到黄色三角形区域, 此时该像素点可以判定是遮挡点或被遮挡点. 因此, 图像序列运动遮挡问题就是图像序列中运动物体或场景表面像素点的遮挡与被遮挡问题.

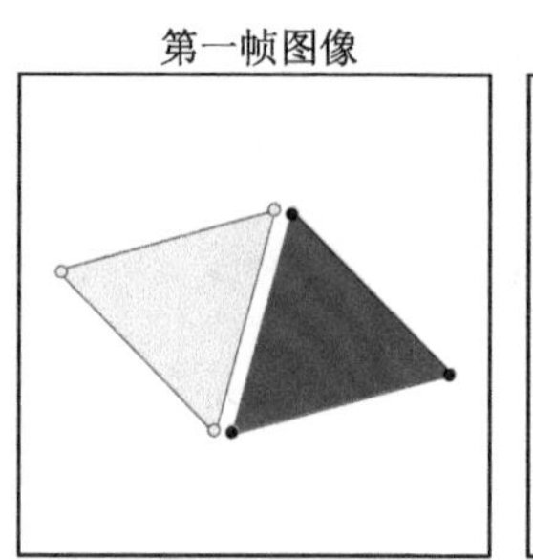

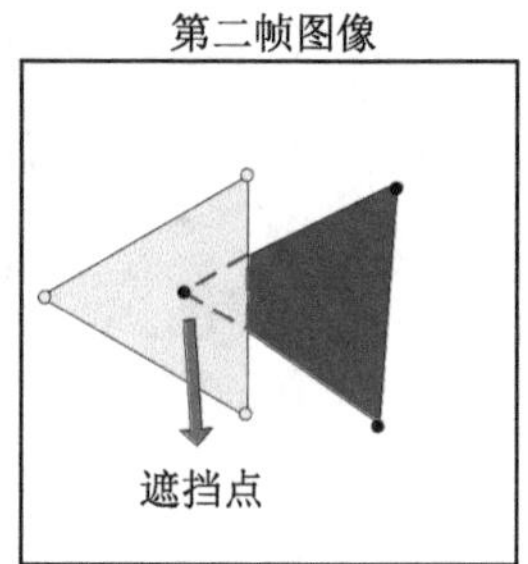

图 3-6 图像像素点帧间运动遮挡示例

在光流估计中, 遮挡问题一直以来是光流计算过程中的难点, 一方面是因为在遮挡处的像素点并不能遵循守恒假设 (灰度守恒). 另一方面是因为遮挡处一般都是光流的不连续处, 仅通过求解能量方程计算遮挡区域光流, 往往在图像边界区域陷入局部最优解. 因此, 如何实现高精度的遮挡检测并将其应用于光流估计, 一直是光流计算技术研究领域的重点与难点.

针对该问题, 本节提出一种基于 Delaunay 三角网格的图像序列运动遮挡检测方法. 首先将待检测图像序列的参考帧图像按照 Delaunay 三角网格划分为如图 3-7 所示形式, 图 3-7 中划分出的三角形被称为 Delaunay 三角形. 从图中可以看出, 每个三角形彼此之间都是相互紧挨着的, 这样可以将整幅图撑满以防止后续漏检.

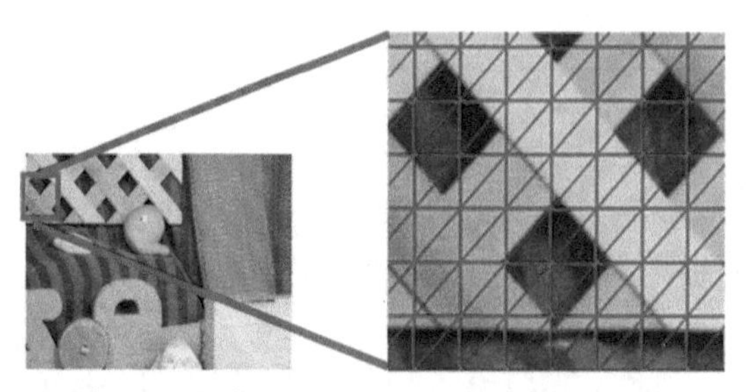

图 3-7 图像 Delaunay 三角网格划分示例

然后, 对于图 3-7 中任意一个三角形, 它的三个顶点坐标可定义为

$$\begin{cases} x_1 = i, \\ y_1 = j; \end{cases} \quad \begin{cases} x_2 = i+1, \\ y_2 = j; \end{cases} \quad \begin{cases} x_3 = i+1 \\ y_3 = j+1 \end{cases} \tag{3-64}$$

也就是形如“▽”的三角形. 当经过一次光流计算后, 该三角形的三个顶点均拥有了光流矢量值 u 和 v, 此时三个顶点的坐标将变为如式 (3-65) 所示形式:

$$\begin{cases} x_1 = i + v_1, \\ y_1 = j + u_1; \end{cases} \begin{cases} x_2 = i + 1 + v_2, \\ y_2 = j + u_2; \end{cases} \begin{cases} x_3 = i + 1 + v_3 \\ y_3 = j + 1 + u_3 \end{cases} \tag{3-65}$$

从式 (3-64) 和 (3-65) 可以看出, 在光流计算前后三角形三个顶点坐标所发生的变化, 通过式 (3-66) 便可以判定进入三角形区域的顶点是遮挡点还是被遮挡点, 这在一定程度上可以描述图 3-6 所示的遮挡场景.

$$I_t = I_2(X + W) - I_1(X) \tag{3-66}$$

在式 (3-66) 中 $I_2(X + W)$ 实际上就是将光流计算结果对第二帧图像序列进行了一次插值处理得到的一张“变形图”. 理想情况下, 如果该像素点没有发生遮挡情况, 那么 $I_{it} = 0$. 如果该像素点发生明显遮挡, 则 $I_{it} \neq 0$. 这两点提供了判断遮挡与否的依据. 对于一个 Delaunay 三角形来说, 其 I_t 可用式 (3-67) 表示:

$$I_{t\Delta} = \alpha_1 I_{t1} + \alpha_2 I_{t2} + \alpha_3 I_{t3} \tag{3-67}$$

其中 α_i $(i = 1, 2, 3)$ 代表三个点的权重系数.

最后, 在实际遮挡检测过程中, 经过一次光流计算后, 算法将从待遍历的第一个三角形开始逐一检查三角形周围 20×20 区域内点与三角形的位置情况. 同时, 为了尽量减少判断错误, 遮挡检测算法将采取如图 3-8 所示措施, 进行更加准确的遮挡检测.

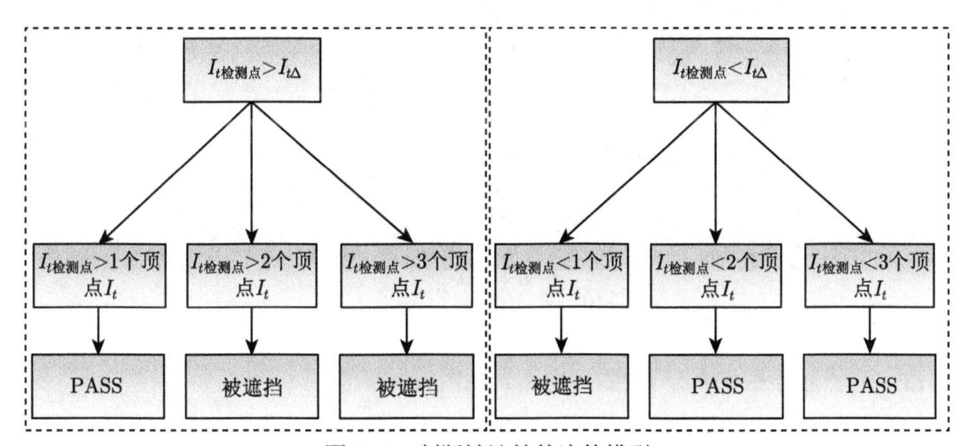

图 3-8 判断被遮挡的决策模型

在比较完成后, 便可以得到如图 3-9 所示的两种遮挡检测结果. 也就是说, 判断完成之后得到的将是一张二值掩模图, 其中白色区域代表被遮挡点的所在区域. 图 3-10 以 MPI-Sintel 数据集为例展示了本节所提遮挡检测算法的运动遮挡检测结果, 从图中可以看出, 与真实遮挡相比本节算法运动遮挡检测结果展示出了较高的检测精度. 在检测完遮挡区域后, 本节算法将遮挡检测引入非局部变分光流计算模型, 以提高遮挡场景光流估计的精度与鲁棒性.

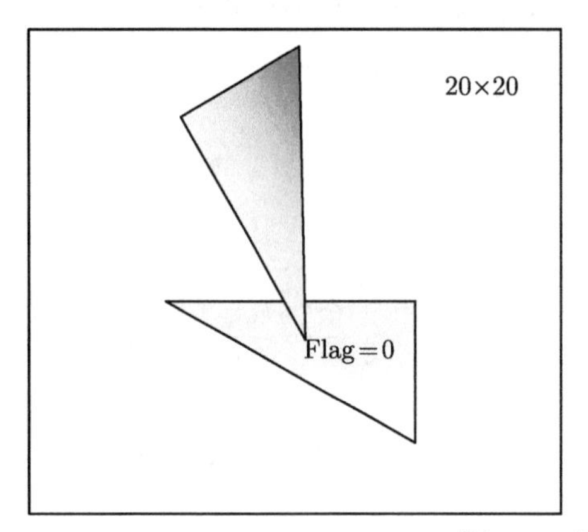

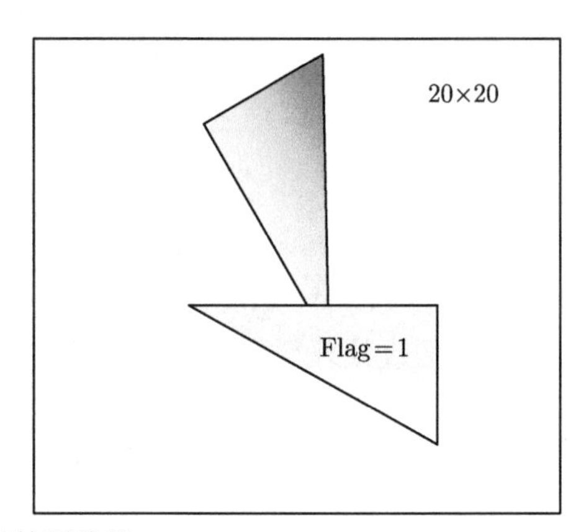

图 3-9　遮挡检测结果

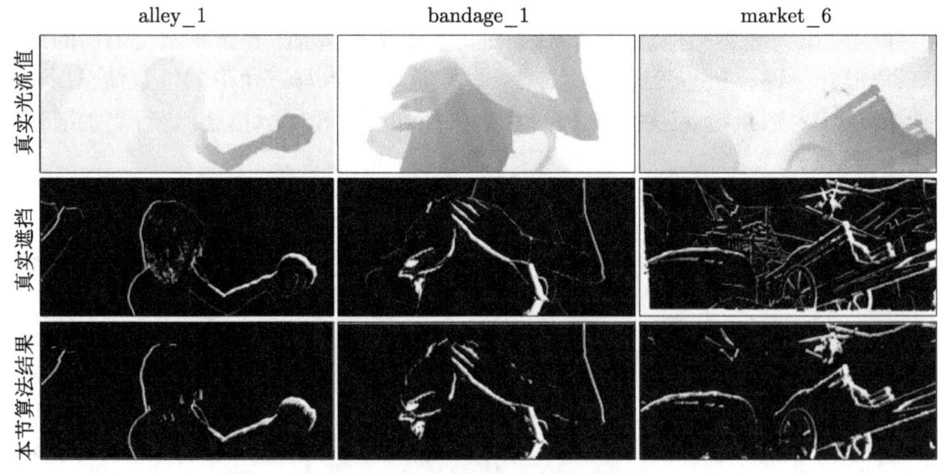

图 3-10　本节算法遮挡检测结果

3.5.2　基于遮挡检测的非局部 TV-L1 光流计算模型

虽然传统光流计算模型可以产生稠密的光流场, 但当图像序列中包含运动遮挡、大位移、光照变化以及非刚性运动等复杂困难场景时, 传统光流计算结果往往难以满足要求. 因此, 为了克服传统光流计算方法在以上图像序列场景的局限性, 非局部模型逐渐成为近年来光流估计的一个重要手段. 非局部模型的核心思想是通过对光流能量函数添加非局部约束项, 使其构成非局部光流估计模型. 其能量函数一般用式 (3-68) 所示形式表达:

$$E(u, v, \hat{u}, \hat{v}) = E_{data}(u, v) + E_{smooth}(u, v) + E_{NL}(u, v) + E_c(\hat{u}, \hat{v}) \tag{3-68}$$

这里:

$$E_{data}(u, v) = \iint_{\Omega} \psi \left(|I_x u + I_y v + I_t| + |\nabla I_x u + \nabla I_y v + \nabla I_t| \right) dxdy$$

$$E_{smooth}(u, v) = \lambda_s \cdot \iint_{\Omega} \psi \left(|\nabla u| + |\nabla v| \right) dxdy$$

$$E_{NL}(u, v) = \lambda_N \cdot \iint_{\Omega} \left\{ \iint_{N_{x,y}} \left(|\hat{u}_{x,y} - \hat{u}_{x',y'}| + |\hat{v}_{x,y} - \hat{v}_{x',y'}| \right) dx'dy' \right\} dxdy$$

$$E_c(\hat{u}, \hat{v}) = \lambda_c \cdot \left(\|u - \hat{u}\|^2 + \|v - \hat{v}\|^2 \right)$$

其中, $E_{data}(u, v)$ 为数据项, $E_{smooth}(u, v)$ 为平滑项, $E_{NL}(u, v)$ 为非局部项, $E_c(\hat{u}, \hat{v})$ 为耦合项. $(u, v)^{\mathrm{T}}$ 表示光流矢量, $(\hat{u}, \hat{v})^{\mathrm{T}}$ 表示辅助光流, 其作用是辅助能量函数线性化, ψ 为惩罚函数, λ 为权重系数, $(x, y)^{\mathrm{T}}$ 表示像素点坐标, $(x', y')^{\mathrm{T}}$ 为邻域像素点.

不难发现, 对式 (3-68) 中的非局部光流估计模型进行线性化求解是一个比较困难的问题, 因此, Wedel 将该问题转化为传统能量函数金字塔分层变形线性化迭代与分层中值滤波相结合的光流优化估计策略, 使得非局部光流估计模型的线性化计算问题迎刃而解. 而后, 针对传统中值滤波导致无法区分邻域内像素点的归属而引起光流估计结果在图像边缘处出现溢出点的问题, Sun 等人分别利用像素点的亮度以及空间距离对邻域内像素点进行加权处理, 提出一种加权中值滤波策略, 以减少光流溢出点现象的发生.

虽然, 通过上述方法可以实现非局部 TV-L1 光流估计模型的线性优化以及克服图像边缘处光流溢出的问题. 但该模型在针对包含大位移和运动遮挡场景图像序列光流估计仍然存在较大误差. 为此, 本节提出一种基于遮挡检测的非局部 TV-L1 光流计算模型, 通过将前文所提的运动遮挡检测方法引入非局部 TV-L1 光流计算模型, 以提高遮挡场景光流估计精度与鲁棒性. 并且为了提高图像边缘和运动边界区域的光流性能, 对非局部 TV-L1 中的平滑项进行修改, 提出一种基于图像梯度的自适应权重改进平滑项：

$$E_{smooth}(u,v) = \iint_{\Omega} J\left(|\nabla I|\right) \cdot \psi\left(|\nabla u| + |\nabla v|\right) dxdy \tag{3-69}$$

其中，$J\left(|\nabla I|\right) = \alpha \cdot \exp\left(-\beta \left|\nabla I\right|^{\gamma}\right)$ 表示所提出的基于图像梯度的自适应权重，α, β 和 γ 为常量参数. 通过使用提出的自适应权重平滑项，则基于遮挡检测的非局部 TV-L1 光流计算模型能量函数可以写为如下所示：

$$E(u,v,\hat{u},\hat{v}) = E_{data}(u,v) + E_{smooth}(u,v) + E_{NL}(u,v) + E_c(\hat{u},\hat{v}) \tag{3-70}$$

这里：

$$E_{data}(u,v) = \iint_{\Omega} \psi\left(|I_x u + I_y v + I_t| + |\nabla I_x u + \nabla I_y v + \nabla I_t|\right) dxdy$$

$$E_{smooth}(u,v) = \iint_{\Omega} J\left(|\nabla I|\right) \cdot \psi\left(|\nabla u| + |\nabla v|\right) dxdy$$

$$E_{NL}(u,v) = \iint_{\Omega} \left\{ \iint_{N_{x,y}} \omega_{x,y}^{x',y'} \left(|\hat{u}_{x,y} - \hat{u}_{x',y'}| + |\hat{v}_{x,y} - \hat{v}_{x',y'}| \, dx'dy'\right) dxdy \right\}$$

$$E_c(\hat{u},\hat{v}) = \lambda_c \cdot \left(\|u - \hat{u}\|^2 + \|v - \hat{v}\|^2\right)$$

其中，$\omega_{x,y}^{x',y'}$ 是权重系数，其表示像素点 $(x,y)^{\mathrm{T}}$ 与邻域像素点 $(x',y')^{\mathrm{T}}$ 在同一表面的可能性. 因为其是未知的，所以可以使用像素点 $(x',y')^{\mathrm{T}}$ 与中心像素点 $(x,y)^{\mathrm{T}}$ 在空间距离、灰度距离以及遮挡来近似：

$$\omega_{x,y}^{x',y'} \propto \exp\left\{-\frac{|x-x'|^2 + |y-y'|^2}{2\sigma_{SD}^2} - \frac{|I(x,y) - I(x',y')|^2}{2\sigma_{BD}^2}\right\} \frac{o(x',y')}{o(x,y)} \tag{3-71}$$

其中，$I(x,y)$ 和 $I(x',y')$ 表示图像灰度，σ_{SD}^2 和 σ_{BD}^2 为自定义参数，作用是确定空间距离的接近程度和亮度相似度. 此外，$o(x,y)$ 表示遮挡变量，在原始非局部 TV-L1 光流计算模型中该遮挡变量是使用零均值高斯函数计算得到. 然而，这种遮挡检测方法过于粗糙，难以获取高精度的遮挡检测结果.

为此，本节算法将基于 Delaunay 三角网格的图像序列运动遮挡检测方法引入非局部 TV-L1 光流估计模型，并提出一种改进的中值滤波窗口像素权重公式来提高遮挡场景光流估计精度与鲁棒性. 其中，基于 Delaunay 三角网格的图像序列运动遮挡检测方法将与分层加权中值滤波相结合, 在能量函数通过金字塔分层变形线性化迭代过程中对金字塔图像执行逐层遮挡检测并将其作用于光流估计. 其在获取遮挡检测结果后, 本节算法将 $\omega_{x,y}^{x',y'}$ 进行重设计, 通过引入一个带有遮挡因子 η 的尺度参数 λ, 来控制遮挡和非遮挡区域对中值滤波的贡献:

$$\omega_{x,y}^{x',y'} \propto \exp\left\{ -\frac{|x-x'|^2+|y-y'|^2}{2\sigma_{SD}^2} - \frac{|I(x,y)-I(x',y')|^2}{2\left(\sigma_{BD}^2\cdot\lambda^{\eta}\right)^2} - \frac{d(x',y')}{2\sigma_d^2} - \frac{I_{t\Delta}(x',y')}{2(\sigma I_{t\Delta}/\lambda^{\eta})^2} \right\} \tag{3-72}$$

式中, $\lambda = 10$ 表示调整尺度, 符号 η 表示相邻像素是否被遮挡, 可表示为

$$\begin{cases} \eta = 1, & (x',y') \in occlusion \\ \eta = 0, & (x',y') \notin occlusion \end{cases} \tag{3-73}$$

符号 $d(x',y')$ 表示单边散度函数, $I_{t\Delta}(x',y')$ 表示连续帧之间相邻像素的亮度变化. 值得注意的是, 中值滤波窗口中像素的权重很大程度上取决于遮挡区域像素的亮度变化, 而这很大程度上取决于非遮挡区域的亮度距离.

为了进行光流估计, 方程 (3-70) 中的基于遮挡检测的非局部 TV-L1 光流计算模型目标函数需要分为两部分. 一部分是包含数据项和平滑项的经典能量函数, 它提供了光流的数值计算方案. 另一部分由非局部项和耦合项构成, 在计算过程中利用改进的中值滤波对光流场进行了额外的优化. 式 (3-70) 对应的 Euler-Lagrange 方程如下所示:

$$\begin{cases} \psi_s' \cdot div\left(J\left(|\nabla I|\right)\nabla u\right) = \psi_d' \cdot \left(|I_x u + I_y v + I_t|\, I_x + |\nabla I_x u + \nabla I_y v + \nabla I_t|\, \nabla I_x\right) \\ \psi_s' \cdot div\left(J\left(|\nabla I|\right)\nabla v\right) = \psi_d' \cdot \left(|I_x u + I_y v + I_t|\, I_y + |\nabla I_x u + \nabla I_y v + \nabla I_t|\, \nabla I_y\right) \end{cases} \tag{3-74}$$

这里,

$$\psi_s' = \psi'\left(|\nabla u| + |\nabla v|\right)$$

$$\psi_d' = \psi'\left(|I_x u + I_y v + I_t| + |\nabla I_x u + \nabla I_y v + \nabla I_t|\right)$$

因为用于光流估计的 Euler-Lagrange 方程包含非线性分量, 所以由粗到细的图像金字塔分层变形技术可以用作计算光流场的有效方案. 假设金字塔采样的层数为 n. 对于第 k 层 $(1 \leqslant k \leqslant n)$ 中的迭代方案, 初始光流为 $\left(u^k, v^k\right)^{\mathrm{T}}$. 则方程 (3-74) 可以重写为

$$\left\{\begin{array}{l} \quad \psi_s'^k \cdot div\left(J\left(|\nabla I|\right)^k\left|\nabla\left(u^k+du^k\right)\right|\right) \\ = \psi_d'^k \cdot \left(\left|I_x^k du^k + I_y^k dv^k + I_t^k\right| I_x^k + \left|\nabla I_x^k du^k + \nabla I_y^k dv^k + \nabla I_t^k\right| \nabla I_x^k\right) \\ \quad \psi_s'^k \cdot div\left(J(|\nabla I|^k)\nabla\left(v^k+dv^k\right)\right) \\ = \psi_d'^k \cdot \left(\left|I_x^k du^k + I_y^k dv^k + I_t^k\right| I_y^k + \left|\nabla I_x^k du^k + \nabla I_y^k dv^k + \nabla I_t^k\right| \nabla I_y^k\right) \end{array}\right. \tag{3-75}$$

其中：

$$\psi_s'^k = \psi'\left(\left|\nabla\left(u^k+du^k\right)\right| + \left|\nabla\left(v^k+dv^k\right)\right|\right)$$

$$\psi_d'^k = \psi'\left(\left|I_x^k du^k + I_y^k dv^k + I_t^k\right| + \left|\nabla I_x^k du^k + \nabla I_y^k dv^k + \nabla I_t^k\right|\right)$$

在方程 (3-75) 中, $\left(du^k, dv^k\right)^{\mathrm{T}}$ 表示计算出的层 k 中的光流增量. 该层的输出光流应为 $\left(u^{k+1}, v^{k+1}\right)^{\mathrm{T}} = \left(u^k + du^k, v^k + dv^k\right)^{\mathrm{T}}$, 表示下一层光流计算的初始化. 对于式 (3-75) 中迭代公式的隐式方案和非线性分量, 采用内、外不动点迭代的最优迭代方案来求解图像金字塔各层级的光流增量.

图 3-11 显示了遮挡检测和加权中值滤波的由粗到细策略示意图, 它说明了基于 Delaunay 三角网格的图像序列运动遮挡检测与加权中值滤波是如何操作的. 对于图像金字塔的任何一层, 输出光流是由使用方程 (3-75) 计算的初始光流和增量相加得到. 然后将输出的光流用于通过所提出的基于 Delaunay 三角网格的图像序列运动遮挡检测方法获得遮挡信息. 之后, 将遮挡信息合并到加权中值滤波

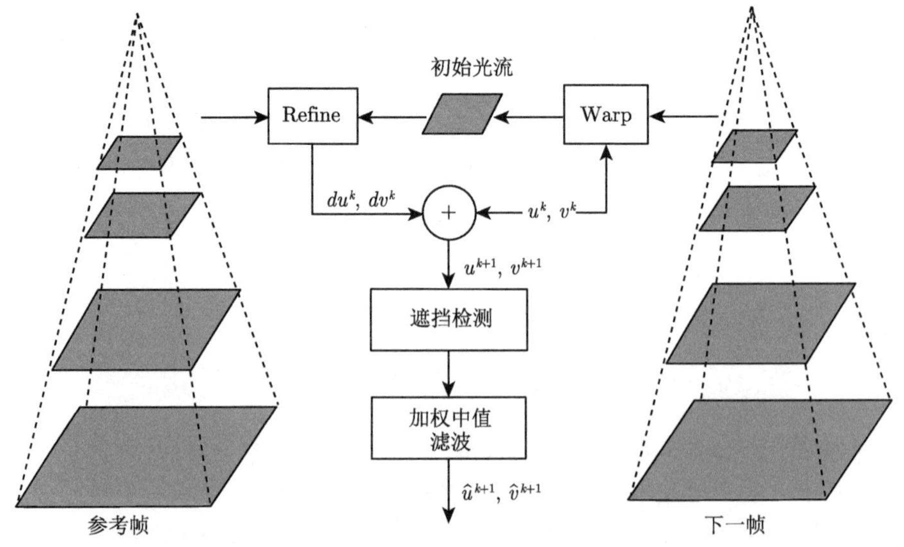

图 3-11　遮挡检测和加权中值滤波的由粗到细策略示意图

中, 以优化每一层的光流输出. 最后, 优化后的光流被上采样并用作计算下一个更大金字塔分层光流增量的初始化. 重复该迭代方案, 直到达到原始分辨率图像的金字塔层.

3.5.3 实验与分析

1. Middlebury 数据集图像序列实验

为了验证本节算法光流估计的精度与鲁棒性, 首先利用 Middlebury 数据集中的训练集图像序列对本节算法与对比方法进行光流估计性能测试. 表 3-5 展示了本节算法与对比算法光流估计误差结果统计, 其中表里 HS 算法并非原始的 HS 算法, 而是增加了金字塔分层变形优化策略后的现代 HS 算法. 从表 3-5 可以看出, 尽管为 HS 算法增加了金字塔分层变形策略, 但无论是误差指标 AAE 还是 AEE, 其误差值总体上仍然是最大的. 并且从图 3-12 中看出 HS 算法在图像边界区域出现明显计算错误, 这都是 HS 算法的根本缺陷所致; TV-L1 算法由于加入了 L1 型惩罚函数, 可以看出该算法在边界的鲁棒性要明显强于 HS 算法, 但是计算错误依然存在; Classic++ 算法由于加入了非局部项, 所以无论是 AAE 还是 AEE 都比前面两种算法降低了不少; Classic+NL 算法加入的是加权非局部项并且采取的是 GNC 模型. 可以看出在个别注重细节的图如 Grove2、Grove3 序列上的表现上最好; 而本节算法不仅在有明显遮挡的区域 (Venus、RubberWhale) 获得最高的光流估计精度, 而且在诸如 Grove2、Grove3 这种存在运动细节及阴影的序列也表现较为出色. 图 3-12 展示了本节算法与对比算法在 Middlebury 测试图像集光流可视化结果, 从图中可以看出, 本节算法光流估计效果最佳, 例如, 在 Urban3 序列本节算法相对其他算法能够较好地去除异常值.

表 3-5 各对比方法 Middlebury 测试图像集误差统计结果

对比方法	Venus	Dimetrodon	Hydrangea	RubberWhale	Grove2	Grove3	Urban2	Urban3
	AAE/AEE	AAE/AEE	AAE/AEE	AAE/AEE	AAE/AEE	AAE/AEE	AAE/AEE	AAE/AEE
HS	7.04/0.40	4.36/0.22	3.35/0.29	5.83/0.18	3.87/0.29	7.94/0.82	5.71/0.73	8.97/0.86
TV-L1	7.15/0.40	4.02/0.22	2.25/0.21	3.76/0.12	3.20/0.23	7.14/0.69	2.91/0.38	8.25/0.89
Classic++	4.27/0.27	2.26/0.14	1.76/0.15	2.70/0.08	1.97/0.13	5.96/0.61	2.52/0.36	5.08/0.62
Classic+NL	3.32/0.24	2.57/0.13	1.83/0.15	2.35/0.07	1.48/0.10	4.62/0.44	2.05/0.22	2.58/0.38
本节算法	2.92/0.21	2.52/0.13	1.78/0.15	1.93/0.06	1.38/0.10	4.92/0.43	1.94/0.24	2.67/0.37

此外, 在 Middlebury 数据集中测试集图像序列上, 本节算法也和以上算法做了详细对比. 这里以测试集中的 Army 序列和 Grove 序列为例, 分别展示本节算法与对比算法针对这两组图像序列的光流估计结果细节对比, 结果如图 3-13 所示. 从图 3-13 可以看出, 随着算法愈加先进, 光流结果在图像边界上更加精确. 前三种算法均模糊了边缘区域, 其中最为出色的是 Classic+NL 在 Grove 序列上的

细节表现以及本节算法在 Army 序列上的细节表现. 对于中间的一个细节场景, 由于本节算法是对边缘区域进行了划分及采用自适应参数, 可以看出计算光流的轮廓较 Classic+NL 要更加贴近物体的实际轮廓.

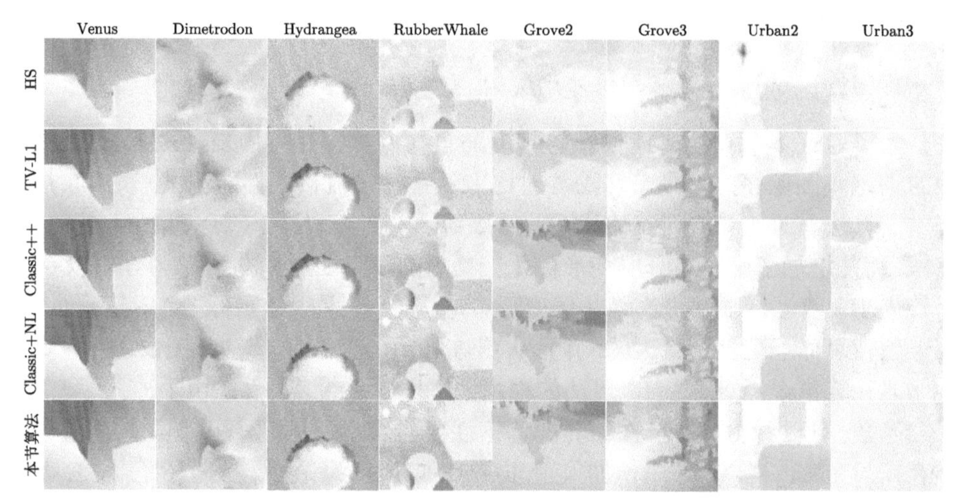

图 3-12　各对比方法 Middlebury 测试图像集光流估计结果

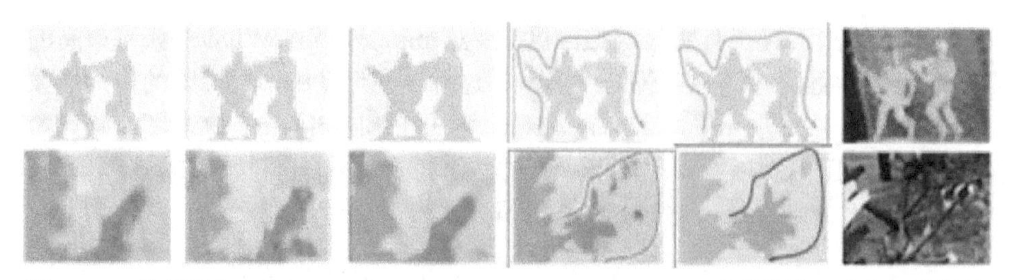

图 3-13　从左到右：HS、TV-L1、Classic++、Classic+NL、本节算法、真实细节场景

2. MPI-Sintel 数据集图像序列实验

尽管, Middlebury 数据集能够实现公平的光流估计算法性能比较, 但本节仍然将所提的方法应用于 MPI-Sintel 数据集进行性能测试, 以确保实验对比更具说服力. 由于 MPI-Sintel 数据集测试图像序列涉及的复杂运动场景较多, 在接下来的算法对比中, 本节将省去表现不佳的算法, 仅和 Classic+NL 算法的实验结果进行比较. 图 3-14 展示了本节算法与 Classic+NL 算法的光流估计结果对比. 其中除 Alley_1_15 和 Bandage_1_22 图像序列包含的场景较为简单外, 其他图像序列场景均包含强烈遮挡运动、严重噪声污染、非刚性运动以及严重大位移运动, 这给算法性能测试带来了强有力的挑战. 从图 3-14 可以看出, 本节算法与 Classic_NL 算法在 Cave_2_27、Market_6_26 以及 Temple_2_24 序列均存在明显的错误

估计, 但 Classic+NL 算法光流估计效果明显低于本节算法. 表 3-6 展示了本节算法与 Classic+NL 算法针对上述图像序列的光流估计误差量化结果. 从表中可以看出, 本节算法光流估计精度最高, 特别是在挑战性最大的 Cave_2_27、Market_6_26 以及 Temple_2_24 序列, 本节算法在 AEE 指标相对于 Classic+NL 算法分别提高 98.02%, 75.74%, 92.42%, 这说明本节算法针对包含严重遮挡、大位移运动等复杂困难场景图像序列具有较高的光流估计精度与鲁棒性.

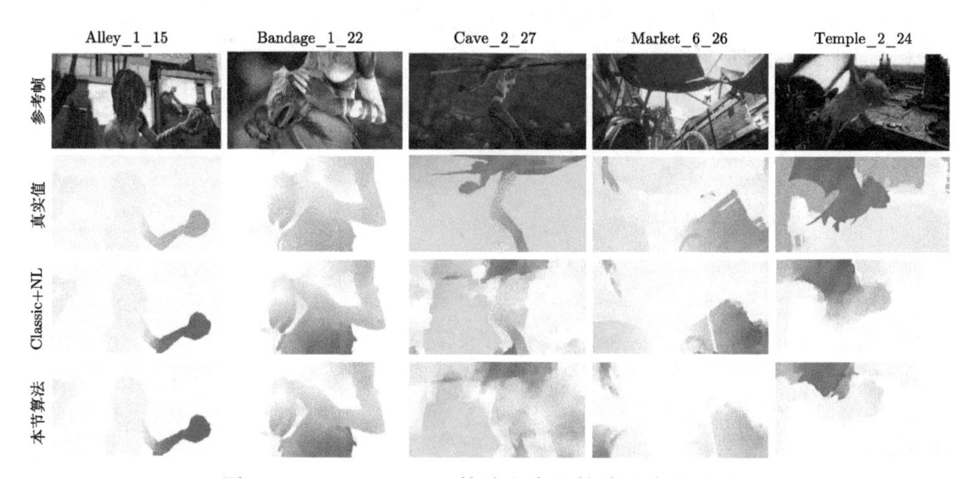

图 3-14 Classic+NL 算法和本节算法光流估计结果

表 3-6 Classic+NL 算法和本节算法的误差对比

对比方法	Alley	Bandage	Cave	Market	Temple
	AAE/AEE	AAE/AEE	AAE/AEE	AAE/AEE	AAE/AEE
Classic+NL	3.07/0.21	6.10/0.58	63.40/46.07	12.95/5.77	19.80/15.96
本节算法	2.12/0.17	5.45/0.54	45.17/0.91	7.89/1.40	19.47/1.18

3.6 本 章 小 结

本章前三节首先分别从变分原理、梯度下降流以及变分光流计算基本方法三个方面详细叙述了变分光流计算理论; 然后介绍了变分光流能量泛函并对光流能量泛函的数据项和平滑项构建原理进行了详细介绍与分析.

3.4 节提出了一种基于图像局部结构张量的变分光流算法, 首先分析了变分光流计算能量函数的通用形式, 然后通过在数据项中采用图像局部结构守恒与灰度守恒相结合, 并引入规则化非平方惩罚函数, 在平滑项中使用随图像结构自适应变化的非线性扩散函数, 在光流计算时采用金字塔分层细化的方法进一步提高算法的计算精度, 并进一步证明了该光流计算模型的鲁棒性. 最后, 通过合成与真实图像序列实验对该算法和几种典型的变分光流算法进行定性分析和定量比较. 实验结果表明, 本节算法适用于图像序列中可能包含的剧烈光照变化、复杂边缘物体或场景以及多目标大位移运动等情况, 与其他变分光流算法相比, 具有较高的计算精度和较好的鲁棒性.

3.5 节针对运动遮挡场景图像序列光流估计问题, 提出了一种基于遮挡检测的非局部 TV-L1 变分光流计算方法. 首先, 采用 Delaunay 三角网格对图像进行划分, 并根据图像序列中三角网格的局部亮度变化约束, 提出一种基于 Delaunay 三角网格的图像序列遮挡检测方法. 然后, 将所提出的遮挡检测方法与非局部 TV-L1 光流估计模型结合, 提出基于遮挡检测的非局部 TV-L1 变分光流估计方法, 有效提高了遮挡场景光流估计精度与鲁棒性.

第 4 章　图像序列变分光流计算优化策略与方法

4.1 引　　言

第 3 章主要介绍了图像序列变分光流计算理论与数学建模过程, 同时以两个具有代表性的变分光流算法为例, 详细介绍了变分光流算法在针对光照变化、大位移运动以及遮挡等场景图像序列光流计算效果. 本章是上一章的延伸, 重点介绍变分光流计算方法中常用的优化策略与方法, 并以基于运动优化语义分割的变分光流计算方法和基于联合滤波的非局部 TV-L1 变分光流计算方法为例, 详细介绍这些优化策略和方法的实现过程.

4.2 图像纹理结构分解优化策略

对于很多图像序列而言, 灰度守恒假设往往会因一些传感器噪声、弱纹理、光照变化、阴影变化和反射等因素而不成立, 所以光照变化等因素对光流的计算具有很大影响. 针对该问题, 当前比较成熟的方法是采用图像纹理结构分解的优化方法, 通过将原图像分解为结构部分和纹理部分, 以提高模型抗光照变化、阴影能力. 其中, 纹理部分主要包含图像中一些小尺度的细节信息, 结构部分主要包含图像中的一些大型物体, 比如图像边缘等信息.

纹理结构分解实际上是一种基于对偶变量求解 ROF(Rudin-Osher-Fatemi) 模型的非线性方法. 首先先看几张由真实光流通过插值计算出的 $I_t(E_{data})$.

(a) 参考帧　　(b) 插值图

图 4-1　序列场景对应的 I_t

从图 4-1 中可以看出, 在一些边界区域, 存在着颜色偏灰黯 (红色方框区域).

而仔细观察图 4-1 序列, 这些偏灰黯区域正好对应于原序列中的阴影区域. 在前文已提到, 光照变化是光流计算的一个重大难题. 它之所以难以克服就是因为该问题超出了能量方程约束项的范围. 因此, 相关学者从数据项设计入手, 通过加入梯度守恒假设、Laplace 守恒假设、Hessian 矩阵守恒假设等高阶守恒项, 以克服该问题. 不管效果如何, 仅从阶数来看, 加入高阶守恒假设的数据项已经具有较好的抗图像噪声能力.

纹理结构分解的能量公式定义为

$$E(I_s) = \min \int_{\Omega} \left\{ |\nabla I_s| + \frac{1}{2\theta} \cdot (I_s - I)^2 \right\} dx \tag{4-1}$$

上式又被称为 ROF 能量模型, 其本质上是一种图像去噪模型. 使用 Chambolle 提出的 dual-based 解法得到

$$I_s = I + \theta divp \tag{4-2}$$

其中 p 是一个矢量: $p = (p_1, p_2)^{\mathrm{T}}$, 对应于 x 轴和 y 轴. $divp$ 可以由以下的非线性循环迭代过程求得.

步骤 1: 在循环开始之前, 令 $p_1 = p_2=0$.

步骤 2: 计算 $divp$

$$divp = p_{1x} + p_{2y}$$

步骤 3: 更新 p

$$\begin{aligned} \tilde{p}^{n+1} &= p + \frac{\tau}{\theta}[\nabla(I + \theta divp^n)] \\ p^{n+1} &= \frac{\tilde{p}^{n+1}}{\max\{1, |\tilde{p}^{n+1}|\}} \end{aligned} \tag{4-3}$$

循环未结束返回步骤 2, 否则执行步骤 4.

步骤 4: 计算 I_s

$$I_s = I + \theta divp \tag{4-4}$$

步骤 5: 计算纹理解 I_T, 最后得到纹理解:

$$I_T = I - \alpha I_s \tag{4-5}$$

α 称为混合系数, 一般取 0.95. 在计算出纹理图后还需要对纹理图进行一次归一化.

图 4-2 展示了由灰度图、结构图、纹理图得到的对应 I_t 图结果对比, 从图 4-2 可以发现纹理图的能量要更低或者说阴影区更亮. 由于结构纹理分解具有较好地抗光照变化能力, 所以, 结构纹理分解在光流计算中通常作为图像预处理技术被广泛使用.

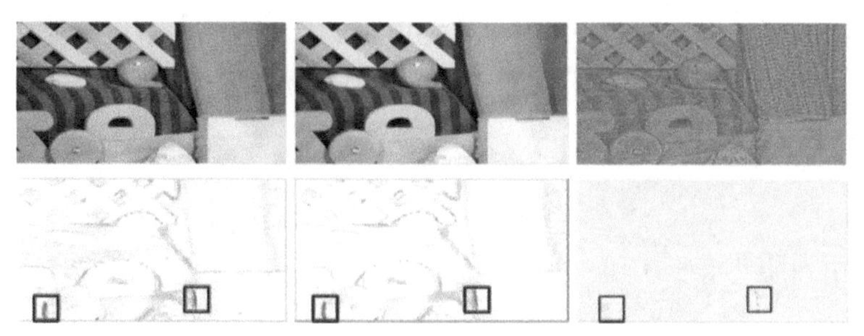

图 4-2 从左到右：灰度图 I_t，结构图 I_t，纹理图 I_t

4.3 金字塔分层变形计算策略

第 3 章给出了数据项的灰度守恒假设模型推导公式, 注意到在 Taylor 展开时的假设：$\Delta x, \Delta y, \Delta t \to 0$. 这种理想化的假设, 在现实的图像序列中几乎是不存在的. 大多数图像序列中的物体可能会有 10 个或 10 个以上像素点移动的运动, 也就是所谓的大位移运动. 在早期, 大多数变分光流计算方法使用一种由粗到精 (coarse-to-fine) 的策略来应对该问题. 后期一种非线性化 (non-linearised) 下的灰度守恒假设模型被提出来克服大位移运动问题, 并且这种理论已经被证明是和由粗到精及变形技术相呼应的. 变形技术的原始模型思想很早就被提出来, 但真正使其从算法到应用中的是 Brox 等人第一次将多尺度策略 (金字塔分层和变形) 引入光流计算中, 从 "粗" 状态开始, 每一层计算出的光流矢量都将作为下一层的初始光流. 因此, 该策略也可以称为金字塔分层变形计算策略.

图 4-3 展示了金字塔分层变形计算策略的主要思想：将图像 I_1 和 I_2 进行多分辨率采样, 使图像从高分率逐渐下降为低分辨率. 这中间的采样系数被称为采样率 η. 采样率 η 一般建议设为 0.95, 原因是让图像从高分辨率到低分辨率的过度过程尽可能平滑以达到克服大位移的问题. 但 Sun 认为即使设为 0.5 也无妨, 只需在层与层之间多几次变形 (wrap) 即可.

假设在第 k 层, 计算出的光流值记为 w. 金字塔分层变形计算策略的思想就是将 w 作为初始值 w^{k+1} 代入第 $k+1$ 层, 紧接着在第 $k+1$ 层计算出 dw^{k+1}, 那么得到 $k+2$ 层的初始值. 该过程可公式化为

$$w^{k+1} = w^k + dw^k \tag{4-6}$$

依此循环, 直到最高分辨率图层, 其中涉及光流在层与层之间的上采样 (也可以说是插值) 过程. 变形技术其实说到底也是一种插值方法, 它的思想是利用第 k 层的初始光流值, 在计算开始之前对序列 I_2 进行一次插值计算. 可以想象, 有光流值的像素点可以将该点坐标 (i,j) 加上该像素点的光流值 (u,v) 得到新的坐标

$(i+u, j+v)$ 处的 $I_2(i+u, j+v)$ 平移到坐标 (i, j) 位置得到变形图 I_{wrap}. 后面光流计算中需要计算的 I_x, I_y 等关于图像的偏导数都将在 I_1 与 I_{wrap} 之间展开计算. 可以将 I_{wrap} 表示为

$$I_{wrap}^k = I_2^k(X + w^k) \tag{4-7}$$

概念图表示为图 4-4.

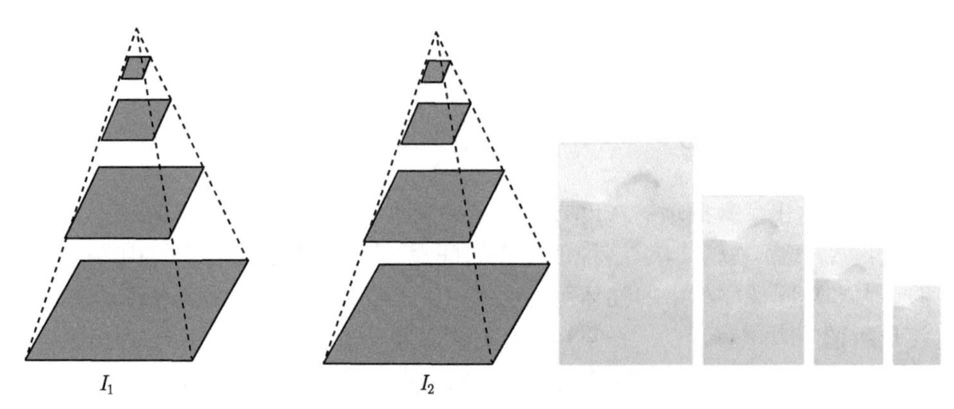

图 4-3　金字塔分层示意图

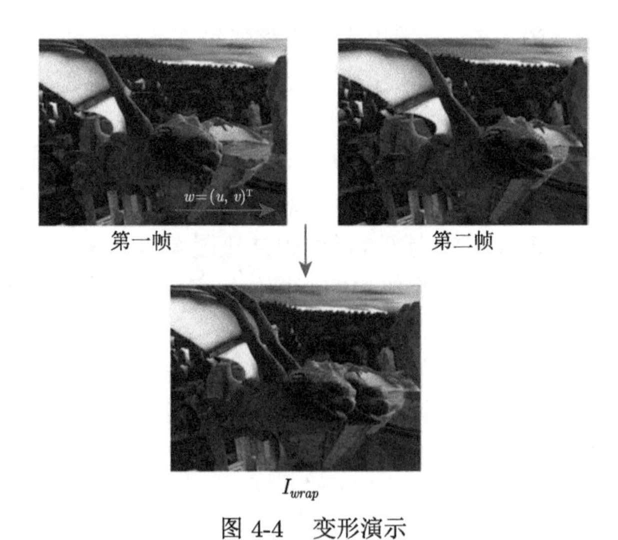

图 4-4　变形演示

4.4　非局部加权中值滤波优化

虽然, 金字塔分层变形计算策略能够在一定程度上提高大位移光流计算模型的准确性和鲁棒性, 但是该策略计算出的光流通常包含大量噪声和异常值. 为了

解决该问题, 一种有效的方法是在光流计算模型中使用非局部加权中值滤波优化策略. 所谓非局部加权中值滤波优化策略, 就是首先在光流能量泛函中添加非局部约束项, 然后再将能量泛函中非局部约束项的最小化问题转化为金字塔分层中各层光流加权中值滤波优化的策略.

式 (4-8) 展示了非局部约束项的数学公式:

$$E_{NL}(u,v)=\lambda_{NL}\sum_{x,y}\sum_{(x',y')\in N_{x,y}}\left(|u_{x,y}-u_{x',y'}|+|v_{x,y}-v_{x',y'}|\right) \tag{4-8}$$

式中, (x',y') 表示像素点 $(x,y)^{\mathrm{T}}$ 的邻域像素, $N_{x,y}$ 表示邻域像素集合, λ_{NL} 表示权重参数. 该项的作用就是以一个中值滤波器的角色对金字塔每层图像计算出的光流进行一次平滑滤波处理.

在添加非局部约束后, 光流计算能量泛函可以写为

$$\begin{aligned}E(u,v)=&E_{data}(u,v)+E_{smooth}(u,v)\\&+\lambda_{NL}\sum_{x,y}\sum_{(x',y')\in N_{x,y}}\left(|u_{x,y}-u_{x',y'}|+|v_{x,y}-v_{x',y'}|\right)\end{aligned} \tag{4-9}$$

由于添加了非局部约束, 能量泛函 (4-9) 很难直接被优化, 因此, 可以通过在能量函数中引入耦合项 $E_{coupling}$ 来帮助优化能量泛函:

$$E_{coupling}(u,v,\hat{u},\hat{v})=\lambda_c\left(|u-\hat{u}|^2+|v-\hat{v}|^2\right) \tag{4-10}$$

式中, $\hat{u}$ 和 $\hat{v}$ 表示辅助光流, λ_c 表示权重参数, 那么最终的能量泛函可以写为

$$\begin{aligned}E(u,v,\hat{u},\hat{v})=&E_{data}(u,v)+E_{smooth}(u,v)+\lambda_c\left(|u-\hat{u}|^2+|v-\hat{v}|^2\right)\\&+\lambda_{NL}\sum_{x,y}\sum_{(x',y')\in N_{x,y}}\left(|\hat{u}_{x,y}-\hat{u}_{x',y'}|+|\hat{v}_{x,y}-\hat{v}_{x',y'}|\right)\end{aligned} \tag{4-11}$$

从式 (4-11) 可以看出, 与传统中值滤波相比非局部中值滤波存在两种明显区别. 第一种区别是非局部加权中值滤波仅计算滤波窗口中心像素点与邻域像素点的 L1 范数距离, 第二种区别是非局部中值滤波添加了数据项的光流信息, 而传统中值滤波并不考虑该信息.

为了对能量泛函 (4-11) 进行优化, 通常的做法是首先将式 (4-11) 分为 E_A 和 $E_{non\text{-}local}$ 两部分:

$$\begin{cases} E_A(u,v) = E_{data}(u,v) + E_{smooth}(u,v) + \lambda_c\left(|u-\hat{u}|^2 + |v-\hat{v}|^2\right) \\ E_{non\text{-}local}(u,v,\hat{u},\hat{v}) = \lambda_c\left(|u-\hat{u}|^2 + |v-\hat{v}|^2\right) \\ \qquad +\lambda_{NL}\sum_{x,y}\sum_{(x',y')\in N_{x,y}}\left(|\hat{u}_{x,y}-\hat{u}_{x',y'}| + |\hat{v}_{x,y}-\hat{v}_{x',y'}|\right) \end{cases} \tag{4-12}$$

然后再对这两部分进行交替迭代优化, 其中针对 $E_{non\text{-}local}$ 项的优化是一个类似中值滤波过程, 可以等价于如下所述的数值化过程:

$$\hat{u}_{x,y}^{(k+1)} = median(Ne^{(k)} \cup D) \tag{4-13}$$

式 (4-13) 中 k 表示迭代次数, $Ne^{(k)} = \left\{\hat{u}_{x',y'}^{(k)}\right\}$ 即邻域光流且 $(x',y') \in N_{x,y}$, $\hat{u}^{(0)} = u$. D 表示数据项光流集合, 可定义如下:

$$D = \left\{u_{x,y}, u_{x,y} \pm \frac{\lambda_{NL}}{\lambda_c}, u_{x,y} \pm \frac{2\lambda_{NL}}{\lambda_c}, \cdots, u_{x,y} \pm \frac{|N_{x,y}|\,\lambda_{NL}}{2\lambda_c}\right\} \tag{4-14}$$

其中, $|N_{x,y}|$ 为像素点 $(x,\, y)^{\mathrm{T}}$ 的邻域像素点个数. 这里数据项光流集合 D 的数值均匀地分布在 $u_{x,y}$ 两侧. 多次迭代计算方程 (4-13), $\hat{u}$ 将快速聚拢, 此时 $E_{non\text{-}local}$ 项将逐渐趋向于最小化, $\hat{v}$ 的计算过程与此类似. 在 4.6 节中, 将具体展示采用非局部中值滤波优化策略与传统中值滤波优化策略在光流估计效果方面的差异.

以上便是非局部加权中值滤波优化策略的建立原理和实施过程, 该方法由于具有很强的去噪和防止过度平滑的能力, 因此逐渐成为光流计算研究中一种主流的计算优化策略.

4.5　基于运动优化语义分割的变分光流计算方法

虽然变分光流计算方法在光流计算的精度和可靠性等方面取得了巨大提升. 但是该类方法针对包含大位移与复杂场景的图像序列光流估计仍然存在较大误差. 针对以上问题, 本节将详细介绍一种基于语义分割优化的变分光流计算方法. 该方法首先设计基于归一化互相关的变分光流能量泛函, 改善大位移场景下光流计算的鲁棒性; 然后构造基于语义分割优化的光流计算模型, 提升复杂场景下光流计算的准确性.

4.5.1　基于归一化互相关的变分光流计算模型

去均值归一化互相关 (Zero-mean Normalized Cross Correlation, ZNCC) 是一种图像匹配算法, 主要用于表示图像中两个对应块之间的相似程度, 包含了灰度向量去均值和归一化互相关两个部分. 其公式如下：

$$ZNCC(f,T)=\frac{1}{|N|}\cdot\frac{\langle f-\mu_f,T-\mu_T\rangle}{\sigma_f\cdot\sigma_T} \tag{4-15}$$

式中, N 代表匹配块包含的像素数; f 和 T 代表图像匹配块; μ_f 和 μ_T 表示匹配块的均值; σ_f 和 σ_T 代表匹配块的标准差; 在 $[-1,1]$ 绝对尺度范围之间衡量两者的相似性, $ZNCC(f,T)$ 越接近于 1, 则表示匹配块的相似度越高; 反之则表示匹配块的相似度越低.

光照变化会导致像素点在相邻帧图像并不满足亮度守恒假设, 致使光流估计的鲁棒性较差. 为了提高亮度变化场景下变分光流计算的准确性与鲁棒性, 这里采用去均值归一化互相关匹配计算相邻帧图像间的光流. 根据去均值归一化互相关匹配公式, 当前帧图像 I_1 中的任意局部块和下一帧图像 I_2 中对应局部块的匹配误差定义为

$$ZNCC(I_1,I_2)=\frac{1}{|N_i|}\sum_{j\in N_i}\frac{(I_2(j+w_i)-\mu_2(i+w_i))\cdot(I_1(j)-\mu_1(i))}{\sigma_2(i+w_i)\cdot\sigma_1(i)} \tag{4-16}$$

式 (4-16) 中, N_i 表示图像中以像素点 i 为中心的局部块区域, j 表示该区域内的任意邻域像素点, 符号 w_i 表示像素 i 的光流. 为简化公式 (4-16), 使用 $C(\cdot)$ 代表图像归一化互相关变换. 根据图像亮度守恒假设, 可定义基于图像局部区域归一化互相关匹配的数据项如下：

$$E_{data}(u,v)=\sum_{i\in\Omega}(C_x(i)u_i+C_y(i)v_i+C_t(i))^2 \tag{4-17}$$

式 (4-17) 中, $i=(x,y)^{\mathrm{T}}$ 表示像素点 i 的图像坐标, Ω 代表图像中所有像素点的集合, $(u_i,v_i)^{\mathrm{T}}$ 表示像素点 i 处光流沿 x 和 y 轴的分量, $C_x(i)$, $C_y(i)$ 和 $C_t(i)$ 分别表示图像局部区域归一化互相关沿 x 轴、y 轴和时间 t 的偏导.

为计算图像序列稠密光流场, 引入基于局部运动平滑一致性假设的平滑项：

$$E_{smooth}(u,v)=\sum_{i\in\Omega}\sum_{j\in N_i}\left\|(u_j-u_i)^2+(v_j-v_i)^2\right\| \tag{4-18}$$

式 (4-18) 中, $(u_j,v_j)^{\mathrm{T}}$ 表示以像素点 i 为中心的图像局部区域 N_i 中邻域像素点 j 的光流. 根据归一化互相关光流数据项式 (4-17) 和局部平滑正则化项式 (4-18), 在遵循光流变分模型构建准则的同时保证模型通用性, 本节基于归一化互相关的变分光流能量泛函构建如下：

$$E(u,v)=\sum_{i\in\Omega}(C_x(i)u_i+C_y(i)v_i+C_t(i))^2+\sum_{i\in\Omega}\sum_{j\in N_i}\left\|(u_j-u_i)^2+(v_j-v_i)^2\right\| \tag{4-19}$$

针对大位移运动场景光流估计的准确性, 该方法在最小化变分光流能量泛函时引入金字塔分层变形计算策略. 鉴于图像采样系数较大或金字塔层数较多会显著增加光流估计的时间消耗, 设置图像上采样系数为 0.5, 金字塔层数为 6 层, 在提高大位移光流估计鲁棒性的同时, 降低计算过程的时间消耗. 在获取归一化互相关光流后, 通过提取光流中包含的运动信息, 以实现对语义分割优化.

4.5.2　基于运动优化语义分割的光流计算方法

基于归一化互相关的变分光流计算模型能够提高大位移运动的光流计算精度, 但由于光流的一致性扩散易导致计算结果出现边缘模糊现象. 为克服光流估计中的边缘模糊问题, 首先从归一化互相关光流中提取运动信息进一步优化语义分割结果, 然后再利用优化后语义分割图包含的边界信息优化图像不同区域的光流计算, 保护图像与运动边缘结构.

1. 图像语义分割

语义分割的基本思想是通过对图像中所有像素点赋予语义标签, 将原始图像转换为带有类别信息的语义标签图. 本节算法使用 DeepLabV3+ 模型对输入图像进行语义分割, 将图像分为物体、平面和填充物等三种语义类别, 如图 4-5 所示, 分别定义如下:

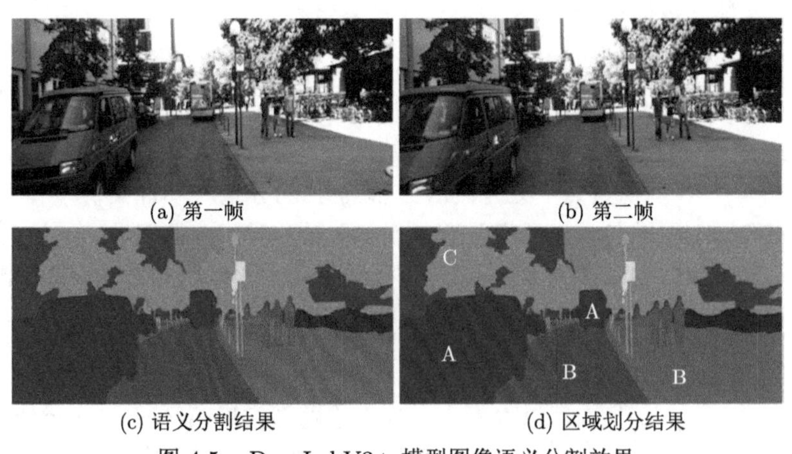

(a) 第一帧　(b) 第二帧

(c) 语义分割结果　(d) 区域划分结果

图 4-5　DeepLabV3+ 模型图像语义分割效果

- 物体: 物体指图像场景中区别于背景的独立目标, 主要包括人、动物、飞机、汽车、轮船、摩托车、自行车等具有独立运动的目标, 如图 4-5(d) 中 A 区域.
- 平面: 平面指图像场景中具有广泛空间范围的背景区域, 主要包括天空、道路、河流、湖泊等包含平面形态的图像区域, 如图 4-5(d) 中 B 区域.

- 填充物：填充物指除物体和平面类别以外的图像元素，主要包括建筑、植物等图像场景元素，如图 4-5(d) 中 C 区域.

图 4-5(c) 展示了 DeepLabV3+ 模型的语义分割效果. 虽然 DeepLabV3+ 模型能够根据语义标签类别将图像场景分割为不同区域，但是由于语义分割图中不同物体或场景的图像边缘并不一定与运动边界完全重合，因此直接将 DeepLabV3+ 语义分割结果用于光流计算易导致光流估计产生边缘模糊与过度分割的现象.

2. 运动约束语义分割优化模型

为了克服光流计算中的边缘模糊与过度分割问题，首先将 DeepLabV3+ 模型初始语义分割结果中的语义标签按照运动模式分为运动前景和图像背景两类. 其中，运动前景指初始语义分割的物体类别，主要由具有明显运动的前景目标组成；图像背景则由初始语义分割的平面和填充物类别组成，包含了无明显运动的大面积背景区域. 由于根据初始语义分割结果划分的运动前景和图像背景在连续帧图像间的运动边界区域会存在语义标签不匹配问题，因此分割结果并不准确. 本节算法提出一种运动约束语义分割优化模型，通过从归一化互相关光流中提取运动信息对语义分割进行优化，以准确获取图像中运动物体与背景的边界信息.

令 g_t 和 g_{t+1} 分别表示当前帧和下一帧图像的二值化语义标签图，其中，运动前景和图像背景区域的像素点语义标签分别赋值为 $\{1,0\}$. $(u,v)^{\mathrm{T}}$ 表示根据归一化互相关光流模型计算的图像帧间稠密光流场. 符号 $p=(x,y)^{\mathrm{T}}$ 表示参考帧图像中的运动前景区域内的任意像素点，则该像素点在第二帧图像中对应像素点 q 的坐标可表示为 $q=(x+u_p,y+v_p)^{\mathrm{T}}$ ，其中，$(u_p,v_p)^{\mathrm{T}}$ 表示像素点 p 处的光流. 为了获取完整前景运动区域运动信息，本节算法提取前景运动区域所有像素点光流信息. 同时，为了避免同一目标区域的语义标签在运动前后发生改变，造成运动信息提取存在较大错误，本节算法通过构建时间约束项，从时间方面约束前景运动区域像素点运动前后像素点标签的一致性. 假设参考帧图像像素点 p 与其下一帧图像对应像素点 q 的语义标签一致，定义运动优化语义分割的时间约束项如下：

$$E_{time}(g_t,g_{t+1})=\sum_{p,q\in F}\phi(g_t^p\neq g_{t+1}^q) \tag{4-20}$$

式 (4-20) 中，F 表示图像运动前景区域，$\phi(\cdot)$ 是指示函数. 当 $g_t^p=g_{t+1}^q$ 时，表示运动前景像素点 p 与对应像素点 q 的语义标签一致，函数 $\phi(g_t^p\neq g_{t+1}^q)=0$; 反之，运动前景像素点 p 与对应像素点 q 的语义标签不一致，函数 $\phi(g_t^p\neq g_{t+1}^q)=1$.

利用式 (4-20) 中的像素点语义标签时间约束可以分割连续帧图像间语义标签属性不匹配的运动前景像素点，但物体与场景的相互运动会导致边界区域像素点的语义标签属性不准确. 通常，前景运动区域的运动一般是均匀的，所以，运动区域对应的光流也分布均匀. 为了提高图像边界区域像素点运动优化语义分割的准确性, 本节算法利用图像局部区域像素点的亮度和距离相似性定义运动优化语义分割的空间约束项, 以提高图像边界区域像素点运动优化语义分割的准确性. 空间约束项如下:

$$E_{space}(g_t) = \sum_{p \in F} \sum_{r \in N_p} \omega_r^p \phi(g_t^p \neq g_t^r) \tag{4-21}$$

式 (4-21) 中, r 表示以运动前景像素点 p 为中心点的图像局部区域 N_p 中的任意邻域像素点. ω_r^p 表示邻域像素点 r 与中心像素点 p 的相似权重, 定义如下:

$$\omega_r^p = \exp\left\{-\frac{\|I_t^p - I_t^r\|^2}{\sigma_I^2} - \frac{\|p - r\|^2}{\sigma_S^2}\right\} \tag{4-22}$$

式 (4-22) 中, $\|I_t^p - I_t^r\|^2$ 和 $\|p - r\|^2$ 分别表示像素点 p 和 r 的亮度与距离平方差. 符号 σ_I 和 σ_S 表示图像局部区域 N_p 的亮度和空间标准差. 由式 (4-21) 和式 (4-22) 可知, 当 $g_t^p = g_t^r$ 时, 邻域像素点 r 与中心像素点 p 的语义类别相同, 函数 $\phi(g_t^p \neq g_{t+1}^q) = 0$; 当 $g_t^p \neq g_t^r$ 时, 邻域像素点 r 与中心像素点 p 的语义类别不同, 函数 $\phi(g_t^p \neq g_{t+1}^q) = 1$. 此时, 根据邻域像素点 r 与中心像素点 p 的亮度和距离计算像素点的相似权重, 使得具有相似亮度的局部区域内的像素点优化至相同语义分割层.

根据前文定义的运动优化时间项和空间项可得运动优化语义分割模型如下:

$$E_{ss}(g_t) = E_{time}(g_t, g_{t+1}) + E_{space}(g_t) \tag{4-23}$$

对式 (4-23) 中的运动优化语义分割模型最小化, 获得当前帧图像中运动前景区域像素点与其下一帧图像对应的匹配像素点. 如果当前帧像素点与下一帧匹配像素点的语义标签都是运动前景类别, 则该像素点的语义标签为前景类别; 反之, 该像素点的语义标签为背景类别.

图 4-6 展示了本节算法的运动前景与图像背景语义分割优化效果, 可以看出, 本节算法可以准确地分割运动前景与图像背景, 尤其对运动边界具有更好的分割效果.

3. 基于运动优化语义分割的光流计算模型

根据语义分割得到的连续两帧语义标签图 g_t 和 g_{t+1}, 本节算法按照语义标签类别, 分别建立运动前景和图像背景光流优化模型, 然后融合不同标签区域的光流得到最终的图像帧间光流结果.

令 $p = (x, y)^{\mathrm{T}}$ 表示参考帧图像 I_t 中运动前景区域内的任意像素点, 则该像素点在第二帧图像 I_{t+1} 中对应像素点 q 的坐标可表示为 $q = (x + u_p, y + v_p)^{\mathrm{T}}$, 其中, $(u_p, v_p)^{\mathrm{T}}$ 表示像素点 p 处的光流. 根据图像连续帧间亮度守恒假设定义运动前景光流优化数据项为

$$E_{data}(u,v,g_t)=\sum_{p\in F}\rho_D(I_t^p-I_{t+1}^q)\delta(g_t^p=g_{t+1}^q)+\lambda_D\delta(g_t^p\neq g_{t+1}^q) \tag{4-24}$$

式 (4-24) 中, F 表示图像运动前景区域, I_t^p 和 I_{t+1}^q 分别表示像素点 p 和 q 的图像亮度, $\rho_D(x)=\sqrt{x^2+\tau^2}$ 是非平方惩罚函数, 其中 $\tau=0.001$. $\delta(x)$ 是指示函数, 当输入 x 为真时, $\delta(x)=1$; 反之, $\delta(x)=0$. 符号 $\lambda_D=0.01$ 是不同语义类别像素点的恒定惩罚常数.

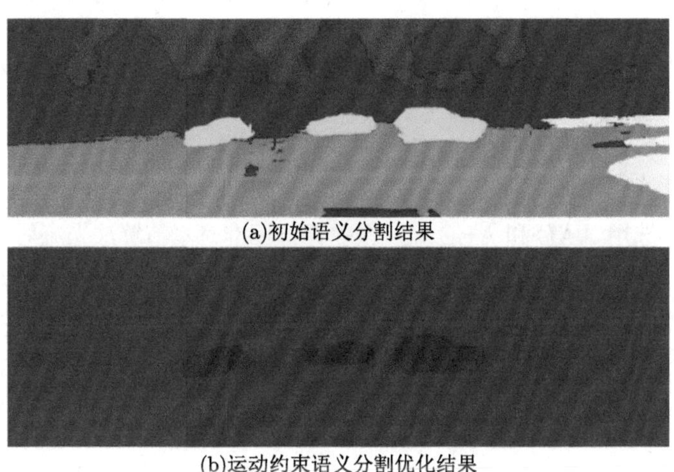

(a)初始语义分割结果

(b)运动约束语义分割优化结果

图 4-6 运动约束语义分割优化效果

鉴于图像中像素点的运动在局部区域内具有一致性, 可将前景区域内的像素点运动视为仿射运动. 因此, 定义运动前景光流优化的运动正则化项为

$$E_{motion}(u,v,g_t)=\sum_{p}\sum_{r\in N_p}\rho\left(w^p-w^r\right)\delta\left(g_t^p=g_t^r\right)+\lambda_{aff}\sum_{p}\rho_{aff}\left(w^p-\overline{w}^p\right) \tag{4-25}$$

式 (4-25) 中, r 表示以运动前景像素点 p 为中心点的图像局部区域 N_p 中的任意邻域像素点. $w^r=(u^r,v^r)^{\mathrm{T}}$ 与 $w^p=(u^p,v^p)^{\mathrm{T}}$ 分别表示邻域像素点 r 和中心像素点 p 的光流矢量. 符号 $\overline{w}^p$ 表示中心像素点 p 的辅助光流, λ_{aff} 是仿射运动惩罚常数, 本节算法将其设置为 $\lambda_{aff}=10^{-3}$, $\rho=\rho_D$ 表示非平方鲁棒惩罚函数用于提高模型的鲁棒性, $\rho(x)=\sqrt{x^2+\tau^2}$ 且 $\tau=0.001$.

联合前文提出的运动约束语义分割优化模型式 (4-23) 与图像运动前景数据项式 (4-24) 以及运动正则化项式 (4-25), 根据光流变分模型构建方法, 同时保持

模型的通用性, 定义本节算法基于运动优化语义分割的运动前景光流估计能量泛函如下：

$$E_{fg}(u,v,g_t)=E_{data}(u,v,g_t)+E_{motion}(u,v,g_t)+E_{ss}(g_t,g_{t+1}) \tag{4-26}$$

当图像像素点属于运动前景区域时, 通过最小化式中的能量泛函, 前景运动区域的像素点光流趋近一致, 获得运动优化语义分割光流优化结果.

当图像像素点属于图像背景区域时, 像素点光流优化模型为

$$w_{bg}(x)=w_{initial}(x),$$

其中 x 是图像背景区域内任意像素点, $w_{initial}(x)$ 表示根据归一化互相关光流计算模型计算所得初始光流. 根据运动优化语义分割前景光流和图像背景光流, 通过融合算法将前景运动和图像背景区域光流组合, 可获得最终的稠密光流估计结果.

4.5.3 实验与分析

1. 误差指标

实验同样选用 AAE 和 AEE 光流误差评价标准对本节算法光流估计精度和鲁棒性进行评价. 特别地, 本节又引入峰值信噪比 (Peak Signal to Noise Ratio, PSNR) 和锐度误差 (Sharpness Measure, SM) 评价标准对本节算法在图像与运动边缘的保护效果进行间接量化评价, 其中 PSNR 表示预测图像与真实图像之间的偏离程度, SM 表示真实图像与预测图像之间的锐度损失. 它们的计算公式如下所示：

$$PSNR(I,\hat{I})=10\log_{10}\frac{\max_{\hat{I}}^2}{\frac{1}{|N|}\sum_{i=0}^{N}(I_i-\hat{I}_i)^2} \tag{4-27}$$

$$\begin{cases} SM(I,\hat{I})=10\log_{10}\dfrac{\max_{\hat{I}}^2}{\frac{1}{|N|}\left(\sum_i\sum_j\left|(\nabla_i I+\nabla_j I)-\left(\nabla_i\hat{I}+\nabla_j\hat{I}\right)\right|\right)} \\ \nabla_i I=|I_{i,j}-I_{i-1,j}|,\nabla_j I=|I_{i,j}-I_{i,j-1}| \end{cases} \tag{4-28}$$

式 (4-27) 和 (4-28) 中 I 表示真实图像, $\hat{I}$ 表示预测图像 (由图像序列前一帧和帧间估计光流共同得到), i 和 j 表示像素索引, ∇ 为梯度算子. PSNR 数值越大表示预测图像与真实图像越相似, 进而间接说明估计光流精度越高, SM 数值越大说明图像与运动边缘保护效果越好.

2. 消融实验

为了验证本节算法提出的归一化互相关模型和运动优化语义分割光流计算方法对估计精度和鲁棒性的提升作用, 首先设计消融实验测试不同模型的有效性.

表 4-1 分别展示了本节算法和不同消融模型针对 Middlebury 数据库训练集的光流估计误差结果. 其中, Base 表示传统的全变分 L1 范数光流估计方法作为基准模型, Base+Z 表示对传统的光流估计方法添加归一化互相关约束模型, Base+Z+S 表示对 Base+Z 模型添加经典的语义分割优化. 从表 4-1 中可以看出, 本节算法的光流估计精度显著高于 Base、Base+Z 和 Base+Z+S 三个消融模型, 说明本节算法提出的归一化互相关模型和运动优化语义分割计算方法能够显著提高光流估计的精度与鲁棒性.

表 4-1 不同消融模型在 Middlebury 训练集光流估计误差结果

图像序列	Base AAE/AEE	Base+Z AAE/AEE	Base+Z+S AAE/AEE	本节算法 AAE/AEE
RubberWhale	4.68/0.22	5.06/0.24	2.85/0.14	3.37/0.16
Dimetrodon	2.22/0.19	2.02/0.17	1.98/0.16	1.87/0.15
Hydrangea	3.80/0.12	2.69/0.09	2.75/0.09	2.24/0.07
Venus	5.53/0.34	4.41/0.30	3.34/0.24	3.44/0.23
Grove2	2.85/0.20	2.66/0.21	1.73/0.12	1.43/0.10
Grove3	6.81/0.69	5.62/0.52	5.38/0.50	4.40/0.42
Urban2	4.06/0.46	4.07/0.37	2.21/0.25	2.09/0.23
Urban3	7.52/0.86	5.12/0.69	3.16/0.44	2.47/0.36
平均误差	4.68/0.39	3.96/0.32	2.93/0.24	2.66/0.22

图 4-7 分别展示了不同消融模型针对 Middlebury 训练集 Grove3 和 Urban3 图像序列的光流估计结果, 其中红色方框为图像边缘和弱纹理区域. 从图中可以看出, Base 模型光流估计结果在弱纹理区域包含较多异常值, 图像与运动边界存在明显的边缘模糊现象; Base+Z 模型由于使用了归一化互相关约束模型, 有效地提高了弱纹理区域光流估计精度, 但由于图像局部区域的归一化, 光流估计结果存在边缘模糊现象; Base+Z+S 方法通过使用语义分割优化策略显著改善了光流估计的边缘模糊问题, 但由于图像边缘与运动边界并不完全重合, 因此其针对 Grove3 等包含弱小边缘的图像序列光流估计易产生边缘过度分割现象; 本节算法采用归一化互相关约束和运动优化语义分割模型提升光流估计精度, 能够有效提高图像弱纹理区域光流估计的精度并克服图像边缘模糊与过度分割问题.

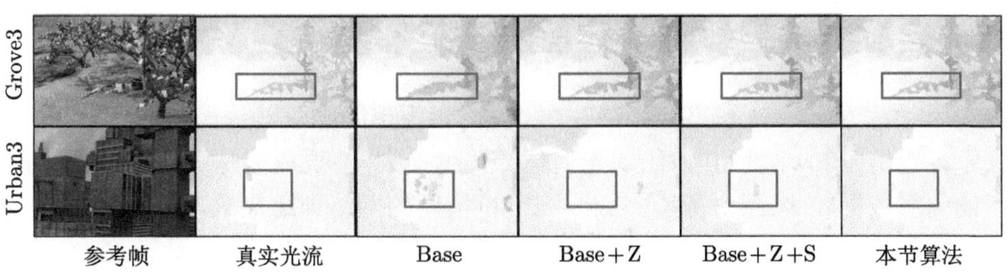

图 4-7 不同消融模型 Middlebury 数据集光流估计结果

为了进一步验证本节算法提出的归一化互相关模型和运动优化语义分割光流计算方法对估计精度和鲁棒性的提升作用以及在图像边缘的保护作用. 本节使用 UCF101 测试库中的八组运动视频图像集 BaseballPitch、Basketball、BenchPress、FieldHockey、TableTennis、TaiChi、TennisSwing 以及 YoYo 进行消融测试实验.

由于 UCF101 数据库测试图像集不包含真实光流, 本节利用光流估计结果与第一帧图像计算出第二帧预测图像后, 采用预测图像和真实图像的峰值信噪比与图像锐度指标对光流估计结果进行量化评价. 表 4-2 分别展示了不同消融模型针对 UCF101 测试图像集的 PSNR 和 SM 对比结果.

表 4-2 不同消融模型在 UCF101 测试库 PSNR/SM 评价表

图像序列	Base PSNR/SM	Base+Z PSNR/SM	Base+Z+S PSNR/SM	本节算法 PSNR/SM
BaseballPitch	28.32/23.24	31.58/24.81	34.08/26.25	39.89/28.25
Basketball	29.36/23.25	34.23/26.36	36.37/27.12	42.70/28.69
BenchPress	15.46/13.35	16.72/14.35	17.23/14.05	21.20/16.87
FieldHockey	19.37/15.99	21.01/17.23	22.77/17.95	29.22/19.72
TableTennis	17.62/16.61	19.63/18.09	20.13/17.90	23.75/20.22
TaiChi	21.85/17.42	23.90/18.99	25.54/19.52	31.64/21.09
TennisSwing	26.75/21.69	29.88/24.23	30.50/23.82	35.85/26.50
YoYo	17.54/16.60	20.20/18.00	20.20/17.79	25.30/20.47
平均值	22.03/18.55	24.64/20.26	25.85/20.55	31.19/22.73

从表 4-2 可以看出, Base+Z 模型整体 PSNR 和 SM 误差估计精度比 Base 算法有着明显提高, 间接说明通过在传统光流变分计算模型中增加归一化互相关约束模型可以有效提高光流计算精度. Base+Z+S 模型整体误差估计精度相对 Base+Z 模型有更进一步提高, 说明在变分模型中引入语义分割优化对光流计算可以产生积极作用. 最后, 本节算法 PSNR 和 SM 误差与 Base、Base+Z 和 Base+Z+S 相比达到最佳的估计精度, 进一步间接证明本节算法提出的归一化互相关模型和运动优化语义分割计算方法能够显著提高光流估计的精度与鲁棒性, 且可以较好地保护图像边缘.

3. Middlebury 测试集实验

为了验证本节算法的光流估计精度与鲁棒性, 首先采用 Middlebury 测试图像集对本节算法和其他对比方法进行定量测试与分析. 表 4-3 分别展示了本节算法与各对比方法针对 Middlebury 在线测试图像集的光流估计误差对比结果. 从表中可看出, FlowNet2.0 方法的光流估计误差最大, 主要原因是 Middlebury 数据库的训练数据较少, 无法满足 FlowNet2.0 模型的网络训练需求. PWC-Net 方法使用了更加精炼的网络结构, 显著提高了深度学习模型的光流估计精度; 但由于受限于训练样本数较少, 该方法在 Middlebury 图像集的光流误差仍落后于传统的变分光流模型. LDOF 方法采用局部描述匹配项提高大位移光流估计的可靠性, 但该方法光流估计的整体精度较差. Classic+NL 和 JOF 方法的光流估计整体精度较高, 其中 JOF 方法采用结合加权中值滤波与相互结构引导滤波的联合滤波策略显著提高了变分光流模型在复杂边缘结构和弱纹理场景图像序列的光流估计精度. 本节算法在 Middlebury 测试图像集的光流估计精度最高, 尤其针对 Army、Grove、Schefflera 以及 Wooden 等包含复杂场景和弱纹理区域图像序列取得较好的光流估计结果, 说明本节算法具有较好的光流估计精度和鲁棒性.

表 4-3 Middlebury 测试图像集光流估计误差对比结果

图像序列	Classic+NL	LDOF	JOF	FlowNet2.0	PWC-Net	本节算法
	AAE/AEE	AAE/AEE	AAE/AEE	AAE/AEE	AAE/AEE	AAE/AEE
Army	3.20/0.08	4.60/0.12	3.08/0.08	8.58/0.22	4.86/0.12	3.00/0.08
Mequon	3.02/0.22	4.67/0.32	3.27/0.23	9.39/0.67	3.14/0.25	2.47/0.19
Schefflera	3.46/0.29	5.63/0.43	3.02/0.25	8.06/0.61	4.38/0.32	3.07/0.26
Wooden	2.78/0.15	5.80/0.45	2.64/0.14	5.61/0.28	2.56/0.13	2.46/0.14
Grove	2.83/0.64	3.52/1.01	2.62/0.53	4.04/0.97	3.25/0.75	2.67/0.57
Urban	3.40/0.52	4.84/1.10	3.26/0.43	4.92/0.59	3.10/0.59	3.34/0.48
Yosemite	2.87/0.16	2.46/0.12	3.12/0.19	4.28/0.19	1.44/0.06	3.18/0.17
Teddy	1.67/0.49	4.85/0.94	2.11/0.52	2.05/0.60	1.60/0.41	1.91/0.50
平均值	2.90/0.32	4.55/0.56	2.89/0.29	5.87/0.52	3.04/0.33	2.77/0.29

图 4-8 分别展示了本节算法和各对比方法针对 Army、Schefflera 和 Grove 等图像序列的光流估计结果, 其中红色方框为复杂边缘和弱纹理区域. 为了直观展示本节算法对图像边缘和弱纹理区域光流估计的提升效果.

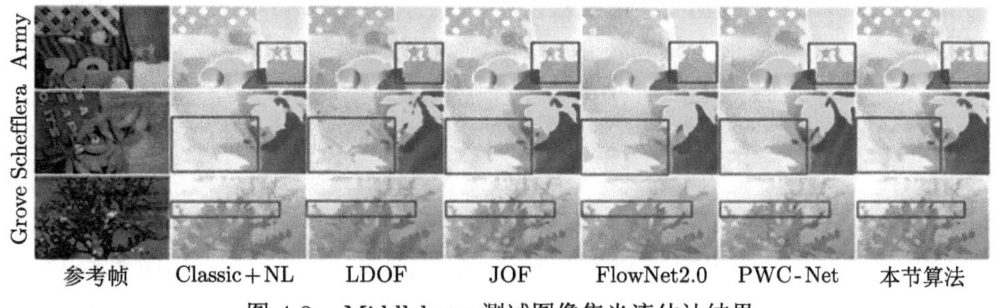

图 4-8 Middlebury 测试图像集光流估计结果

图 4-9 分别列出了红色方框区域的细节放大图. 从图中可以看出, FlowNet2.0 和 PWC-Net 方法的光流估计结果存在明显的边缘过度平滑现象; LDOF 方法的光流估计结果存在较多异常值; Classic+NL 和 JOF 方法在边缘区域光流估计效果相对较好, 但仍存在小范围的过度平滑现象, 这是由于中值滤波的平滑特性所导致; 本节算法估计结果更接近真实值, 尤其在图像边缘和弱纹理区域的光流估

计效果最好, 充分体现了本节算法对于弱纹理区域光流估计的鲁棒性和边缘保护性能.

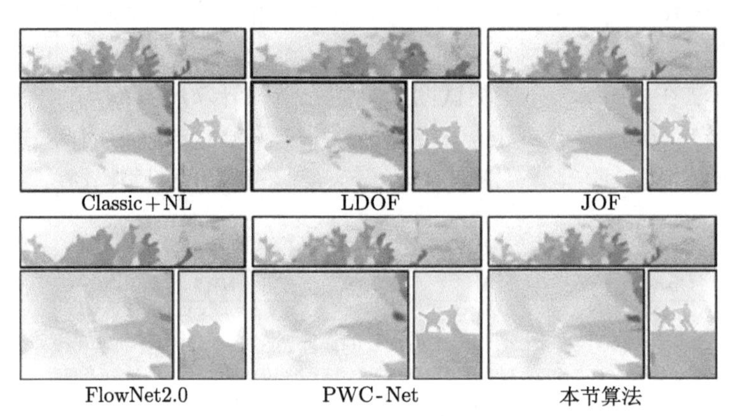

图 4-9 Middlebury 测试图像集细节放大图

4. UCF101 测试集实验

为了验证本节算法针对现实场景图像序列光流估计的可靠性与鲁棒性, 本节同样分别采用 UCF101 数据库中的 BaseballPitch、Basketball、BenchPress、Field-HockeyPPenalty、TableTennisShot、TaiChi、TennisSwing 以及 YoYo 等八组运动视频图像集对本节算法和各对比方法进行综合对比与分析.

图 4-10 分别展示了本节算法和各对比方法针对 UCF101 测试图像序列的光流估计结果. 从图中可以看出, LDOF 和 Classic+NL 方法在图像运动边界区域的光流估计均出现明显错误, 存在较多的光流异常值. FlowNet2.0 与 PWC-Net 两种深度学习光流估计方法在图像中的人物区域均产生了过度平滑现象, 导致图像与运动边缘不清晰. JOF 方法由于采用图像相互结构引导滤波优化边缘光流估计, 光流估计结果不够平滑, 运动边界区域也存在部分光流异常值. 本节算法光流估计整体效果较好, 尤其在图像与运动边界区域取得了较准确的估计结果, 说明本节算法针对现实场景同样具有较高的光流估计精度与鲁棒性.

表 4-4 分别展示了本节算法和各对比方法针对 UCF101 测试图像集的 PSNR 和 SM 对比结果. 从表 4-4 中可以看出, 本节算法针对 8 组测试图像集的平均峰值信噪比和图像锐度指标最优, 说明本节算法针对现实场景图像序列具有较好的光流估计精度与鲁棒性. 此外, 本节算法在 BaseballPitch、Basketball、TaiChi、TennisSwing 等包含明显运动前景图像序列的图像锐度指标明显优于其他对比方法, 说明本节提出的运动优化语义分割光流计算方法能够有效提高图像前景和运动边界区域的光流计算精度与鲁棒性, 具有显著的边缘保护特性.

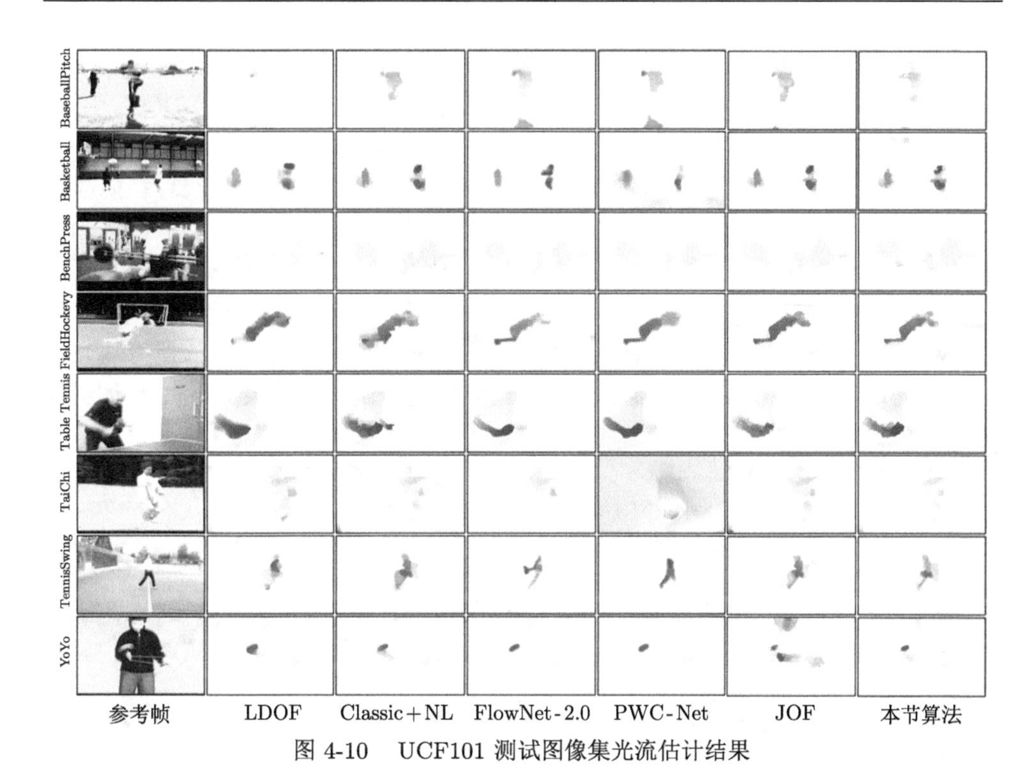

图 4-10 UCF101 测试图像集光流估计结果

表 4-4 UCF101 测试库 PSNR/SM 评价表

图像序列	Classic+NL PSNR/SM	LDOF PSNR/SM	JOF PSNR/SM	FlowNet2.0 PSNR/SM	PWC-Net PSNR/SM	本节算法 PSNR/SM
BaseballPitch	35.05/22.94	37.41/22.89	35.11/22.96	31.94/20.48	29.11/18.45	39.89/28.25
Basketball	42.33/27.77	42.17/27.80	42.49/27.85	40.58/26.40	36.95/22.96	42.70/28.69
BenchPress	21.29/17.03	20.77/16.99	21.34/17.06	20.82/16.69	21.10/16.7	21.20/16.87
FieldHockey	29.86/19.77	30.08/19.90	29.92/19.81	28.93/19.29	28.35/19.04	29.22/19.72
TableTennis	23.80/20.48	23.39/20.41	23.86/20.51	22.86/19.88	23.68/19.39	23.75/20.22
TaiChi	31.62/20.83	32.06/20.94	31.68/20.85	30.46/20.30	31.10/20.37	31.64/21.09
TennisSwing	35.65/25.97	35.04/25.89	35.72/26.01	33.89/24.79	33.09/23.1	35.85/26.50
YoYo	25.29/20.49	24.89/20.53	25.42/20.56	24.58/20.07	25.02/19.76	25.30/20.47
平均值	30.61/21.91	30.39/21.92	30.69/21.95	29.26/20.99	29.80/19.97	31.19/22.73

为了验证本节算法针对大位移和复杂光照场景图像序列光流估计效果, 本节从 UCF101 测试库中分别选取大位移场景图像序列 BaseballPitch_02、Basketball_07、FieldHockey_20、YoYo_81 和复杂光照图像序列 BenchPress_08、TableTennis_02、TaiChi_04、TennisSwing_01 作为测试图像序列.

图 4-11 展示了本节算法与各对比方法利用 8 组测试图像序列光流计算结果预测出的第二帧. 从图 4-11 可以看出, 对于大位移运动测试图像序列, 利用

本节算法估计光流预测出的下一帧图像与真实下一帧更加相似. 例如 BaseballPitch_02、FieldHockey_20、YoYo_81 序列人物区域, Classic+NL、LDOF、JOF、和 FlowNet2.0 方法, 在该区域存在明显信息丢失. PWC-Net 方法在 FiledHockey_20 序列任务区域预测较为准确, 但从图中可以看出, 其人物区域边缘存在明显的模糊现象. 利用本节算法计算的光流结果预测出的下一帧在人物区域获得较为精准的预测, 这是因为本节算法提出的基于归一化互相关的变分光流计算模型, 通过使用归一化相互相关匹配和金字塔分层优化策略可以获得高精度的大位移运动光流, 这为运动优化语义分割光流模型提供了可靠的光流先验信息, 使得从光流中获取的运动信息更为准确, 促进了运动约束语义分割优化效果, 因此, 整体图像边缘结构更加清晰.

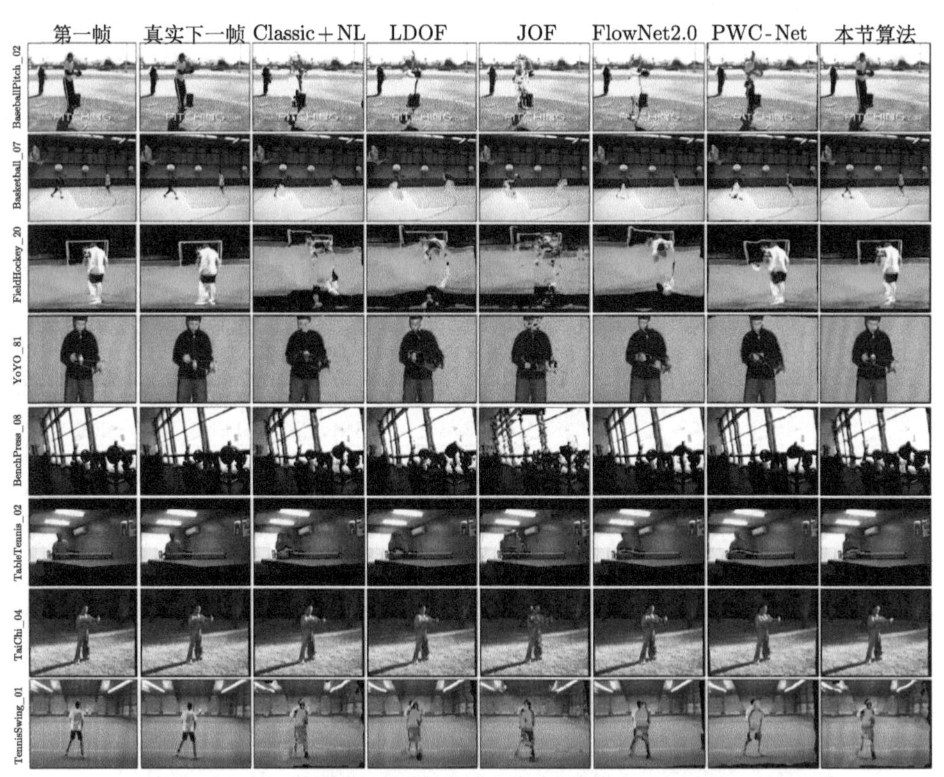

图 4-11　UCF101 测试库大位移与复杂场景图像序列预测下一帧结果

BenchPress_08、TableTennis_02、TaiChi_04 和 TennisSwing_01 序列由于包含分布不均匀的光照, 因此可被视作复杂光照场景图像序列. 从图 4-11 可看出, 针对复杂光照场景, 利用 LDOF 和 JOF 估计光流结果预测出的下一帧图像存在明显错误, 例如 BenchPress_08 序列窗户区域存在明显的变形, 在 TableTennis_02 序列人物区域, 利用 JOF 方法估计光流预测的下一帧几乎丢失人物区域. 利用本节算法和 FlowNet2.0 方法估计光流结果预测效果整体优于 LDOF、Classic+NL、JOF 和 PWC-Net 方法. 这是因为本节算法使用的归一化互相关光流数据项通过计算去均值归一化互相关块之间的匹配相似性提高了模型抗光照变化性能, 且光照对语义分割影响较小, 这有助于本节算法提高光流估计精度和鲁棒性.

表 4-5 展示了本节算法与各对比方法针对 8 组测试图像序列的平均峰值信噪比和图像锐度指标误差统计结果. 从表 4-5 中可以看出, 针对大位移运动测试图像序列, 本节算法 PSNR 指标精度最高, 且 SM 指标仅在 Basketball_07 序列低于传统方法 Classic+NL、LDOF 和 JOF, 但总体误差精度最高. 在复杂光照测试图像序列, FlowNet2.0 方法在 PSNR 和 SM 指标取得了最佳的误差精度, 而同为深度学习方法的 PWC-Net 方法精度最低, 说明 FlowNet2.0 网络模型对复杂光照场景效果更好. 本节算法针对复杂光照场景估计精度仅低于 FlowNet2.0, 相对其他方法整体误差精度较高. 同时, 在总体平均 PSNR 和 SM 误差方面本节算法最佳, 这进一步间接证明本节算法针对大位移和复杂光照场景具有较高的光流估计精度和鲁棒性且在边缘区域保护效果较好.

表 4-5 UCF101 测试库大位移与复杂场景图像序列 PSNR/SM 评价表

图像序列	Classic+NL	LDOF	JOF	FlowNet2.0	PWC-Net	本节算法
	PSNR/SM	PSNR/SM	PSNR/SM	PSNR/SM	PSNR/SM	PSNR/SM
BaseballPitch_02	15.38/11.71	15.76/12.90	17.18/12.65	15.97/12.82	15.46/11.36	21.17/15.65
Basketball_07	23.54/21.16	22.74/21.43	23.16/21.57	24.61/19.63	19.36/14.82	27.61/19.82
FiledHockey_20	10.92/13.12	10.92/13.02	10.91/11.51	10.75/13.10	16.72/14.96	16.55/14.97
YoYo_81	22.09/19.50	21.27/19.11	21.72/19.48	22.41/19.20	19.03/16.42	25.98/18.69
BenchPress_08	13.38/11.92	13.41/11.87	12.68/10.98	15.26/12.22	12.56/11.54	13.65/11.94
TableTennis_02	23.71/20.49	23.59/21.34	22.20/18.51	28.13/20.51	22.06/16.73	24.72/20.64
TaiChi_04	26.97/19.48	25.71/18.96	26.27/19.22	31.63/17.96	21.56/13.78	27.00/19.27
TennisSwing_01	15.93/14.86	16.17/15.05	15.98/14.57	15.53/14.85	14.66/14.83	16.05/14.83
平均值	19.00/16.54	18.70/16.71	18.76/16.06	20.54/16.28	17.68/14.31	21.59/16.98

图 4-12 以 Middlebury 数据集中 Grove2 序列为例, 展示了优化迭代次数对本节算法的影响. 从图 4-12(a) 可以看出, 随着迭代优化次数的增加, 光流计算误差 AAE 曲线呈现先降低再升高趋势. 在迭代次数为 20 次时, 本节算法收敛, 误差最低. 图 4-12(b) 展示了迭代次数对算法计算效率的影响, 从图中可以看出, 随着迭代次数的增加, 本节算法计算所需时间呈逐渐上升趋势且由于 Grove2 序列包含. 为了在获取高精度光流估计结果的同时尽可能降低时间消耗, 本节设置迭代优化次数为 20 次. 虽然本节算法的时间消耗较大, 但是本节算法的光流估计精度显著高于其他对比方法, 且光流估计结果具有边缘保护效果, 综合性能最优.

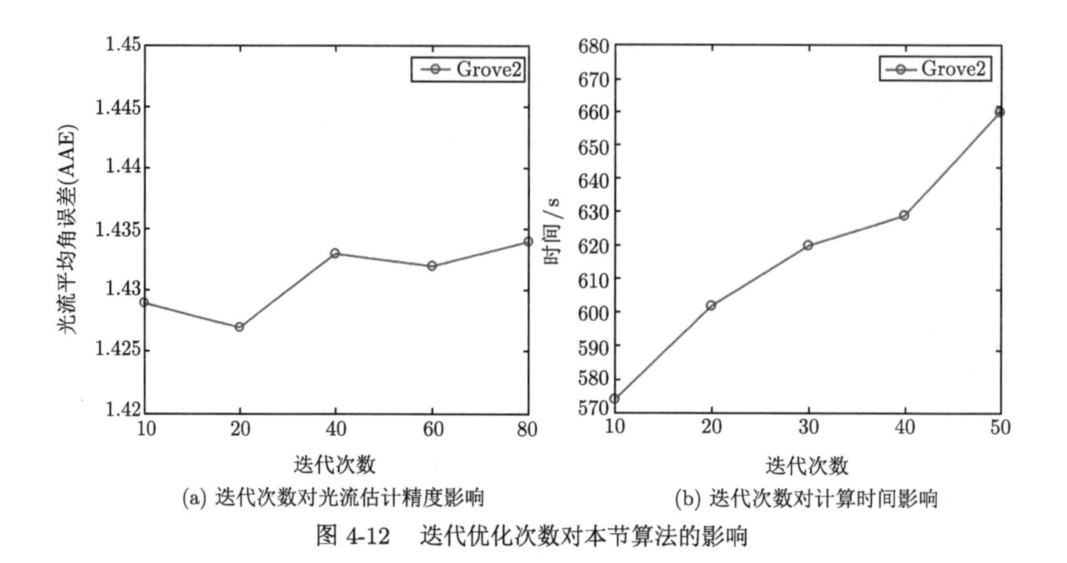

(a) 迭代次数对光流估计精度影响　　(b) 迭代次数对计算时间影响

图 4-12　迭代优化次数对本节算法的影响

4.6　基于联合滤波的非局部 TV-L1 变分光流计算方法

从前文可知, 当前变分光流计算方法通常采用结合中值滤波启发式的优化方案来解决多分辨率图像金塔分层策略造成的光流溢出点问题. 然而, 该优化方案会导致光流结果存在严重过度平滑. 尽管后来提出的非局部中值滤波优化策略可以在一定程度上改善该问题, 但仍然存在一定不足. 为了进一步实现对图像与运动边缘的保护, 本节提出一种基于非局部联合滤波的 TV-L1 变分光流估计方法, 在有效保护图像与运动边缘结构信息的同时进一步提高了光流计算的准确度和鲁棒性.

4.6.1　图像相互结构区域

1. 图像不同区域定义

通常情况下, 图像序列中包含的运动物体除非发生较大形变和严重遮挡, 否则图像序列中同一个运动物体的外观结构在经历图像前后帧变化后基本不会发生较大的改变. 利用图像序列中运动物体的该特性, 本节算法参考相互结构引导滤波的基本定义将图像序列中的对应局部区域大致分为三大类: 相互结构区域、不一致区域和平滑区域, 如图 4-13 所示.

其中, 图 4-13(a) 表示图像相互结构区域, 从图中可以看出, 该区域在经历图像前后帧变化后仍然具有相同或相似的边缘轮廓结构, 并且该区域具有不受图像灰度变化干扰和影响的特点, 边缘结构信息可靠性较高. 图 4-13(b) 表示图像不一致区域, 从图中可以看出, 该区域在经历图像前后帧变化后由于遮挡或者形变造成边缘轮廓结构发生较大改变, 即图像前后帧变化导致出现运动和图像边缘不一致的情况. 图 4-13(c) 表示为图像平滑区域, 该区域主要是图像序列中不包含重要结构信息的区域, 例如天空、地面、光滑的墙壁. 该区域的特点是容易受到图像噪声影响, 由于其并不包含重要的图像边缘结构信息, 通常情况下可以归类为相互结构区域.

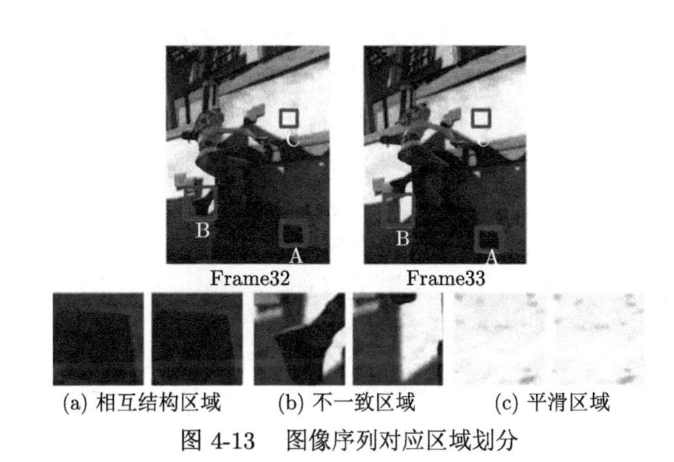

(a) 相互结构区域　(b) 不一致区域　(c) 平滑区域

图 4-13　图像序列对应区域划分

从图像序列不同区域的定义可知, 图像相互结构区域包含了置信度较高的图像边缘结构信息. 因此, 为了克服复杂场景导致光流计算在图像与运动边缘模糊问题, 本节将图像序列中边缘结构置信度较高的相互结构区域引入光流计算模型中, 以实现对图像与运动边缘的保护.

2. 图像相互区域提取

为了对图像序列中不同类型的对应区域进行划分, 本节首先引入图像序列对应区域的像素灰度协方差 $cov(\cdot)$ 和图像灰度方差 $\sigma(\cdot)$, 如下所示:

$$cov(I_p^1, I_p^2) = \frac{1}{|N|}\sum_{i\in N(p)}(I_i^1 - \bar{I}_p^1)(I_p^2 - \bar{I}_p^2) \tag{4-29}$$

$$\sigma(I_p^1) = \frac{1}{|N|}\sum_{i\in N(p)}(I_i^1 - \bar{I}_p^1)^2 \tag{4-30}$$

式 (4-29) 和 (4-30) 中, I^1 和 I^2 分别表示输入图像序列的第一帧和第二帧, p 表示图像中任意局部区域的中心像素点, $|N|$ 表示图像任意区域的像素点总个数, i 表示像素索引, $N(p)$ 表示以 p 为中心像素的任意局部区域像素集合, $\bar{I}_p$ 表示以像素点 p 为中心的任意局部区域像素点灰度平均值.

根据图像序列相邻帧图像的灰度协方差与图像灰度方差，本节算法基于归一化互相关方法定义图像序列相互结构区域提取因子如下：

$$\rho(I_p^1, I_p^2) = \frac{cov(I_p^1, I_p^2)^2}{(\sigma(I_p^1)+\tau_1)(\sigma(I_p^2)+\tau_2)} \tag{4-31}$$

方程 (4-31) 中，τ_1, τ_2 均为一个数值较小的常数，起着正则化的作用，防止当 $\sigma(I_p^1)$ 和 $\sigma(I_p^2)$ 趋近于 0 时造成方程 (4-31) 趋近于无穷. 其中 $\rho(I_p^1, I_p^2) \in [0,1]$，当 $\rho(I_p^1, I_p^2)$ 趋近于 1 时，表示图像序列对应区域的相关性越大，则该区域属于图像相互结构区域；当 $\rho(I_p^1, I_p^2)$ 趋近于 0 时，表示图像序列对应区域的相关性越小，则该区域属于不一致区域. 为获取图像序列中尽可能充分的相互结构区域，本节算法设置当 $\rho(I_p^1, I_p^2) \geqslant 0.8$ 时，对应区域为相互结构区域，反之则为不一致区域.

在获取图像序列帧间对应的图像相互结构区域后，本节算法将该区域引入光流计算问题中并建立图像光流相互结构引导滤波模型.

4.6.2 图像光流相互结构引导滤波模型

为了在光流方面对相互结构引导滤波进行公式化，本节定义 $w = (u, v)^{\mathrm{T}}$ 表示图像序列帧间估计光流场，$\widehat{w} = (\widehat{u}, \widehat{v})^{\mathrm{T}}$ 表示图像序列帧间引导光流场，且有 $w : \Omega \in \mathbf{R}^2$, $\widehat{w} : \Omega \in \mathbf{R}^2$. 这里 u 和 $\widehat{u}$ 表示光流水平方向分量，v 和 $\widehat{v}$ 表示光流垂直方向分量. 其中引导光流场 $\widehat{w}$ 包含丰富的运动边缘结构信息.

首先使用最小二乘法将图像相互结构区域中任意局部区域的估计光流和引导光流进行相互线性化表示，该过程可公式化如下：

$$f(\widehat{w}, w, a_p, a_p') = \sum_{i \in N(p)} (a_p \widehat{w}_i + a_p' - w_i)^2 \tag{4-32}$$

$$f(w, \widehat{w}, b_p, b_p') = \sum_{i \in N(p)} (b_p w_i + b_p' - \widehat{w}_i)^2 \tag{4-33}$$

方程 (4-32) 和 (4-33) 中，$N(p)$ 表示图像中以像素点 p 为中心的任意局部区域的像素集合，i 表示该区域内像素索引. a_p 和 a_p' 表示局部区域内由引导光流到估计光流的线性系数，b_p 和 b_p' 表示局部区域内由估计光流到引导光流的线性系数.

根据方程 (4-32) 和 (4-33) 中图像相互结构区域中局部区域的相互表示，定义图像相互结构引导滤波的相似项 E_{sm} 如下所示：

$$E_{sm}(w, \widehat{w}, a, a', b, b') = \sum_p \Big(f(\widehat{w}, w, a_p, a_p') + f(w, \widehat{w}, b_p, b_p') \Big) \tag{4-34}$$

式 (4-34) 中, $\{a, a', b, b'\}$ 为相似项 E_{sm} 线性方程的系数集合. 从式 (4-32) 可以看出, 图像相互结构引导滤波相似项 E_{sm} 是图像序列中所有相互结构区域的集合, 也就是说方程 (4-34) 仅在图像相互结构区域成立. 因此, 如果直接利用式 (4-34) 对图像估计光流进行优化将会导致出现光流稀疏的问题.

为了解决该问题, 由方程 (4-34) 可以看出, 当线性系数 $a_p = b_p = 0$ 时, 经相互结构引导滤波后图像中相邻区域的光流趋于均匀. 为了获取稠密的光流优化估计结果, 本节算法定义相互结构引导滤波平滑项 E_s 如下所示:

$$E_s(a,b) = \sum_{p\in\Omega} \left(\tau_1 a_p^2 + \tau_2 b_p^2\right) \tag{4-35}$$

式 (4-35) 中 τ_1 和 τ_2 表示权重参数, 控制着相互结构引导滤波的平滑强度. E_s 的作用就是将光流从相互结构区域扩散到其他区域, 以实现稠密光流估计. 由于平滑项在滤波优化过程中可能会引起过度平滑, 因此为了防止产生过度平滑情况的产生, 这里又引入相互结构引导滤波平滑惩罚项 $E_{penalty}$ 如下:

$$E_{penalty}(w,\widehat{w}) = \sum_{p\in\Omega} \lambda_1 \left\|w_p - w_p'\right\| + \lambda_2 \left\|\widehat{w}_p - \widehat{w}_p'\right\| \tag{4-36}$$

式 (4-36) 中, λ_1 和 λ_2 为权重参数, w_p' 和 $\widehat{w}_p'$ 分别表示原始输入光流和引导光流中以像素点 p 为中心的任意局部区域光流. w_p 和 $\widehat{w}_p'$ 分别表示经相互结构引导滤波后的估计光流和引导光流中以像素点 p 为中心的任意局部区域光流. 平滑惩罚项 $E_{penalty}$ 主要用于防止相互结构区域内原始输入光流与经滤波优化后光流发生较为严重偏离的情况, 进而克服平滑项可能引起的过度平滑问题.

根据定义的相互结构引导滤波相似项 E_{sm}、平滑项 E_s 和平滑惩罚项 $E_{penalty}$ 可得最终的相互结构引导滤波全局目标函数:

$$E_{MS}(w,\widehat{w},a,a',b,b') = E_{sm}(w,\widehat{w},a,a',b,b') + E_s(a,b) + E_{penalty}(w,\widehat{w}) \tag{4-37}$$

在得到相互结构引导滤波全局目标函数后, 将其集成到传统的 TV-L1 光流模型中, 以实现对图像与运动边缘结构信息的保护.

4.6.3 基于联合滤波的非局部 TV-L1 变分光流计算模型

根据光流计算能量泛函的构建准则, 集成了相互结构引导滤波全局目标函数的传统 TV-L1 光流计算能量泛函可以写为

$$E_{\text{TV-MS}}(w,\widehat{w}) = E_{data}(w) + E_{smooth}(w) + E_{MS}(w,\widehat{w}) \tag{4-38}$$

式 (4-38) 中, E_{data} 和 E_{smooth} 共同组建了传统 TV-L1 光流计算能量泛函, E_{MS} 表示相互结构引导滤波约束项, 作用是保护图像与运动边缘结构.

由于传统 TV-L1 光流计算模型获取的光流结果存在明显的光流溢出点问题. 因此, 为了在保护图像与运动边缘结构的同时获取鲁棒的估计光流, 这里结合非局部中值滤波技术具有抑制光流溢出点的优点, 将非局部约束项引入能量泛函 (4-38) 中, 构建基于联合滤波的非局部 TV-L1 变分光流估计能量泛函, 如式 (4-39) 所示:

$$E(w,\hat{w},\widehat{w})=E_{data}(w)+E_{smooth}(w)+E_{NL}(w,\hat{w})+E_{MS}(w,\widehat{w}) \tag{4-39}$$

式 (4-39) 中 E_{NL} 表示非局部项. 为了便于后续优化, 将式 (4-39) 中的各项离散化则有

$$E_{data}(w)=\sum_{x\in\Omega}\varphi_d\left(\left|I\left(x+w_x\right)-I(x)\right|+\left|\nabla I\left(x+w_x\right)-\nabla I(x)\right|\right) \tag{4-40}$$

$$E_{smooth}(w)=\sum_{x\in\Omega}\varphi_s\left(\left|\nabla u_x\right|+\left|\nabla v_x\right|\right) \tag{4-41}$$

$$E_{NL}(w,\hat{w})=\sum_{x}\left(\left\|u_x-\hat{u}_x\right\|^2+\left\|v_x-\hat{v}_x\right\|^2\right)+\sum_{x}\sum_{x'\in N_x}\left(\left|u_x-u_{x'}\right|+\left|v_x-v_{x'}\right|\right) \tag{4-42}$$

$$\begin{aligned}&E_{MS}\left(w,\widehat{w},a,a',b,b'\right)\\=&\sum_{x\in\Omega}\left(f\left(\widehat{w},w,a_x,a_x'\right)+f\left(w,\widehat{w},b_x,b_x'\right)\right)\\&+\sum_{x\in\Omega}\left(\lambda_1\left\|w_x-w_x'\right\|+\lambda_2\left\|\widehat{w}_x-\widehat{w}_x'\right\|\right)+\sum_{x\in\Omega}\left(\tau_1a_x^2+\tau_2b_x^2\right)\end{aligned} \tag{4-43}$$

其中 $x=(x,y)^{\mathrm{T}}$ 表示像素点坐标, $x'=(x',y')^{\mathrm{T}}$ 表示邻域像素点坐标. 由于非局部中值滤波仅计算滤波窗口中心像素点与邻域像素点的 L1 范数距离, 并没有考虑不同距离像素点对中心像素点的影响差异, 因此依据 Sun[42] 提出的改进非局部中值滤波方法, 使用了一种结合像素点灰度、欧氏距离以及状态信息的加权中值滤波策略. 其中滤波权重设计如下:

$$W_{x,y}^{x',y'}\propto\exp\left\{-\frac{\left|x-x'\right|^2+\left|y-y'\right|^2}{2\sigma_1^2}-\frac{\left|I(x,y)-I(x',y')\right|^2}{2\sigma_2^2C}\right\}\frac{o(x',y')}{o(x,y)} \tag{4-44}$$

式 (4-44) 中, $I(x,y)$ 表示彩色空间矢量, C 表示图像彩色通道个数, σ_1 和 σ_2 均为

常数. $O(\cdot)$ 为状态变量 (描述遮挡、无遮挡状态):

$$O(x,y)=e^{-\left\{\frac{d^2(x,y)}{2\sigma_d^2}+\frac{\left(I(x,y)-I\left(x+u_{x,y},y+v_{x,y}\right)\right)^2}{2\sigma_e^2}\right\}} \tag{4-45}$$

这里 $d(\cdot)$ 表示一个散度函数, 作用是描述像素点的状态, 当 $d(\cdot)<0$ 时表示像素点未被遮挡, 否则遮挡. 图 4-14 展示了非局部中值滤波和使用加权方案改进的非局部中值滤波在任意局部区域内中心像素点与邻域像素点之间关系对比. 从图中可以看出, 通过将较大的权重 (深红色线条) 分配给更可能位于同一表面 (蓝色圆圈) 的邻域像素点, 使用加权方案的非局部中值滤波可以包含更多空间场景结构信息.

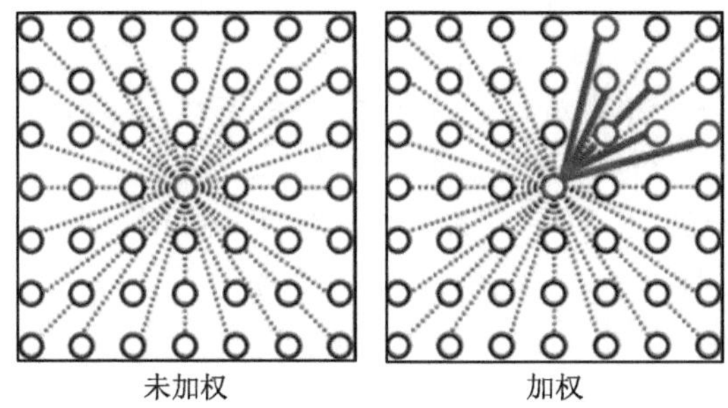

图 4-14 非局部中值滤波与加权方案改进非局部中值滤波任意局部区域内像素点关系, 红色圆圈代表中心像素点

通过使用上述计算方案, 本节所提的基于联合滤波的非局部 TV-L1 变分光流估计方法既能有效的保护图像与运动边缘又能获得更为鲁棒的估计光流.

从式 (4-39) 可以看出, 基于联合滤波的非局部 TV-L1 变分光流估计能量泛函是复杂的, 所以为了优化能量泛函, 通过使用加权中值滤波和相互结构引导滤波构建一种新型的联合滤波优化方法来最小化提出的光流估计能量泛函 (4-39).

4.6.4 基于非局部联合滤波优化方案线性化过程

为了实现光流估计能量泛函 (4-39) 的线性化, 将能量泛函分为两个部分, 第一部分是由数据项和平滑项构成的传统 TV-L1 能量泛函; 第二部分包含非局部项和相互结构引导滤波目标函数. 其中第一部分仍然采用结合由粗到细金字塔分层策略的 GNC 方案优化, 第二部分使用本节算法提出的联合滤波方案来为光流计算提供特殊优化. 其中第一部分的优化过程已在 4.4 节中做了详细推导. 这里将主要介绍第二部分的联合滤波优化方案.

为了抑制光流溢出点, 当前基于中值滤波启发式的优化方案被证明是解决该问题的有效方法. 然而, 它可能会导致图像和运动边缘模糊. 为了在克服中值滤波引起的图像与运动边缘模糊问题的同时保护图像与运动边缘结构信息, 本节算法提出了一种联合滤波优化方法, 用于优化金字塔每层图像序列帧间光流. 其中所提出的联合滤波方案是加权中值滤波和相互结构引导滤波的组合.

在联合滤波优化方案第一阶段, 使用加权中值滤波取代方程 (4-39) 中的非局部项, 以去除光流中的异常值. 在联合滤波第二阶段, 使用所提的相互结构引导滤波方法来代替能量泛函中的相互结构引导滤波边缘约束项. 特别地, 在每层金字塔图像序列输出光流经过加权中值滤波处理后将执行一次相互结构引导滤波, 以期恢复由加权中值滤波模糊的图像与运动边缘. 为了确保获取足够的相互结构区域, 首先使用计算出的初始光流作为引导光流, 虽然该光流包含较多异常值, 但是在经加权中值滤波前它保留了原始的图像与运动边缘结构特征. 然后, 再将加权中值滤波后的光流作为相互结构引导滤波的初始输入光流, 因为加权中值滤波能够去除异常值并提供鲁棒的估计光流. 最后, 在由粗到细金字塔分层策略计算过程中不断地将上述两个步骤进行交替迭代, 直到得到图像原始分辨率为止.

因为相互结构引导滤波目标函数中包含 a, a', b, b' 等未知的线性参数, 所以本节执行了交替迭代更新方案以在求解线性系数的同时优化光流. 这里假设 $\{a^t, a'^t, b^t, b'^t\}$ 表示第 t 次迭代时的初始线性系数集合, t 和 $\widehat{w}^t$ 分别表示对应的输入光流和引导光流, 则由式 (4-32)—(4-34) 可以推导出线性集合 $\{a^t, a'^t, b^t, b'^t\}$ 的迭代更新公式为

$$\begin{cases} a_x^t = \dfrac{cov(\widehat{w}_x^t, w_x^t)}{\sigma(\widehat{w}_x^t) + \tau_1}, a_x'^t = \mu(w_x^t) - a_x^t \cdot \mu(\widehat{w}_x^t) \\ b_x^t = \dfrac{cov(w_x^t, \widehat{w}_x^t)}{\sigma(w_x^t) + \tau_2}, b_x'^t = \mu(\widehat{w}_x^t) - b_x^t \cdot \mu(w_x^t) \end{cases} \tag{4-46}$$

式 (4-46) 中, $\{a_x^t, a_x'^t, b_x^t, b_x'^t\}$ 表示在第 t 次迭代时以点 X 为中心的任意局部区域内线性系数集合, $\mu(w_x^t)$ 和 $\mu(\widehat{w}_x^t)$ 表示该区域内输入光流和引导光流的平均值. 在更新线性系数的同时输入和引导光流的更新公式如下：

$$\begin{cases} \widehat{w}_x^{t+1} = \dfrac{1}{M_{\widehat{w}}^t}\left(\Phi_{\widehat{w}}^t w_x^{t+1} + K_{\widehat{w}}^t + \widehat{w}_x^t\right) \\ w_x^{t+1} = \dfrac{1}{M_w^t}\left(\Phi_w^t \widehat{w}_x^{t+1} + K_w^t + w_x^t\right) \end{cases} \tag{4-47}$$

式 (4-47) 中, w_x^{t+1} 和 $\widehat{w}_x^{t+1}$ 分别表示更新后的输入光流和引导光流, $\Phi_{\widehat{w}}^t$, Φ_w^t, $K_{\widehat{w}}^t$, K_w^t, $M_{\widehat{w}}^t$ 和 M_w^t 是系数项, 由相互结构滤波系数集合 $\{a_x^t, a_x'^t, b_x^t, b_x'^t\}$ 计算得到. 其中, $\Phi_{\widehat{w}}^t$ 和 Φ_w^t 是权重系数, 定义如下：

$$\begin{cases} \Phi_{\widehat{w}}^t = \mu(b_x^t) + \mu(a_x^t) \\ \Phi_w^t = \mu(a_x^t) + \mu(b_x^t) \end{cases} \tag{4-48}$$

$K_{\widehat{w}}^t$ 和 K_w^t 是常数系数, 可由下式计算得到:

$$\begin{cases} K_{\widehat{w}}^t = \mu(a_x'^t) + \mu(b_x^t b_x'^t) \\ K_w^t = \mu(b_x'^t) + \mu(a_x^t a_x'^t) \end{cases} \tag{4-49}$$

$M_{\widehat{w}}^t$ 和 M_w^t 是正则系数:

$$\begin{cases} M_{\widehat{w}}^t = \dfrac{1}{|N|} + \mu(b_x^t b_x'^t) + 1 \\ M_w^t = \dfrac{1}{|N|} + \mu(a_x^t a_x'^t) + 1 \end{cases} \tag{4-50}$$

式 (4-50) 中, $|N|$ 表示以 X 为中心的任意局部区域内像素点数量. 以上便是相互结构引导滤波部分的优化过程. 通过在由粗到细金字塔分层光流计算中使用联合滤波优化方案, 可以在保护图像与运动边缘的同时, 进一步提高模型光流估计的精度和鲁棒性.

4.6.5 实验与分析

1. 参数设置

本节以 RubberWhale 序列为例, 详细介绍参数 λ_1, λ_2, τ_1, τ_2 和 r 的设置对本节算法光流估计精度的影响. 其中 λ_1 和 λ_2 控制着平滑惩罚项 $E_{penalty}$ 的惩罚强度, τ_1 和 τ_2 控制着平滑项 E_s 的平滑强度, r 为相互结构引导滤波窗口半径. 图 4-15 展示了 RubberWhale 序列的参考帧及其光流真实值.

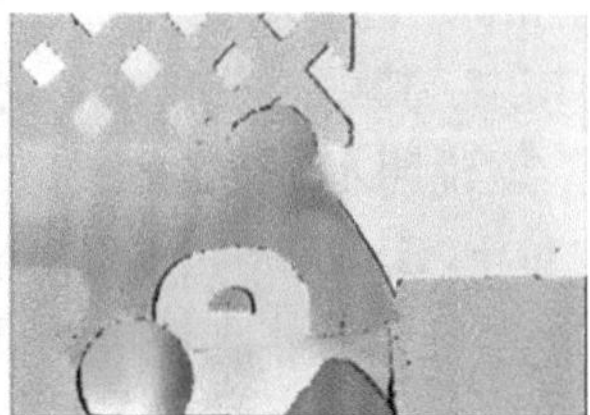

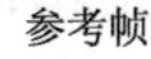

参考帧　　光流真实值

图 4-15 RubberWhale 序列参考帧及其光流真实值

图 4-16 展示了不同参数设置对本节光流计算方法精度的影响, 从图 4-16(a) 中可以看出, 随着平滑惩罚项控制参数 λ 数值的增加, λ_1 和 λ_2 对光流计算精度的影响是先呈现一种波动变化, 然后逐渐增加光流估计误差. 图 4-16(b) 显示随

着平滑项控制参数 τ 的增加, τ_1 和 τ_2 对光流计算精度的影响均呈现先减小后增加的趋势, 并在 $\tau_1 = \tau_2 = 10^{-2}$ 时同时达到最小. 从图 4-16(c) 中可以看出, 随着滤波窗口半径的增加光流计算误差呈现先减小后增大的趋势, 并且在 r=1 时计算精度最高. 因此, 综上所述, 本节算法设置 $r = 1$, $\tau_1 = \tau_2 = 10^{-2}$, $\lambda_1 = 2$, $\lambda_2 = 10^{-2}$.

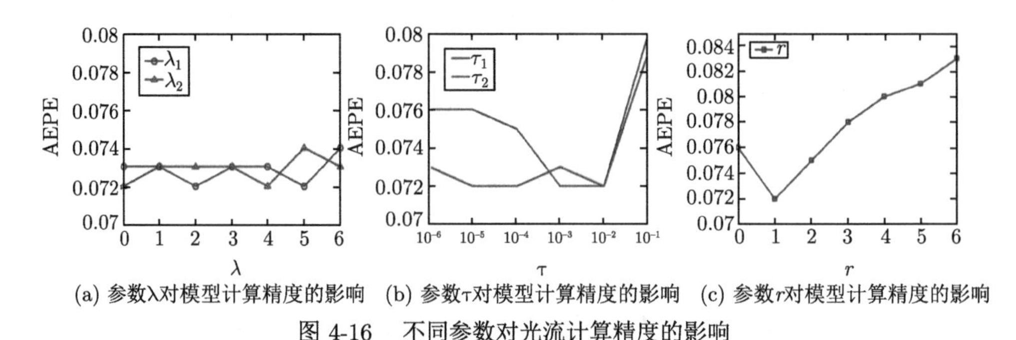

(a) 参数λ对模型计算精度的影响　(b) 参数τ对模型计算精度的影响　(c) 参数r对模型计算精度的影响

图 4-16　不同参数对光流计算精度的影响

2. 与 Baseline 方法对比

为了证明基于联合滤波的非局部 TV-L1 光流计算方法在提升传统 TV-L1 光流计算方法性能方面的效果. 首先将传统 TV-L1 光流方法作为基线方法, 命名为 Baseline, 然后, 将传统中值滤波方案应用于基准方法, 命名为 Baseline+M. 最后再将加权中值滤波方案应用于基线方法, 构建非局部 TV-L1 光流计算模型, 并将其命名为 Baseline+NL. 通过使用 Middlebury 标准图像序列测试集对上述基线方法和本节算法进行测试.

表 4-6 展示了本节算法与各基线方法在 Middlebury 图像测试集上的光流误差统计结果, 从表中可以看出, Baseline+M、Baseline+NL 和本节算法光流估计精度均高于 Baseline. 这说明在传统 TV-L1 光流方法中引入滤波技术可以大幅提高光流估计的精度. 其中本节算法相对于 Baseline+M 和 Baseline+NL 方法光流估计精度最高, 这说明本节算法具有较为优越的光流估计性能. 在 Dimetrodon 序列本节算法相对于 Baseline+M 和 Baseline+NL 方法出现了轻微误差增加现象, 这是因为该序列包含的非刚性运动造成图像中运动目标边缘轮廓结构发生一定改变, 使得本节所用的相互结构引导滤波方法无法获取较为准确的相互结构区域. 但是在其他序列, 本节算法光流估计误差精度全面高于所有基线方法.

图 4-17 以 Venus 和 Urban2 为例, 进一步展示了本节算法与各基线方法在光流估计效果方面的对比, 从图 4-17 中可以看到, Baseline 方法包含较多噪声和异常值; Baseline+M 方法由于使用了中值滤波方案, 有效地去除了光流中的噪声和异常值, 但是过度平滑和模糊现象较为突出; Baseline+NL 方法通过使用

加权中值滤波方案在一定程度上改善光流结果中的过度平滑问题, 但是在图像与运动边缘区域仍然存在部分模糊和信息缺失现象; 本节算法相对于 Baseline 和 Baseline+M 方法既有效地去除了光流中的异常值和噪声, 又较好地抑制了过度平滑现象的产生. 特别在图中蓝色标记的图像与运动边缘区域本节算法相对于 Baseline+NL 方法实现了最佳光流估计效果.

表 4-6 Middlebury 在线测试数据库光流估计误差

图像序列	Baseline	Baseline+M	Baseline+NL	本节算法
	AAE/AEE	AAE/AEE	AAE/AEE	AAE/AEE
RubberWhale	3.80/0.12	2.65/0.08	2.37/0.08	2.37/0.07
Dimetrodon	4.68/0.22	2.53/0.13	2.28/0.12	2.37/0.15
Hydrangea	2.22/0.19	1.79/0.15	1.82/0.15	1.79/0.15
Venus	5.53/0.34	4.14/0.27	3.26/0.23	3.12/0.23
Grove2	2.85/0.20	2.07/0.14	1.42/0.10	1.35/0.10
Grove3	6.81/0.69	6.05/0.62	4.91/0.47	4.22/0.42
Urban2	4.06/0.46	2.54/0.36	2.04/0.21	1.88/0.24
Urban3	7.52/0.86	4.60/0.57	3.04/0.42	2.83/0.53

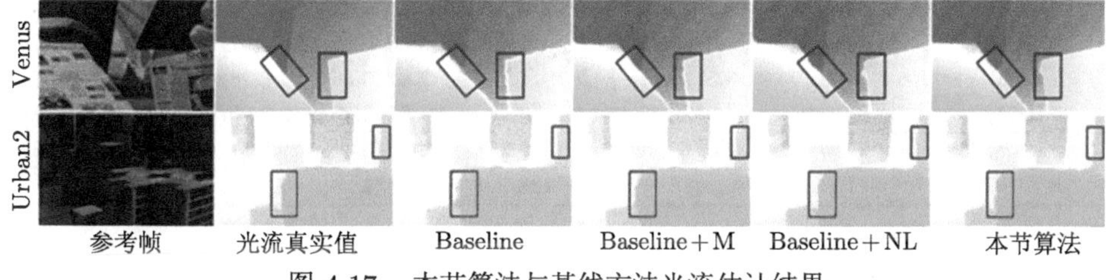

图 4-17 本节算法与基线方法光流估计结果

3. Middlebury 在线测试数据集测试结果

这里使用了 Middlebury 标准图像序列测试集中的在线测试数据集对本节算法和各对比方法进行在线测试, 以验证本节算法的光流估计的性能. 图 4-18 展示了 Middlebury 在线测试数据集中测试图像序列的参考帧及其对应光流真实值. 其中 Army 序列包含多运动目标场景, Mequon 序列包含较多纹理区域和弱遮挡运动场景, Schefflera 序列包含较多阴影区域, Wooden 序列和 Teddy 序列包含大位移运动, Grove 序列包含复杂边缘和运动间断, Urban 序列包含大位移和部分遮挡运动且边缘结构较为复杂, Yosemite 序列包含光照变化.

表 4-7 展示了各对比方法针对上述测试图像序列的光流估计误差及时间消耗统计, 从表中可以看出 FlowNet2.0 方法光流估计误差整体较大, 这是因为 Middlebury 在线测试数据集样本很小, 无法满足深度学习模型所需的训练样本需求. 本节算法虽然未在全部图像序列光流估计上取得最低的误差估计, 但是在大多数

图像序列上本节算法产生了具有竞争力的光流估计精度, 特别是在包含多运动目标和复杂边缘结构的 Army 和 Grove 序列上, 本节算法取得了最高的光流估计精度, 并且在平均误差指标上, 本节算法同样实现了最低的误差估计.

图 4-18 Middlebury 图像序列测试集中的训练集图像序列参考帧及其对应光流真实值

表 4-7 Middlebury 在线测试数据库光流估计误差及时间消耗对比 (时间消耗单位：s)

图像序列	LDOF	Classic++	MDPOF	Classic+NL	FlowNet2.0	本节算法
	AAE/AEE	AAE/AEE	AAE/AEE	AAE/AEE	AAE/AEE	AAE/AEE
Army	4.60/0.12	3.37/0.09	3.48/0.09	3.20/0.08	8.58/0.22	3.08/0.08
Mequon	4.67/0.32	3.28/0.23	2.45/0.19	3.02/0.22	9.39/0.67	3.27/0.23
Schefflera	5.63/0.43	5.46/0.43	3.21/0.24	3.46/0.29	8.06/0.61	3.02/0.25
Wooden	5.80/0.45	3.63/0.20	3.18/0.16	2.78/0.15	5.61/0.28	2.64/0.14
Grove	3.52/1.01	3.24/0.87	3.03/0.74	2.83/0.64	4.04/0.97	2.62/0.53
Urban	4.84/1.10	5.97/0.47	3.43/0.46	3.40/0.52	4.92/0.59	3.26/0.43
Yosemite	2.46/0.12	3.57/0.17	2.19/0.12	2.87/0.16	4.28/0.19	3.12/0.19
Teddy	4.85/0.94	4.01/0.79	4.13/0.78	1.67/0.49	2.05/0.60	2.11/0.52
平均 AAE/AEE	4.55/0.44	4.07/0.41	3.14/0.35	2.90/0.32	5.87/0.52	2.89/0.29
时间消耗	122	486	188	972	0.091	657

在时间消耗方面, 使用 GPU 加速计算的 FlowNet2.0 算法仍然时间消耗最少, 其他方法中本节算法时间消耗相对较大, 这是因为本节算法在计算过程需要遍历整幅图像来寻找相互结构区域.

为了更加具体地展示本节算法在图像与运动边缘区域的保护效果, 图 4-19 以 Army 和 Grove 序列为例, 分别展示了各对比方法在图像与运动边缘区域的光流估计效果对比. 从图中可以看出, LDOF 方法在边缘区域存在大量白色异常值和模糊现象; Classic++ 和 FlowNet2.0 方法均存在严重的过度平滑问题; MDPOF 和 Classic+NL 方法在边缘区域光流估计效果相对较好, 但是 MDPOF 方法模糊现象仍然突出, Classic+NL 方法在边缘区域出现模糊和信息缺失; 本节算法取得了最佳的边缘保护效果, 从图中可以看出本节算法估计结果更加接近于真实值, 这说明本节算法具有优良的边缘保护性能.

图 4-20 展示了本节算法与各对比方法针对在线数据集图像序列光流估计结果彩色编码图, 从图中可以看出, 本节算法仅在 Yosemite 序列光流估计效果较差, 这是因为 Yosemite 序列中缺乏丰富的边缘结构特征信息. 在其他序列本节算法

光流估计效果整体达到了最优, 尤其在针对复杂边缘结构、多目标运动、大位移等场景产生了更加精准的光流估计效果.

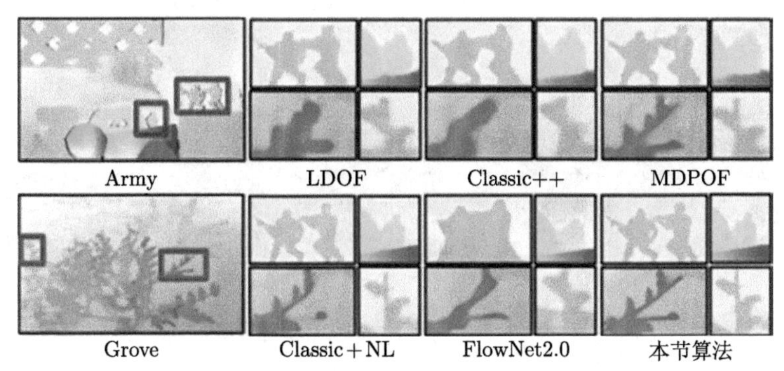

图 4-19 各对比方法在图像与运动边缘区域的光流估计结果

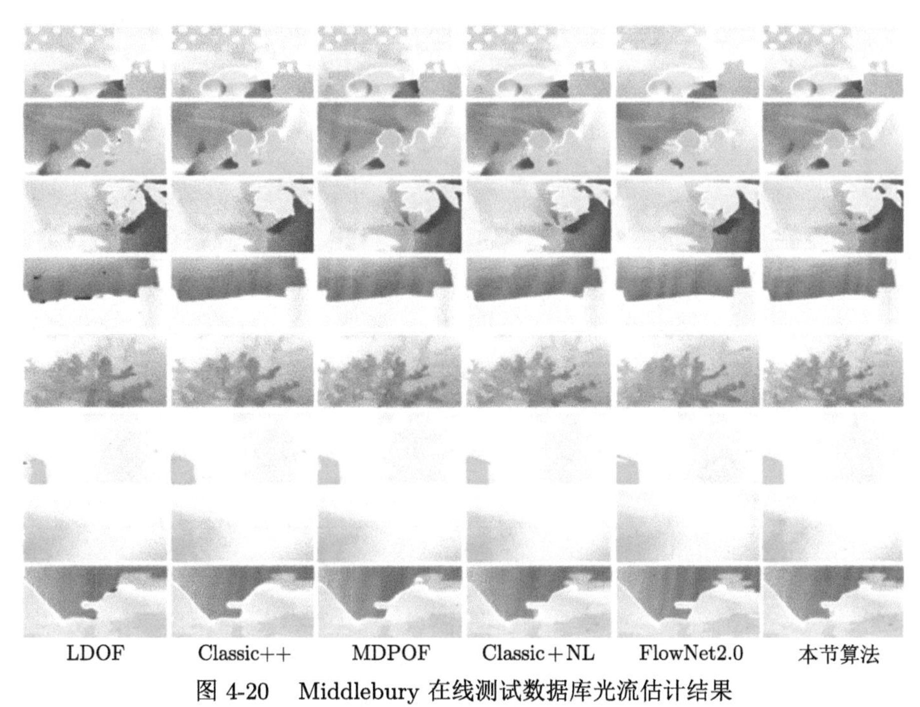

图 4-20 Middlebury 在线测试数据库光流估计结果

4. MPI-Sintel 图像序列测试结果

为了验证本节算法在其他图像序列测试上的光流估计精度与鲁棒性, 本节使用 MPI-Sintel 图像序列测试集对本节算法进行测试. 这里选用 MPI-Sintel 图像序列测试集中的 Bamboo_1、Market_6、Temple_2 和 Bamboo_2 序列为测试图像序列, 图 4-21 分别展示了上述测试图像序列的参考帧及其对应光流真实值. 其中 Bamboo_1 和 Bamboo_2 序列包含复杂场景, Market_6 序列包含大位移以及部分遮挡运动, Temple_2 序列同时包含大位移、遮挡和非刚性运动, 是典型的困难场景图像序列.

图 4-21　MPI-Sintel 测试图像序列

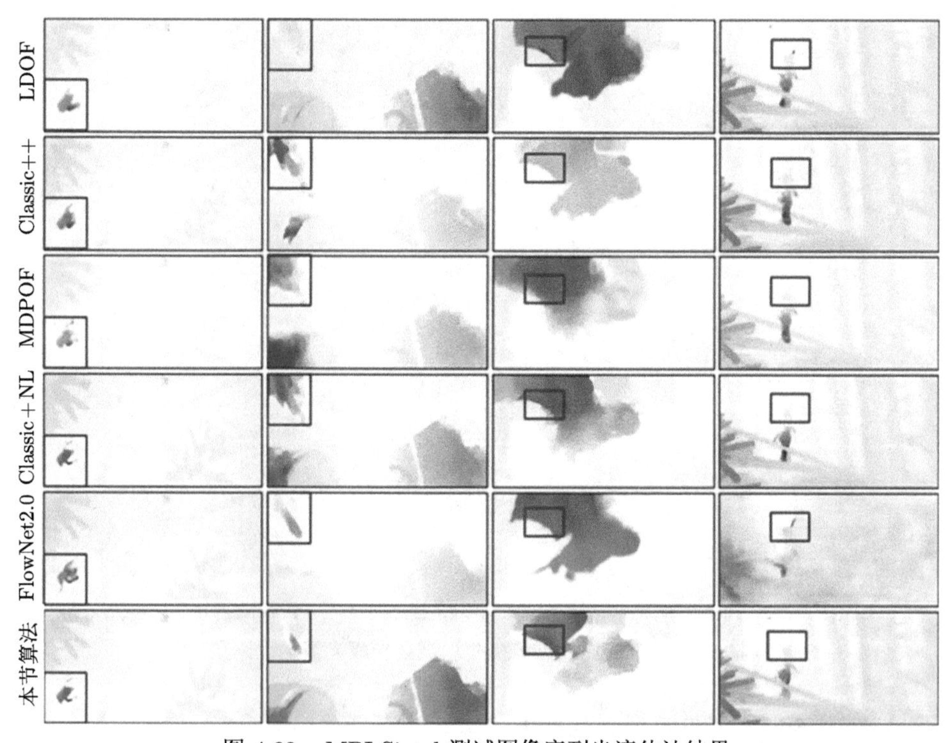

图 4-22　MPI-Sintel 测试图像序列光流估计结果

图 4-22 展示了本节算法与各对比方法针对 MPI-Sintel 测试图像序列光流估计结果彩色编码图, 从图 4-22 可以看出, LDOF 算法光流估计结果存在较多异常

值, 并且光流结果存在较为严重的模糊现象, 边缘区域光流估计效果较差; Classic++ 算法光流估计结果过度平滑现象较为突出; MDPOF 算法整体光流估计效果不佳, 尤其在边缘区域存在较大范围的误差; Classic+NL 和 FlowNet2.0 算法整体光流估计较好, 能够较为完整地估计出运动目标的轮廓结构, 但是 Classic+NL 算法在图像与运动边缘区域存在一定异常值和模糊, FlowNet2.0 算法光流结果存在较为明显的模糊和过度平滑现象; 本节算法光流估计效果整体较好, 尤其在图像与边缘区域取得了较为准确的估计效果, 如图中蓝色方框标记区域的边缘区域. 这说明本节算法具有较高的光流估计精度和图像与运动边缘保护效果.

表 4-8 展示了各对比方法针对上述测试图像序列的光流误差及时间消耗统计, 从表中可以看出, 本节算法平均 AEE 误差达到最低, 平均 AAE 误差指标略率高于 LDOF 和 MDPOF 算法, 产生该结果的原因是本节算法针对 Temple_2 序列光流估计 AAE 误差较高, 而导致平均 AAE 误差增加. 这说明本节算法在针对同时包含强遮挡和非刚性大形变运动的困难场景图像序列光流估计存在一定局限性, 但是, 在图像与运动边缘的保护效果上, 本节算法仍然优于其他对比方法.

表 4-8 MPI-Sintel 测试图像序列光流估计误差与时间消耗对比 (时间消耗单位：s)

对比方法	时间消耗	平均误差 AAE/AEE	Bamboo_1	Market_6	Temple_2	Bamboo_2
			AAE/AEE	AAE/AEE	AAE/AEE	AAE/AEE
LDOF	40.2	7.45/4.58	4.08/0.25	9.10/4.59	11.21/13.18	5.43/0.29
Classic++	338.4	13.51/7.01	4.02/0.24	17.42/8.36	27.73/19.16	4.87/0.27
MDPOF	451.0	8.68/0.94	4.21/0.24	11.55/1.55	14.03/1.74	4.94/0.24
Classic+NL	565.4	10.22/5.57	3.41/0.20	13.28/5.89	19.80/15.96	4.37/0.23
FlowNet2.0	5.0	12.40/1.50	6.43/0.36	11.14/2.20	15.24/2.77	16.79/0.68
本节算法	654.3	9.09/0.70	3.21/0.18	7.92/1.37	20.68/1.04	4.56/0.22

在时间消耗方面, 除在 GPU 环境运行的 FlowNet2.0 算法外, 本节算法时间消耗较大, 这是测试图像序列尺寸增加, 导致遍历整幅图像寻找相互结构区域的时间增大造成的.

5. UCF101 图像序列测试结果

最后, 为了定量分析本节算法在图像与运动边缘区域的保护效果, 本节使用 UCF101 数据集. 对本节所提方法进行测试. 由于 UCF101 数据集包括超过 13000 个短视频, 因此将其完全用于测试本节算法, 在时间消耗成本上是巨大的且难以实现. 为此本节选择 Sports 分类中的 BaseballPitch、Basketball、BenchPress、FieldHockey、TableTennis、TaiChi、TennisSwing 以及 YoYo 等 8 组视频作为测试之用, 以验证本节算法针对大位移运动、遮挡运动、小目标和非刚性运动场景的性能. 在进行测试之前本节首先将上述 8 组视频截取为每一帧图像, 最终共得到超过 1100 帧的测试图像.

图 4-23 展示了各对比方法针对上述图像序列的光流估计结果, 从图中可以看出本节算法光流估计结果与其他对比方法相比产生了具有竞争性的光流估计效果, 特别是在包括大位移、弱边界以及小目标运动的复杂场景图像序列上具有一定的优越性能. 例如, 在 BenchPress、FieldHockey 和 TableTennis 的序列上本节算法相对于其他方法更好地恢复了图像与运动边缘结构.

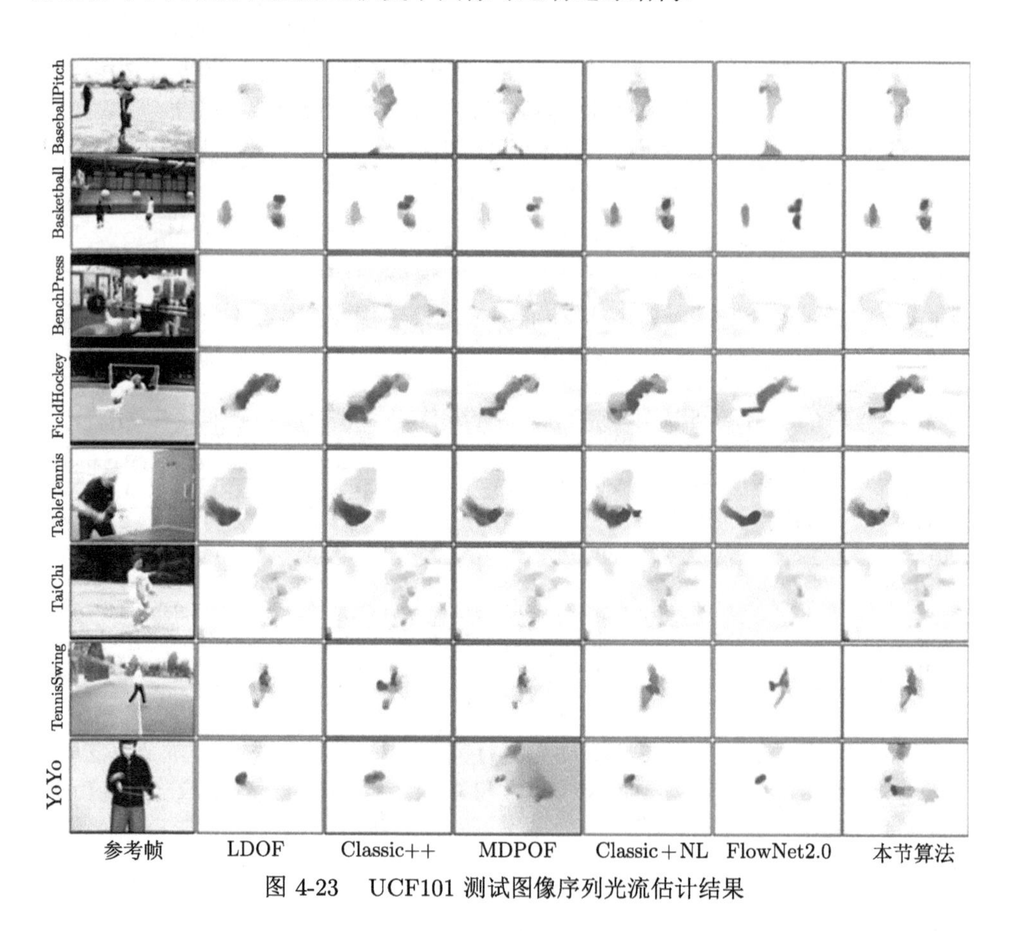

图 4-23　UCF101 测试图像序列光流估计结果

为了定量分析本节算法在图像与运动边缘保护方面的性能, 本节首先使用测试图像序列的前一帧和帧间光流估计结果, 预测出图像序列下一帧图像, 然后再使用 PSNR 和 SM 评价标准对预测图像进行量化评价. 表 4-9 展示了 8 组视频预测图像的误差统计结果, 从表中可以看出, 本节算法整体估计精度最高, 尤其是在 BaseballPitch、BenchPress、FieldHockey、TableTennis 和 YoYo 的序列上, 本节算法均实现了最高的误差估计精度, 这说明本节算法具有较高的光流估计精度和鲁棒性, 同时也间接地验证了本节算法具有显著的图像与运动边缘保护效果.

表 4-9 UCF101 测试图像序列误差统计

图像序列	LDOF	Classic++	MDPOF	Classic+NL	FlowNet2.0	本节算法
	PSNR/SM	PSNR/ SM	PSNR/ SM	PSNR/ SM	PSNR/ SM	PSNR/ SM
BaseballPitch	37.41/22.89	34.52/22.69	30.52/20.50	35.05/22.94	31.94/20.48	35.11/22.96
Basketball	42.17/27.80	41.87/27.70	38.70/26.26	42.33/27.77	40.58/26.40	42.49/27.85
BenchPress	20.77/16.99	20.81/16.99	20.04/16.40	21.29/17.03	20.82/16.69	21.34/17.06
FieldHockey	30.08/19.90	29.72/19.78	26.97/18.63	29.86/19.77	28.93/19.29	29.92/19.81
TableTennis	23.39/20.41	23.52/20.46	22.46/19.99	23.80/20.48	22.86/19.88	23.86/20.51
TaiChi	32.06/20.94	31.40/20.81	28.76/19.89	31.62/20.83	30.46/20.30	31.68/20.85
TennisSwing	35.04/25.89	35.12/25.89	33.52/25.07	35.65/25.97	33.89/24.79	35.72/26.01
YoYo	24.89/20.53	24.94/20.45	23.64/19.78	25.29/20.49	24.58/20.07	25.42/20.56
平均 PSNR/SM	30.39/21.92	30.23/21.85	28.08/20.82	30.61/21.91	29.26/20.99	30.69/21.95

4.7 本章小结

本章前四节主要对当前变分光流计算方法中常用的图像纹理结构分解优化策略、金字塔分层变形计算策略和非局部加权中值滤波优化进行较为详尽的介绍与分析.

4.5 节针对光照变化与大位移场景下图像序列光流计算的边缘模糊与过度分割问题, 提出了一种基于运动优化语义分割的变分光流计算方法. 首先构造归一化互相关变分光流计算模型, 提高光流计算的准确性与鲁棒性. 然后设计运动优化语义分割光流计算方法, 分别估计图像前景运动目标区域和背景区域的光流, 通过融合不同区域光流获得最终估计结果. 分别采用 Middlebury 和 UCF101 图像测试集对本节算法以及 Classic+NL、LDOF、JOF、FlowNet2.0、PWC-Net 等变分和深度学习光流计算模型进行实验对比. 实验结果表明本节算法能够有效提高光照变化、弱纹理和大位移运动场景光流估计的精度与鲁棒性, 同时具有边缘保护的特性.

4.6 节针对复杂场景下光流计算的图像与运动边缘模糊问题, 提出一种基于联合滤波的非局部 TV-L1 变分光流计算方法. 首先根据图像局部特征将其划分为相互结构区域、不一致区域和平滑区域等三种类型. 然后将相互结构区域作为引导信息, 提出图像光流相互结构引导滤波模型. 针对光流计算过程中的溢出点问题, 通过联合相互结构引导滤波与加权中值滤波, 提出基于非局部联合滤波的 TV-L1 变分光流估计模型, 在保护图像与运动边缘的同时有效提高了光流估计的鲁棒性. 实验结果表明, 本节所提方法针对复杂场景图像具有较高的光流估计精度与可靠性, 尤其对图像与运动边缘具有更好的保护效果.

第 5 章　图像局部匹配光流计算理论与方法

5.1　引　　言

第 3 章和第 4 章主要介绍了图像序列变分光流计算理论与方法和优化策略, 本章以此为基础, 介绍一种新的图像序列光流计算方法——图像局部匹配光流计算方法. 下面将以图像匹配模型为切入点, 重点介绍和叙述当前比较主流的两种图像局部匹配模型. 最后, 以基于图像相似变换的局部匹配光流计算方法和基于图像深度匹配的大位移运动光流计算方法为例介绍图像局部匹配模型如何应用于光流计算.

5.2　图像局部匹配模型

5.2.1　图像局部特征点匹配模型

在图像局部匹配光流计算方法中, 一种常见的匹配模型是图像局部特征点匹配模型. 图像局部特征点匹配模型顾名思义是利用图像中具有几何不变性、空间不变性以及尺度不变性的特征点也叫关键点进行匹配进而计算光流. 当前常用的局部特征点匹配模型为 SIFT 特征点匹配和 HOG 特征点匹配模型. 下面将对这两种匹配模型进行详细介绍.

1. SIFT 特征匹配光流计算模型

SIFT 全称为 Scale Invariant Feature Transform, 即尺度不变特征变换, 是 David G. Lowe 在 2004 年首次提出. 其是一种对图像旋转和缩放在同一尺度空间内基本保持不变的局部特征描述算子. SIFT 特征提取算法大致可以分为四个步骤: ① 尺度空间极点检测; ② 关键点定位; ③ 特征点方向计算; ④ 生成特征点描述符.

1) 尺度空间极点检测

首先构建尺度空间, 通过生成尺度空间创建原始图像的多层次表示, 以保证尺度和方向的不变性. 通常情况下, 使用高斯拉普拉斯算子 (LOG, Laplacian of Gaussian) 便可以很好地找到图像中的兴趣点. 然而, 这种方法存在计算量过大的问题, 针对该问题, 一种通用的方法是采用高斯差分函数 (DOG, Difference of Gaussian Function) 进行计算. 在 SIFT 特征提取中, 图像的尺度空间 $L(x, y, \sigma)$,

可以定义为不同尺度的高斯差分函数 $G(x,y,\sigma)$ 和图像 $I(x,y)$ 的卷积, 可公式化如下：

$$L(x,y,\sigma)=G(x,y,\sigma)*I(x,y) \tag{5-1}$$

$$G(x,y,\sigma)=\frac{1}{2\pi\sigma^2}e^{-\frac{x^2+y^2}{2\sigma^2}} \tag{5-2}$$

式中, $(x,y)^{\mathrm{T}}$ 表示像素点位置, σ 表示尺度空间因子, $*$ 表示卷积.

为了减少计算量, Lowe 提出采用高斯差分函数检测极值, 即通过相邻两个尺度的高斯函数差构建尺度空间, 如式 (5-3) 所示：

$$D(x,y,\sigma)=[G(x,y,k\sigma)-G(x,y,\sigma)]*I(x,y)=L(x,y,k\sigma)-L(x,y,\sigma) \tag{5-3}$$

高斯差分函数的原理如图 5-1 所示.

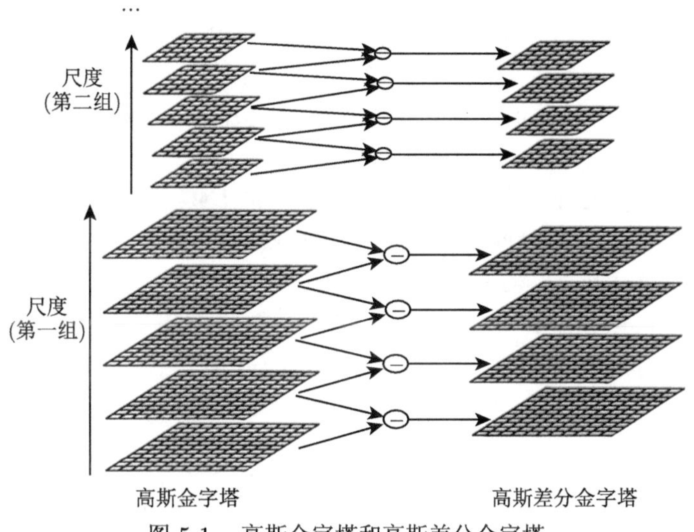

图 5-1 高斯金字塔和高斯差分金字塔

图 5-1 中左侧为高斯金字塔, 右侧为高斯差分金字塔, 其中高斯差分金字塔是由左侧高斯金字塔相邻两层相减得到. 图 5-1 下半部分为第一阶图像, 上半部分为第二阶图像, 其中上面一阶图像是由下面一阶的图像进行降采样得到的, 且每一阶中含有不同尺度的图像, 若假设第一层的尺度系数为 σ, 那么第二层为 $k\sigma$, 第三层为 $k^2\sigma$, 以此类推.

SIFT 特征提取中极值点是指差分图像中局部像素点灰度的极大或极小值. 即若采样点比其周围 26 个邻域点的值都大或者都小, 则作为潜在的极值点.

2) 关键点定位

为了较为精准地定位到关键点, 一般在每个潜在的关键点的位置, 利用子像素插值法. 即利用已知离散空间点插值得到连续空间极值点, 对尺度空间 DOG 进行曲线拟合, 以确定关键点的位置和尺度及主曲率比等参数信息. 然后根据它们的稳定性进行关键点定位, 即去除对比度低和不稳定的边缘响应点, 该过程可公式化如下：

$$D(X) = D + \frac{\partial D^{\mathrm{T}}}{\partial X}X + \frac{1}{2}X^{\mathrm{T}}\frac{\partial^2 D}{\partial X^2}X \tag{5-4}$$

$$\hat{X} = -\frac{\partial^2 D^{-1}}{\partial X^2}\frac{\partial D}{\partial X} \tag{5-5}$$

$$D(\hat{X}) = D + \frac{1}{2}\frac{\partial D^{\mathrm{T}}}{\partial X}\hat{X} \tag{5-6}$$

其中, 式 (5-4) 为高斯差分函数 $D(x, y, \sigma)$ 的 Taylor 二次展开式. $X = (x, y, \sigma)^{\mathrm{T}}$ 展开是极值点到采样点之间的偏移量, 式 (5-5) 为式 (5-4) 对 X 求导并使其等于 0 时得到的极值点的位置. 将式 (5-5) 代入到式 (5-4) 中可以得到式 (5-6)，即极值点的函数值 $D(\hat{X})$, 通过 $D(\hat{X})$ 可以剔除不稳定的低对比度的极值点.

3) 特征点方向计算

通过给提取的每个关键点分配方向, 可以使后续关键点具有旋转不变性, 主方向的选择一般通过关键点邻域梯度分布计算, 即在关键点所在尺度层内, 选择该点周围邻域像素区域, 邻域内各采样点的梯度方向构成一个方向直方图, 根据直方图的峰值可以确定关键点的方向. 因为是在同一尺度层内计算的, 所以保证后续描述子具有尺度不变性. 对于邻域内的每个采样点 $L(x, y)$, 其梯度幅度值和方向可由式 (5-7) 和 (5-8) 得到

$$m(x, y) = \sqrt{[L(x+1, y) - L(x-1, y)]^2 + [L(x, y+1) - L(x, y-1)]^2} \tag{5-7}$$

$$\theta(x, y) = \arctan\frac{L(x, y+1) - L(x, y-1)}{L(x+1, y) - L(x-1, y)} \tag{5-8}$$

其中 $m(x, y)$ 为梯度幅度值, $\theta(x, y)$ 为梯度方向.

梯度直方图将 360° 均分为 36 个块, 每个块包含 10°. 将峰值最大的作为该关键点的主方向. 如果存在为最大峰值 80%的峰值, 则该方向也可以判定为该关键点的方向, 所以 SIFT 特征提取中存在少数具有相同位置和尺度、不同方向的关键点. 一般具有多方向的关键点通常只有 15%左右, 但此类关键点却可以显著提高后续匹配的稳定性. 关键点的尺度用来确定某个高斯滤波图像参与计算, 对选择邻域的大小存在一定影响.

4) 生成特征点描述符

经过上述几个步骤，已经找到了图像中的关键点，并为每个关键点指明了位置、尺度和方向，通过这些参数，便可以求解关键点局部特征描述子.

计算关键点的局部特征描述子首先要计算关键点周围邻域内的梯度幅度值和梯度方向，并进行叠加. 邻域区域大小与分配方向时的邻域大小相同. 为了使获得的描述子具有旋转不变性，需要将其坐标系与关键点的主方向保持一致. 在这一过程中，引入一个高斯加权函数，使得离关键点近的点占大的权重，反之离关键点远的占小的权重，这样有利于保证描述子的稳定性.

Lowe 建议描述子使用在关键点尺度空间内 4×4 的窗口中计算的 8 个方向的梯度信息，共 $4\times4\times8=128$ 维向量表征. 如图 5-2 所示，左边是以关键点为中心的 16×16 的邻域窗口，将其划分为 4×4 的小窗口，并计算每个小窗口的梯度方向直方图，并将梯度方向划分为 8 个方向，每个方向的大小是由该窗口内的像素点在该方向的梯度值经过高斯加权后叠加得到的，最终形成如图 5-2 右侧中 $4\times4\times8=128$ 维的特征向量描述子.

求得关键点的描述子后，根据描述子进行匹配. SIFT 特征提取算法中采用欧氏距离作为关键点的相似性度量，并采用最近邻比值法确定是否可以作为匹配点.

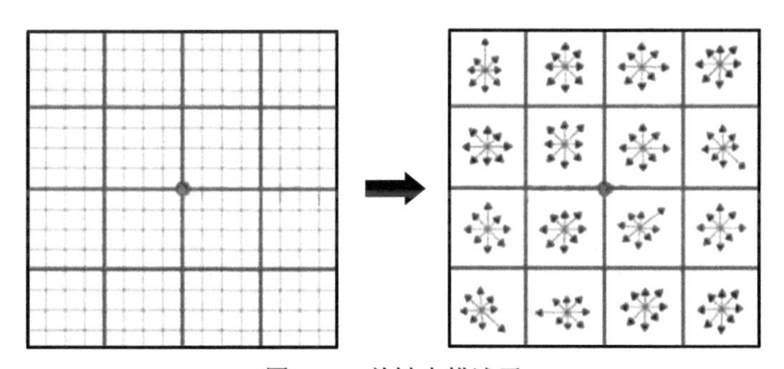

图 5-2 关键点描述子

5) SIFT 特征匹配光流计算模型

不同场景的图像在 RGB 值及其梯度方面可能有很大不同. 此外，潜在对应对象或场景部分之间的像素位移幅度可能比时间序列的典型运动场幅度大得多. 这就导致变分光流计算模型中常见的亮度恒定性和均匀正则化假设不再有效.

为了解决这些问题，SIFT 特征匹配光流计算模型被提出. 首先，假设通过上述 SIFT 特征提取算法在每个像素位置提取的 SIFT 特征描述符相对于像素位移场是恒定的. 由于 SIFT 特征描述符表征视图不变和亮度独立的图像结构，因此，匹配 SIFT 特征描述符允许在具有明显不同图像内容的图像之间建立有意义的对应关系. 其次，允许一个图像中的像素匹配另一幅图像中的任何其他像素，换句话说, 像素位移可以和图像本身一样大. 同时, 通过附近像素具有相似的位移来保持像素位移场的平滑度 (或空间相干性). 最后, 将对应搜索公式化为图像格上的离散优化问题, 则 SIFT 特征匹配光流计算模型能量函数可表示如下:

$$E(w)=\sum_{p}\|s_1(p)-s_2(p+w)\|_1+\frac{1}{\sigma^2}\sum_{p}(u^2(p)+v^2(p))$$
$$+\sum_{(p,q)}\min(\alpha|u(p)-u(q)|,d)+\min(\alpha|v(p)-v(q)|,d) \tag{5-9}$$

其中 $w(p)=(u(p),v(p))$ 是像素位置 $p(x,y)^{\mathrm{T}}$ 处的位移矢量, $s_i(p)$ 是图像 i 中位置 p 处提取的 SIFT 描述符, ε 是一个像素的空间邻域 (一般为 4 邻域结构). 使用树重新加权消息传递算法 (TRW-S) 对能量函数 (5-9) 进行优化, 即可得到最终所需的光流结果. 在能量函数 (5-9) 中, 第一项中使用 L1 范数来解释 SIFT 匹配中的异常值, 第三项中使用阈值 L1 范数, 正则化项中对像素位移场的不连续性进行建模. 与旋转不变鲁棒流动正则化项相比, 模型中的正则化项是解耦的并且依赖于旋转, 因此计算对于大位移是可行的. 与使用二次正则化项不同, 模型中的阈值 L1 正则化项可以保留不连续性.

2. HOG 特征匹配光流计算模型

HOG (Histogram of Oriented Gridients), 方向梯度直方图, 是目前计算机视觉、图像分类领域常用的描述图像局部纹理特征的算法. 其是根据 SIFT 算法演变而来, 继承了 SIFT 算法的特点, 对于发生几何和光学的变化具有一定程度的不变性, 近年来, 有很多学者将 HOG 特征引入到光流计算中. 边缘或者梯度的方向密度分布能够将图像的局部特征区域很好的表达, HOG 算法正是根据这种思想, 对梯度信息进行统计分析, 然后总结出特征表达, HOG 特征首先统计某个指定区域的不同梯度方向及其梯度幅值, 进行累积并形成直方图, 然后形成方向向量, 也就是作为特征, 输入到分类器里面, 最后进行分类识别.

1) HOG 特征提取算法的提取步骤:

(1) 灰度化: 先对输入图像进行灰度化预处理;

(2) Gamma 校正: 采用 Gamma 校正法对输入图像进行归一化处理. 其目的是为了减少图像局部的阴影和光照变化所造成的影响, 同时可以降低噪声的干扰, Gamma 校正公式如下:

$$H(x,y)=H(x,y)^{gamma} \tag{5-10}$$

(3) 计算图像梯度: 计算图像水平方向和垂直方向的梯度, 并根据此计算每个像素位置的梯度方向值. 一般使用 $[-1,0,1]$ 作为计算模板计算输入图像水平方向

的梯度分量得到 x 方向的梯度分量 G_x, 然后用 $[-1,0,1]^{-1}$ 为计算模板计算输入图像垂直方向的梯度分量, 得到 y 方向的梯度分量 G_y. 其计算公式如下：

$$G_x(x,y)=H(x+1,y)-H(x-1,y) \tag{5-11}$$

$$G_y(x,y)=H(x,y+1)-H(x,y-1) \tag{5-12}$$

式中 $G_x(x,y)$ 表示点 (x,y) 处的水平方向梯度, $G_y(x,y)$ 表示垂直方向梯度, $H(x,y)$ 表示像素值.

$$G(x,y)=\sqrt{G_x(x,y)^2+G_y(x,y)^2} \tag{5-13}$$

$$\alpha(x,y)=\arctan\left(\frac{G_y(x,y)}{G_x(x,y)}\right) \tag{5-14}$$

其中 $G(x,y)$ 表示输入图像在像素点 (x,y) 的梯度幅值, $\alpha(x,y)$ 表示图像在像素点 (x,y) 的梯度方向.

(4) 基于梯度幅值和方向权重投影：HOG 算法将样本图像分成若干个块, 每个块由 2×2 个单元格组成, 每一个单元格是由 8×8 个像素点组成, 用块对图像进行扫描, 扫描步长为 8 个像素点. 将像素的梯度从 0° 到 360° 平均划分为 9 个区间, 每个区间占比 40°, 其示意图如下 (图 5-3).

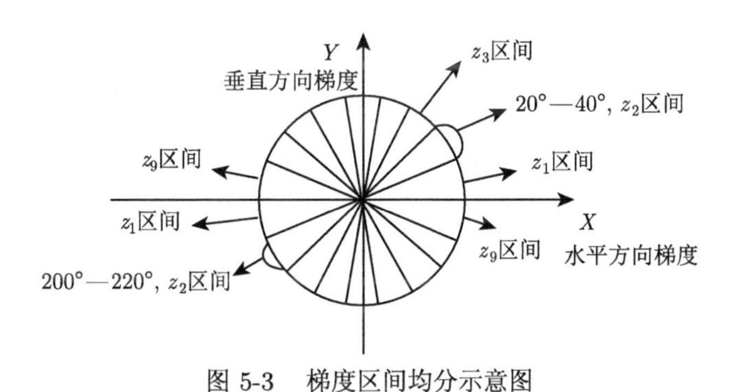

图 5-3 梯度区间均分示意图

然后通过计算像素点的梯度幅值以及方向, 并为其所在 bin 进行加权投票, 每个 bin 的权重值就是该像素点的梯度幅值.

(5) 提取 HOG 特征矢量：对每一个重叠 block 块内的 cell 进行对比度的归一化, 归一化后对于每个 block 中 cell 的特征直方图, 将其串联起来, 就可以得到该 block 的特征直方图, 然后串联所有 block 形成的特征直方图, 得到该图像的 HOG 特征矢量.

3. HOG 特征匹配光流计算模型

针对图像模糊、大位移、图像大梯度区域过多等带来的数据项和平滑项无法约束的非线性问题. 一种有效的方法是将获取的 HOG 特征描述符作为匹配约束项加入到变分光流计算能量方程中. 正如上文所述, HOG 特征匹配最大的特点是基于局部图像区域的梯度大小和方向统计. 而在光流计算中, 大位移又是亟需解决的重大难题, 因此通过引入 HOG 特征匹配项可以有效提高数据项、平滑项的稳定性.

HOG 特征匹配项定义为

$$E_{HOG}(u,v) = \psi[(u - u_{HOG})^2 + (v - v_{HOG})^2] \tag{5-15}$$

将其集成于变分能量方程, 则有

$$E(u,v) = E_{data}(u,v) + E_{smooth}(u,v) + E_{HOG}(u,v) \tag{5-16}$$

为了提高对光照变换的鲁棒性, 一般对数据项加入了梯度守恒. 为了保护图像和运动边缘, 对平滑项采取图像驱动的各向异性平滑策略. 加入了 HOG 特征匹配项提高变分光流计算模型对图像模糊、大位移及较复杂的图像环境的鲁棒性.

5.2.2 图像局部区域匹配模型

当图像序列中物体或场景的位移较小时, 一般的变分光流计算方法可以得到较准确的光流计算结果. 但是, 当图像序列中包含大位移运动时, 由于像素点可能存在灰度突变现象, 因此光流估计结果往往不可信. 基于图像局部区域匹配模型是通过快速搜索图像序列中对应区域内的所有像素点, 找出两帧图像中最大相关或最小误差的对应像素点, 根据得到的像素点计算出对应的光流矢量. 假定 I_1 和 I_2 为相邻两帧图像, 图像大小为 $ht \times wt$. 在图像 I_1 中以像素点 $(x,y)^{\mathrm{T}}$ 为中心取一个大小为 $(2n+1)\times(2n+1)$ 的相关搜索区域 K_1; 同时在图像 I_2 中以像素点 $(x,y)^{\mathrm{T}}$ 为中心取一个大小为同样 $(2n+1)\times(2n+1)$ 的相关搜索区域 K_2. 其中 $0 < n < \min(ht \times wt)$, 当 n 的取值过小时, 相关搜索区域较小会使得光流计算结果不准确; 而当 n 的取值过大时, 相关搜索区域较大又会使得计算效率降低. 通常情况下, 相关搜索区域的大小可根据两图像间最大可能位移的先验知识来调整, 为了在保证计算精度的同时不降低计算效率, 取 $n = 3$, 则相关搜索区域的大小为 7×7, 那么基于光流的区域匹配项可以表示为

$$E_{match} = \sum_{i,j}^{d} \varphi[(u - u_{i,j})^2 + (v - v_{i,j})^2] = \int_D \varphi[(u - u_{i,j})^2 + (v - v_{i,j})^2] dX \tag{5-17}$$

式 (5-17) 中, $\varphi(\cdot)$ 是与数据项保持相同形式的非平方惩罚函数, 用来保证区域匹配项的连续性和鲁棒性. $(u_{i,j}, v_{i,j})^{\mathrm{T}}$ 表示图像像素点 $(i,j)^{\mathrm{T}}$ 邻域内的光流矢量, d 为相关搜索区域的长度, D 表示相关搜索区域的大小. 将式 (5-17) 与变分光流计算能量函数相结合, 可以得到基于图像局部结构的区域匹配模型变分光流计算能量函数:

$$\begin{aligned}\varepsilon = & \int_{\Omega} \{\varphi[(I(X+W)-I(X))^2 + (T(X+W)-T(X))^2] \\ & + J(|\nabla I|)\cdot\varphi[(|\nabla u|^2 + |\nabla v|^2)]\}dX + \int_{D} \varphi[(u-u_{i,j})^2 + (v-v_{i,j})^2]dX\end{aligned} \tag{5-18}$$

式 (5-18) 中, 相关搜索区域 $D \in \Omega$.

通过上面的理论介绍, 对匹配光流计算模型的理论方法以及模型构建有了初步的认识和理解. 下面将以两个典型的基于图像局部区域匹配模型的光流计算方法为例, 详细介绍图像局部区域匹配模型如何实现光流计算和其对光流计算的影响.

5.3 基于图像相似变换的局部匹配光流计算方法

现阶段, 虽然自然场景下光流计算的精度与可靠性已大幅提高, 但是当图像序列中包含非刚性运动、大位移以及运动遮挡等困难运动场景时, 光流计算的准确性与鲁棒性还有待进一步提升. 针对以上问题, 本节提出一种基于非刚性稠密匹配的 TV-L1 光流估计方法. 首先, 使用非刚性稠密块匹配计算图像序列最近邻域场, 并根据相邻块的一致性消除最近邻域场的非一致性区域. 然后, 通过 Quadratic Pseudo-Boolean Optimization (QPBO) 融合算法对 TV-L1 模型光流估计进行大位移运动补偿, 以进一步提高大位移运动光流估计的精度和鲁棒性.

5.3.1 非局部 TV-L1 光流估计模型

对于图像序列中连续两帧图像, 假设第一帧图像中任意像素点的坐标为 $X = (x,y)^{\mathrm{T}}$, 亮度值为 $I(X,t)$. 在第二帧图像中, 该像素点的位置移动到 $X + w = (x+u, y+v)^{\mathrm{T}}$ 处, 亮度值为 $I(X+w, t+1)$. 当两帧图像时间间隔趋近于零时, 两帧图像间对应像素点的亮度恒等不变, 则图像序列亮度守恒假设可以表示如下:

$$I(X+w, t+1) - I(X,t) = 0 \tag{5-19}$$

式 (5-19) 中, $w = (u,v)^{\mathrm{T}}$ 表示图像像素点 $X = (x,y)^{\mathrm{T}}$ 处的光流. 根据式 (5-19) 求解图像序列光流是典型的孔径问题, 因此需对其进行正则化以确保图像序列光流估计具有唯一解.

近年来,随着图像滤波技术的快速发展,基于加权中值滤波的非局部约束 TV-L1 光流估计模型逐渐成为变分光流估计的通用方法,其能量泛函模型如下所示:

$$E(u,v) = \iint_{\Omega} \left\{ \varphi\left((I(X+w,t+1)-I(X,t))^2\right) + \varphi(|\nabla u|^2 + |\nabla v|^2) \right\} dX + \lambda_{NL} \sum_{i,j} \sum_{(i',j')\in N_{i,j}} (|u_{i,j} - u_{i',j'}| + |v_{i,j} - v_{i',j'}|) \tag{5-20}$$

式 (5-20) 中, $w=(u,v)^{\mathrm{T}}$ 表示图像序列稠密光流场. $\nabla = (\partial x, \partial y)^{\mathrm{T}}$ 表示图像梯度算子, $\varphi\left(x^2\right) = \sqrt{x^2+\varepsilon^2}$ 是 Charbonnier 非平方惩罚函数, 其中 $\varepsilon = 0.001$ 是常数项. λ_{NL} 是非局部约束项权重, $N_{i,j}$ 是以像素点 $(i,j)^{\mathrm{T}}$ 为中心的图像局部区域, $(i',j')^{\mathrm{T}}$ 表示该区域内任意邻域像素点.

不难发现, 式 (5-20) 中包含了非局部约束项和半隐式项, 因此对式 (5-20) 直接最小化计算光流十分困难. 通过引入耦合项将非局部约束项转换为基于金字塔分层迭代的加权中值滤波优化模型, 既解决了非局部约束光流计算模型的线性化问题, 又能够消除光流计算过程中的溢出点, 提高光流估计的鲁棒性. 但由于该模型未考虑非刚性运动、大位移以及复杂场景对光流计算的影响, 光流估计精度和鲁棒性明显下降.

5.3.2 基于非刚性稠密匹配的最近邻域场

1. 最近邻域搜索

假设图 A 和图 B 是图像序列中的相邻两帧图像, 图像序列最近邻域场可定义为一个函数 $T^{\mathrm{A-B}}$. 其中, $T^{\mathrm{A-B}}$ 表示图 A 与图 B 中对应匹配块的偏移量, 即图 A 中块的坐标与匹配到的图 B 中相似块坐标的位置偏移集合. 首先设置图像块尺寸为 8×8, 然后使用非刚性稠密块匹配算法对图像序列进行最近邻域搜索得到一个初始的最近邻域场, 可用如下公式表示:

$$T^{\mathrm{A-B}} = \arg\min \sum_{a,b\in\Omega} \|A_a - B_b\|_2 \tag{5-21}$$

式 (5-21) 中, $T^{\mathrm{A-B}}$ 表示图 A 和图 B 间的最近邻域场变换, 分别包含了横向位移 T_x、纵向位移 T_y、角度旋转 $T_{rotation}$ 和尺度变换 T_{scale}. 符号 A_a 和 B_b 分别表示图 A 中的块 a 和图 B 中的匹配块 b.

2. 相邻块一致性判断

虽然初始最近邻域场能够表示图像序列中对应块的位置偏移, 但由于其是根据单独块与块之间的匹配计算而得, 因此通常包含较多的非一致性块, 即错误的块匹配结果. 鉴于图像局部区域相邻块的最近邻域场变换应当存在较强的相似性, 因此可以通过图像中相邻块的最近邻域场变换对图像相邻块的一致性进行判断. 首先定义:

定义 1 如果图像中相邻块在初始最近邻域场中的变换是相似的, 则此相邻块为一致性的块对.

如图 5-4 所示, 假设块 a 和块 c 是图 A 中的两个相邻块, 它们在图 B 中的匹配块分别是 b 和 d, 对应的最近邻域场变换分别表示为 T^{a-b} 和 T^{c-d}. 块 b' 是利用块 c 的最近邻域场变换 T^{c-d} 计算得到的块 a 在图 B 中的对应匹配块. 图 5-4 中, 符号 a_c, b_c, c_c, d_c 和 b'_c 分别表示块 a、块 b、块 c、块 d 和块 b' 的中心像素点坐标.

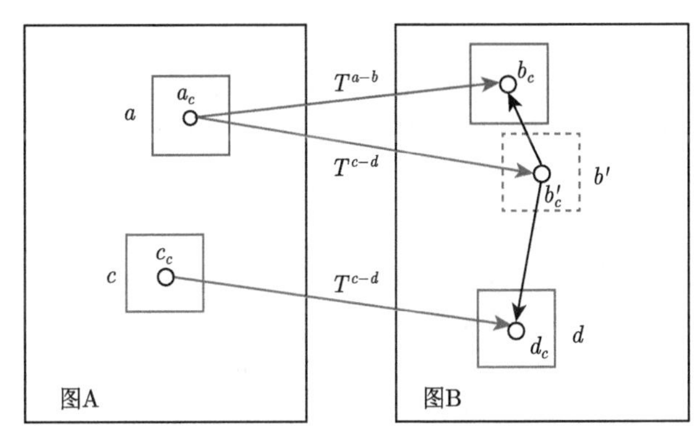

图 5-4 相邻块的一致性判断示意图

根据定义 1 可知, 如果块 a 和块 c 是一致性的相邻块, 则块 a 和块 c 对应的最近邻域场变换 T^{a-b} 和 T^{c-d} 应相同或相似. 因此, 当块 b 和块 b' 的中心点 b_c 与 b'_c 之间的距离足够小时, 表示最近邻域场变换 T^{a-b} 和 T^{c-d} 相同或相似, 此时块 a 和块 c 满足定义 1 中的一致性块对判断准则. 本节算法利用图像匹配块中心点的距离对相邻块的一致性进行判断. 由于最近邻域场变换 $T^{\mathrm{A-B}}$ 可能包含尺度变换, 因此在测量块中心点的距离时对其进行 2-范数标准化, 则图像相邻块的非一致性测度定义如下:

$$IC(a,c)=\frac{\|b_c-b'_c\|_2}{\|d_c-b'_c\|_2} \tag{5-22}$$

式 (5-22) 中, $IC(a,c)$ 表示图 5-4 中块 a 和块 c 的非一致性测度. $\|b_c-b'_c\|_2$ 和 $\|d_c-b'_c\|_2$ 分别表示块 b' 中心点 b'_c 与块 b 中心点 b_c 和块 d 中心点 d_c 的 2-范数标准化距离. 由式 (5-22) 可知, 当非一致性测度 $IC(a,c)$ 的值越小时, 表示最近邻域场变换 T^{a-b} 和 T^{c-d} 的相似度越高, 则块 a 和块 c 的一致性越强; 反之, 当

非一致性测度 $IC(a,c)$ 的值越大时, 表示最近邻域场变换 T^{a-b} 和 T^{c-d} 的相似度越低, 则块 a 和块 c 的非一致性越强.

为了对图像相邻块进行一致性与非一致性区分, 本节算法引入阈值 τ_{local} 对相邻块的一致性测度进行判断:

$$\begin{cases} 当IC(a,c) \leqslant \tau_{local} \text{ 时}, & 块a \text{ 和块}c \text{ 为一致性相邻块} \\ 当IC(a,c) > \tau_{local} \text{ 时}, & 块a \text{ 和块}c \text{ 为非一致性相邻块} \end{cases} \tag{5-23}$$

式 (5-23) 中, τ_{local} 是图像块一致性判断阈值, 通常取 $\tau_{local} \in (0,1)$. 当 τ_{local} 取较小值时, 一致性相邻块数量较少. 当 τ_{local} 取较大值时, 一致性相邻块数量较多.

3. 消除非一致性区域

虽然通过相邻块的一致性判断可以剔除图像序列最近邻域场中的非一致块, 但是仅在块层次对最近邻域场进行优化会导致一致性块的中断与闭塞, 即优化后的最近邻域场由分散的一致性块组成. 鉴于一个区域匹配错误的可能性要远远低于一个单独块匹配错误的可能性. 因此, 本节算法通过图像局部区域的一致性消除最近邻域场中的非一致性区域.

定义 2 对于图像的局部区域, 如果该区域内大部分的相邻块是一致性的, 则该区域为一致性区域. 相反, 如果该区域内大部分的相邻块是非一致性的, 则该区域为非一致性区域.

假设图像中任意局部区域 Z, 该区域内包含相邻块的数量为 $|Z|$. 则根据定义 2 中图像局部区域与相邻块的一致性对应关系, 定义图像局部区域的非一致性测度为

$$NC(Z) = \frac{|\{(a,c) \in Z \quad \text{s.t. } IC(a,c) > \tau_{local}\}|}{|Z|} \tag{5-24}$$

式 (5-24) 中, 分子是图像局部区域 Z 中包含的非一致性相邻块的数量, $NC(Z)$ 表示区域 Z 中非一致性相邻块占该区域块总数的比值. 一方面, 当图像区域较小时发生偶然匹配正确可能性较大; 另一方面, 当图像区域较大时会导致计算效率过低. 因此本节算法设置局部区域 Z 的大小为 32×32, 即每个局部区域包含 16 个相邻块, 则图像非一致性区域可由式 (5-25) 给出:

$$\begin{cases} 当\ NC(Z) \leqslant \tau_{global} \text{ 时}, & 局部区域\ Z \text{ 为一致性区域} \\ 当\ NC(Z) > \tau_{global} \text{ 时}, & 局部区域\ Z \text{ 为非一致性区域} \end{cases} \tag{5-25}$$

式 (5-25) 中, τ_{global} 是图像局部区域非一致性判断阈值, 本节算法取 $\tau_{global} = 0.5$. 即局部区域 Z 中大部分相邻块为非一致性块时, 该区域为非一致性区域, 将该区域内的像素点从初始最近邻域场消除; 反之, 当局部区域 Z 中大部分相邻块为一

致性块时, 该区域为一致性区域, 将初始最近邻域场中该区域像素点保留. 对图像初始最近邻域场中所有区域进行一致性判断, 消除所有的非一致性局部区域, 可得到本节的非刚性稠密匹配最近邻域场.

5.3.3 基于非刚性稠密匹配的 TV-L1 光流估计

1. 基于非刚性稠密匹配的最近邻域光流估计

为了消除非刚性稠密匹配最近邻域场中可能包含的噪声, 首先利用平移和相似变换从最近邻域场中分割出其包含的主要光流模式. 假设最近邻域场中包含 J 个主要光流模式 w, 其正交投影矩阵集合为 $P = \{P_1, \cdots, P_J\}$. 由于非刚性运动的存在, 主要光流模式本身不足以重构邻域光流场. 本节算法允许每个主要光流模式存在一定的小的扰动偏差, 定义主要光流模式周围扰动偏差为 $\Omega(w) = \{w(x,y) | \|w(x',y') - w(x,y)\|^2\}$. 基于运动分割的非刚性稠密匹配最近邻域光流估计能量泛函可表示为

$$E(u^*, v^*) = \sum_{x,y} \varphi_d(I(x,y) - I(x + w^*(x,y)) + \sum_{(x,y)\in N(x',y')} \varphi_s(w^*(x,y) - w^*(x',y'))$$
$$\text{s.t.} \quad w^*(x,y) \in \{\Omega(w_1), \cdots, \Omega(P_1^\circ(x,y)), \cdots\} \tag{5-26}$$

式 (5-26) 中, $\varphi\left(x^2\right) = \sqrt{x^2 + \varepsilon^2}$ 是 Charbonnier 非平方惩罚函数, 其中 $\varepsilon = 0.001$. $N_{x',y'}$ 表示以像素点 $(x', y')^\mathrm{T}$ 为中心的图像局部区域, $(x,y)^\mathrm{T}$ 是该局部区域内的任意邻域像素点, $(u_{x,y}^*, v_{x,y}^*)^\mathrm{T} \in \{P_1^\circ(x,y), \cdots, P_J^\circ(x,y)\}$ 表示点 $(x,y)^\mathrm{T}$ 处的最近邻域光流, 其属于主要光流运动模式之一. 同时, 为了更好地保护运动边缘光流信息, 设置方程 (5-26) 中的第二项为

$$\varphi_s(w^*(x,y) - w^*(x',y')) = \psi(x,y)\varphi_s(w^*(x,y) - w^*(x',y')) \tag{5-27}$$

式中, $\psi(x,y) = \exp(-\|\nabla I\|^\beta)$ 表示自适应平滑权重, 通过控制不同图像区域的平滑尺度以保存最近邻域光流场中的边缘信息, 其中 $\beta = 0.8$.

由于直接最小化式 (5-26) 存在典型的 NP-hard 问题, 本节算法采用两阶段融合操作优化方程 (5-26). 首先, 在第一阶段分别从扰动偏差 $\Omega(w)$ 和主投影矩阵 P 中获取最佳运动扰动偏差和主投影矩阵, 并在此基础上计算最近邻域平移光流 $w_T^* = (u_T^*, v_T^*)^\mathrm{T}$ 和相似变换光流 $w_S^* = (u_S^*, v_S^*)^\mathrm{T}$, 计算过程如下所示:

$$\begin{cases} w_T^* = \underset{w(x,y)}{\operatorname{argmin}}\, E'(w) \quad \text{s.t.} w(x,y) \in \{\Omega(w_1), \cdots, \Omega(w_k)\} \\ w_S^* = \underset{w(x,y)}{\operatorname{argmin}}\, E'(w) \quad \text{s.t.} w(x,y) \in \{\Omega(P_1^\circ(x,y)), \cdots, (P_J^\circ(x,y))\} \end{cases} \tag{5-28}$$

式 (5-28) 中 E' 与能量函数 E 组成相同. 然后, 在第二阶段利用 QPBO 融合算法对平移和相似变换光流进行融合得到最终的最近邻域光流:

$$w_F^* = \underset{w^*}{\arg\min}\, E(w^*) \quad \text{s.t.} w^* \in \{w_T^*, w_S^*\} \tag{5-29}$$

式 (5-29) 中, $w_F^* = (u_F^*, v_F^*)^{\mathrm{T}}$ 表示本节算法计算得到的非刚性稠密匹配最近邻域光流场.

2. 基于金字塔分层细化融合的大位移光流估计

针对非刚性运动、大位移以及复杂场景等困难场景图像序列光流计算的精度与鲁棒性问题, 本节提出基于非刚性稠密匹配的非局部 TV-L1 光流估计方法, 利用图像金字塔分层细化对非刚性稠密匹配最近邻域光流和非局部约束 TV-L1 变分光流进行融合, 提高非刚性大位移运动和复杂场景光流估计的精度与鲁棒性.

如图 5-5 所示, 假设图像金字塔分层层数为 n, 当前图像层为第 k 层, 初始光流为 $w^k = (u^k, v^k)^{\mathrm{T}}$. 首先, 利用式 (5-20) 中 TV-L1 变分光流模型可计算得到当前层光流增量 $dw^k = (du^k, dv^k)^{\mathrm{T}}$, 然后, 根据公式 (5-30) 对当前层初始光流进行更新:

$$\hat{w}^k = (\hat{u}^k, \hat{v}^k)^{\mathrm{T}} = (u^k + du^k, v^k + dv^k)^{\mathrm{T}} \tag{5-30}$$

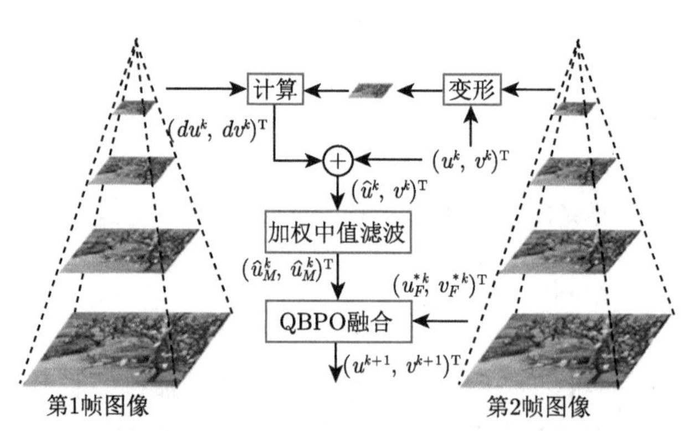

图 5-5 基于金字塔分层细化的光流估计框架

式 (5-30) 中, $\hat{w}^k = (\hat{u}^k, \hat{v}^k)^{\mathrm{T}}$ 表示第 k 层图像 TV-L1 变分光流估计结果, 但是, 光流 $\hat{w}^k$ 通常包含大量异常值. 为了去除异常值, 式 (5-20) 通过非局部约束对其进行加权中值滤波, 可得最终的第 k 层图像非局部 TV-L1 光流估计结果 $\hat{w}_M^k = (\hat{u}_M^k, \hat{v}_M^k)^{\mathrm{T}}$. 最后, 利用 QPBO 算法对第 k 层图像最近邻域光流 $w_F^{*k} = (u_F^{*k}, v_F^{*k})^{\mathrm{T}}$ 和非局部 TV-L1 光流 $\hat{w}_M^k = (\hat{u}_M^k, \hat{v}_M^k)^{\mathrm{T}}$ 进行融合获得当前层输出光流 $w^{k+1} = (u^{k+1}, v^{k+1})^{\mathrm{T}}$, 如下所示:

$$w^{k+1}=\arg\min_{w} E(w_i^k) \quad \text{s.t.} w_i^k \in \{w_F^{*k}, \hat{w}_M^k\} \tag{5-31}$$

式 (5-31) 中, $w^{k+1}=(u^{k+1},v^{k+1})^{\mathrm{T}}$ 表示本节算法第 k 层图像输出光流, 即第 $k+1$ 层图像输入初始光流. 重复以上步骤直到图像金字塔原始分辨率层, 输出本节算法计算得到的非刚性大位移光流估计结果.

5.3.4 实验与分析

1. 参数设置与分析

本节以 MPI-Sintel 数据集中的 Temple_3, Bamboo_2 为例, 分别讨论图像块尺寸, 局部区域 Z 尺寸和一致性判断阈值参数设置对本节算法光流估计性能的影响.

图 5-6(a) 展示了图像块尺寸对本节算法计算精度与时间消耗的影响. 从图中可以看到当图像块尺寸增大时, 本节算法光流误差 AEE 呈现先减小后增加的趋势, 在图像块尺寸为 8×8 时, AEE 达到最小. 本节算法在时间消耗方面近似呈现

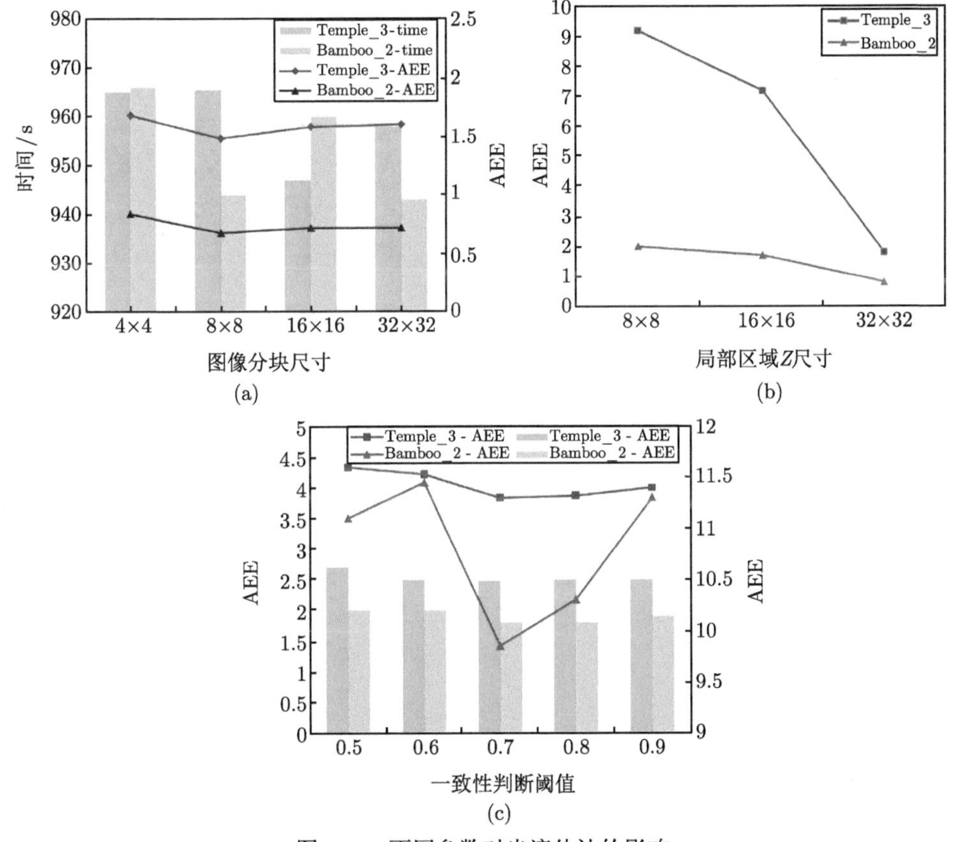

(a) (b) (c)

图 5-6 不同参数对光流估计的影响

随图像块尺寸增加而减小的趋势. 为了保证能够获得较高精度的光流结果, 本节算法设置图像块尺寸为 8×8. 图 5-6(b) 展示了消除非一致性区域过程中局部区域 Z 尺寸对算法计算精度的影响. 从图中可以看到, 随着 Z 尺寸的增加 AEE 误差逐渐降低. 但 Z 的尺寸不应过大, 否则将影响模型的计算效率. 为了降低模型计算误差, 同时提高模型的计算效率, 本节算法设置 Z 尺寸为 32×32.

图 5-6(c) 展示了一致性判断阈值对算法计算精度的影响, 从图中可以看到随着设定阈值的增大, 光流计算误差呈现先减小后增加的趋势, 并且当阈值为 0.7 和 0.8 时误差达到最小. 尽管本节算法在阈值为 0.7 时针对测试序列 Bamboo_2 误差最小, 但是考虑较小的阈值会导致一致性相邻块数量较少, 为了确保足够数量的一致性相邻块, 设置一致性判断阈值为 0.8.

2. 实验结果与分析

为了验证本节算法针对非刚性运动、大位移运动和复杂场景图像序列光流计算的准确性与鲁棒性. 分别采用 MPI-Sintel 数据集提供的测试图像序列对本节算法和对比方法进行综合对比分析.

图 5-7 分别展示了测试图像序列的参考帧、光流真实值以及各对比方法光流估计结果. 其中 Cave_4、Cave_2 和 Alley_2 图像序列包含非刚性运动, 000002、000014 和 000018 图像序列包含大位移运动, Ambush_2、Market_6 和 Bamboo_2 为复杂场景图像序列. 从图 5-7 可以看出, LDOF 算法光流估计效果相对于其他方法较差; Classic+NL 算法能够较好地去除光流结果中的噪声, 但是在非

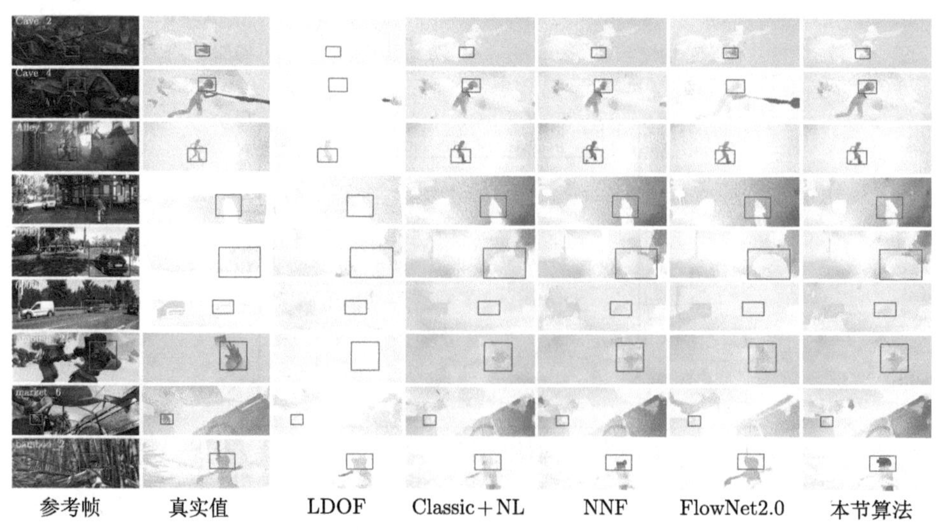

图 5-7 各对比方法针对不同图像场景光流估计结果

刚性运动和复杂场景序列光流估计存在一定误差; NNF 算法在图像运动边缘区域光流估计存在部分信息丢失; FlowNet2.0 算法整体光流估计效果较好, 能够较为准确地估计出运动物体的轮廓, 但是该方法存在明显的过度平滑问题; 本节算法针对非刚性运动光流估计效果明显优于其他对比方法. 在大位运动和复杂场景图像序列光流估计整体效果仅略低于 FlowNet2.0 算法, 但是在细节保护方面本节算法优于 FlowNet2.0 算法.

为了更加具体地展示本节算法的性能, 图 5-8 展示了图 5-7 中红框标签区域光流结果细节放大图. 从图中可以看到, 本节算法较为完整地估计出 Cave_2、Alley_2 腿部和 Cave_4 头部非刚性运动区域光流信息. 从 000002、000014 序列可以看到, 本节算法相对于其他对比方法更准确地去除了人物和汽车边缘区域存在的光流异常值. 在 000018 序列汽车区域, LDOF 和 FlowNet2.0 算法光流结

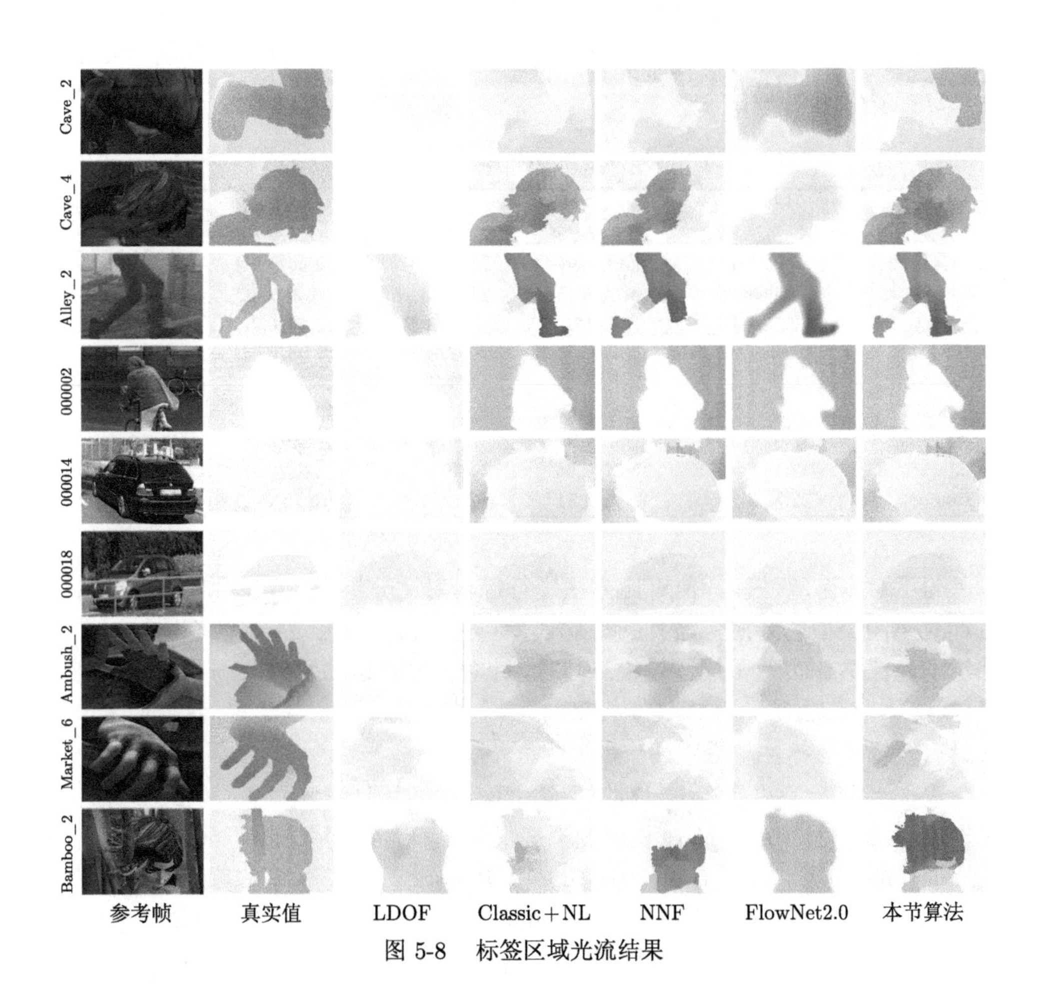

图 5-8 标签区域光流结果

果存在过度平滑现象,Classic+NL 和 NNF 算法存在边缘细节结构丢失, 而本节算法较为完整地估计出汽车的光流信息并且较好地保护了光流边缘细节信息. 针对复杂场景序列, LDOF、Classic+NL 和 NNF 算法在手部和头部区域存在明显的错误估计, FlowNet2.0 算法估计效果好于前三种方法, 但是过度平滑问题仍然突出. 本节算法较完整地估计出手部和头部区域光流信息, 并且相对于 FlowNet2.0 保持更多的运动边缘结构信息.

为了定量分析本节算法的光流估计性能, 表 5-1 分别展示了本节算法与对比方法针对上述三类测试序列的光流估计误差结果. 从表中可以看出, 本节算法在 Cave_2、Cave_4 和 Alley_2 测试序列光流估计误差最小, 说明本节算法针对非刚性运动图像序列具有较高的估计精度. 尽管本节算法在 000002、000014 和 000018 测试序列未能取得最高的估计精度, 但是本节算法针对运动边缘区域光流计算具有更好的效果. 在复杂场景测试序列, 本节算法整体精度高于 LDOF、Classic+NL 和 NNF 方法, 仅略低于 FlowNet2.0 方法, 这说明本节算法针对复杂场景光流估计同样具有较好的适用性.

表 5-1　非刚性运动图像序列光流计算误差对比

图像序列	LDOF	Classic+NL	NNF	FlowNet2.0	本节算法
	AAE/AEE	AAE/AEE	AAE/AEE	AAE/AEE	AAE/AEE
Cave_2	3.32/1.92	3.43/1.26	2.89/1.32	2.40/1.24	2.82/1.09
Cave_4	14.54/6.39	14.74/6.15	11.25/5.42	11.26/5.32	9.85/5.16
Alley_2	10.59/0.51	2.24/0.18	2.21/0.17	3.63/0.27	1.92/0.17
000002	8.68/1.97	4.67/0.66	4.28/0.59	5.05/0.83	4.59/0.60
000014	10.67/1.21	9.45/2.24	6.09/1.58	4.91/0.96	4.18/1.41
000018	5.37/4.51	4.56/3.95	3.24/3.62	2.96/2.95	3.47/3.59
Ambush_2	4.50/12.19	2.76/5.79	3.06/7.57	1.49/3.12	2.32/5.83
Market_6	17.18/5.43	15.35/6.64	14.99/6.48	9.58/2.90	14.07/6.27
Bamboo_2	22.72/5.14	11.45/4.81	12.72/4.88	13.10/3.49	11.22/4.74

为了对本节算法和其他对比方法进行综合对比分析, 图 5-9 分别展示了各方法针对不同类型场景图像序列的平均误差直方图. 不难发现, 本节算法针对非刚性运动光流估计实现了最佳效果. 同时, 针对大位移运动和复杂场景图像序列光流估计, 本节算法在平均 AAE、AEE 指标上也达到了次优的结果, 这说明本节算法具有较好的鲁棒性与适用性.

表 5-2 展示了本节算法与对比方法之间的时间消耗对比. 从表 5-2 可知, 基于深度学习方法的 FlowNet2.0 时间消耗最小, 主要原因是 FlowNet2.0 方法使用了高性能的 GPU 加速, 而其他方法均在 CPU 环境中运行. 本节算法时间消耗较大, 这是因为本节算法在非刚性稠密匹配的最近邻域场计算过程需要执行大量的块邻域搜索与非一致性区域的消除, 该过程增加了本节算法的时间消耗. 综上所

述, 尽管本节算法在时间消耗方面较大, 但是, 目前现有的光流估计技术尚不能较好地处理非刚性运动光流估计问题, 而本节算法在一定程度上弥补了该部分的研究不足.

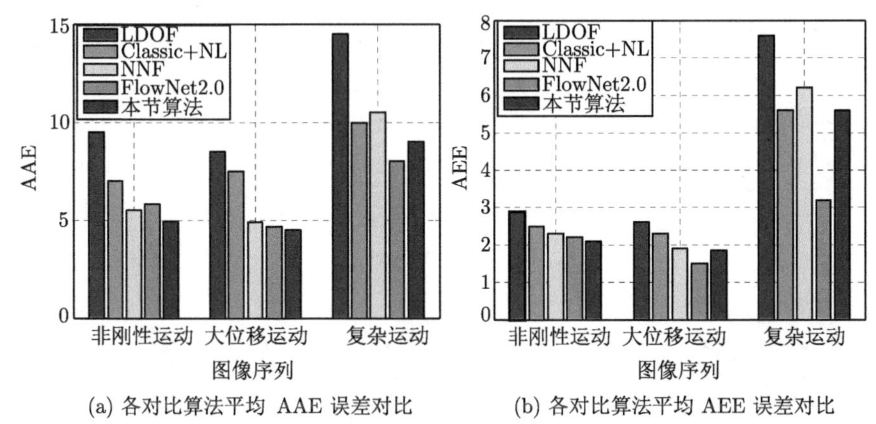

(a) 各对比算法平均 AAE 误差对比　(b) 各对比算法平均 AEE 误差对比

图 5-9　各对比算法在三类图像场景中光流估计误差对比

表 5-2　时间消耗对比　(单位：s)

方法	平均时耗
LDOF	57
Classic+NL	504
NNF	895
FlowNet2.0	4
本节算法	1014

5.4　基于图像深度匹配的大位移运动光流计算方法

5.4.1　深度匹配

针对传统匹配模型在非刚性形变和大位移运动区域易产生匹配错误的问题, Revaud 等人提出基于区域划分的深度匹配方法, 有效提高了非刚性形变和大位移运动区域的像素点匹配精度. 如图 5-10 所示, 深度匹配首先将传统采样窗口划分为 N 个子区域, 然后根据子区域的相似性分别优化各子区域的位置, 进而利用子区域位置确定像素点的匹配关系.

假设 I_0 和 I_1 分别表示图像序列相邻两帧图像, 首先将 I_0 和 I_1 分解为 N 个非重叠子区域, 每个子区域由 4 个相邻像素点构成, 根据式 (5-32) 计算各子区域的匹配关系：

$$Sim(R,R') = \frac{1}{16}\sum_{i=0}^{3}\sum_{j=0}^{3} R_{i,j}R'_{i,j} \tag{5-32}$$

式 (5-32) 中, R 与 R' 分别表示 I_0 和 I_1 中互相匹配的两个子区域, $R_{i,j}$ 与 $R'_{i,j}$ 表示 I_0 和 I_1 中的像素点描述子, $Sim(R,R')$ 是根据区域相似性确定的子区域匹配关系. 则深度匹配的实现过程主要包括以下两步：首先, 如图 5-11(a) 所示, 每四个相邻的子区域经金字塔不断向上层聚合, 确定 I_0 和 I_1 中更大的区域匹配关系, 直到金字塔顶端; 然后, 如图 5-11(b) 所示, 定义相互匹配的区域中心像素点为匹配像素点, 由金字塔顶层自上而下地检索各层金字塔中像素点匹配关系, 统计各层金字塔中匹配像素点坐标得到稀疏运动场.

(a) 参考帧采样窗口

(b) 传统匹配方法采样窗口

(c) 深度匹配算法采样窗口

图 5-10　基于区域划分的深度匹配采样窗口示意图

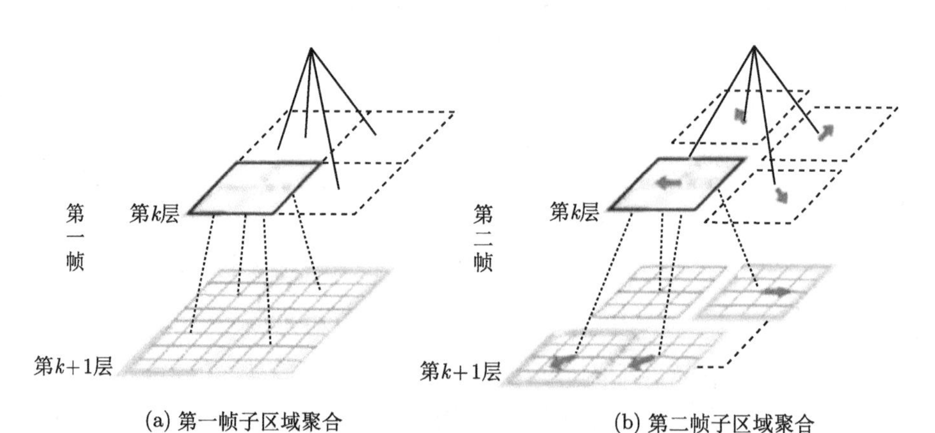

(a) 第一帧子区域聚合

(b) 第二帧子区域聚合

图 5-11　深度匹配金字塔采样示意图

鉴于深度匹配模型在非刚性形变和大位移运动区域相对传统匹配方法具有更高的像素点匹配精度和可靠性, 本节算法首先采用深度匹配模型计算图像序列相邻两帧图像的初始匹配结果.

1. 基于邻域支持模型的匹配优化

虽然深度匹配能够提高非刚性形变和大位移运动区域的像素点匹配精度, 但是由于图像中常常包含噪声、光照变化等因素的干扰, 其匹配结果可能存在错误匹配像素点. 为了剔除初始匹配结果中的错误匹配像素点, 采用基于运动统计策略的图像匹配优化方法对初始匹配结果进行优化, 能够有效提高像素点匹配的准确性与可靠性.

假设相邻两帧图像中运动是连续平滑的, 那么图像局部区域内中心点与其邻域像素点的运动应一致, 则与匹配像素点保持运动一致性的邻域支持像素点数量可以用下式表达:

$$S_i = \sum_{k=1}^{K} |\chi_{a^k b^k}| \tag{5-33}$$

式 (5-33) 中, K 表示与匹配像素点 x_i 一起运动的邻域个数, a 表示第一帧图像中任意局部区域, b 是区域 a 在下一帧图像中的对应匹配区域, $a^k \to b^k$ 表示相邻两帧图像中与匹配像素点 x_i 保持相同几何关系的第 k 对匹配区域, $|\chi_{a^k b^k}|$ 表示匹配区域 $a^k \to b^k$ 内互相匹配的像素点个数. 由于本节将深度匹配中各像素点匹配过程近似看作互不干扰的独立事件, 由此可知 S_i 近似二项分布:

$$S_i \sim \begin{cases} B(Kn, p_t), & \text{如果 } x_i \text{为真} \\ B(Kn, p_f), & \text{如果 } x_i \text{为假} \end{cases} \tag{5-34}$$

式 (5-34) 中, n 表示匹配像素点 x_i 各邻域内平均匹配像素点数量. $p_t = D_t + \beta(1 - D_t)m/M$ 表示 $a \to b$ 为正确匹配区域时, 匹配区域 $a \to b$ 内一对像素点互相匹配的概率; $p_f = \beta(1 - D_t)m/M$ 表示 $a \to b$ 为错误匹配区域时, 匹配区域 $a \to b$ 内一对像素点互相匹配的概率. 式中, 符号 D_t 表示深度匹配结果的匹配正确率, β 表示概率参数, m 表示区域 b 中匹配像素点数量, M 表示根据深度匹配计算的稀疏运动场中匹配像素点总数.

由式 (5-34) 可知, 正确匹配与错误匹配像素点的邻域支持像素点数量具有很大差异性. 因此, 通过统计任意匹配像素点的邻域支持像素点数量可以判断该像素点是否匹配正确. 本节算法使用标准差与期望值量化邻域支持优化模型对正确匹配像素点与错误匹配像素点的甄别力, 可用下式表示:

$$P = \frac{Knp_t - Knp_f}{\sqrt{Knp_t(1 - p_t)} + \sqrt{Knp_t(1 - p_f)}} \tag{5-35}$$

式 (5-35) 中, 符号 P 表示邻域支持模型对匹配像素点的甄别力. 由式 (5-36) 分析可得 P 值大小与各变量的变化关系如下所示:

$$\begin{cases} P \propto \sqrt{Kn} \\ \lim\limits_{t \to 1} P \to \infty \end{cases} \tag{5-36}$$

由式 (5-36) 可知, 随着邻域支持匹配像素点数量的增加, 邻域支持模型对正确匹配像素点与错误匹配像素点的甄别力可以扩展到无穷大. 此外, 邻域支持模型的优化能力还与深度匹配结果的匹配正确率相关, 正确率越高, 优化能力越强. 因此, 采用邻域支持优化模型剔除错误匹配像素点能够有效提高稀疏运动场的匹配准确度与鲁棒性.

2. 基于网格化的稀疏运动场优化

对初始稀疏运动场进行邻域支持优化的目的是剔除错误匹配像素点, 但是基于像素点的置信度估计会导致计算成本的显著增加. 为了降低计算成本, 本节算法引入网格框架优化邻域支持模型, 使得置信度估计独立于图像特征点, 而仅与划分的图像网格数量相关, 以提高邻域支持优化模型的计算效率.

首先使用网格近似法, 将连续两帧图像分别划分为 $n \times n$ 的非重叠图像网格. 然后定义前后帧图像中匹配像素点数量最多的网格为候选匹配网格, 根据式 (5-37) 分别计算候选匹配网格的匹配置信度：

$$S_{ij} = \sum_{k=1}^{K} |\chi_{i^k j^k}| \tag{5-37}$$

式 (5-37) 中, S_{ij} 表示第一帧图像网格 i 与第二帧图像网格 j 的匹配置信度, K 表示与图像网格 i 相邻的网格数量, $i^k \to j^k$ 表示相邻两帧图像中与匹配网格 $i \to j$ 保持相同几何关系的第 k 对匹配网格, $|\chi_{i^k j^k}|$ 表示匹配网格 $i^k \to j^k$ 内互相匹配的像素点数量.

根据匹配置信度建立阈值函数判断候选网格是否为正确的匹配网格, 判断公式如下：

$$\{i,j\} = \begin{cases} \text{True}, & S_{ij} \geqslant \tau_{ij}, \\ \text{False}, & \text{其他}, \end{cases} \quad 1 \leqslant i,j \leqslant N \tag{5-38}$$

式 (5-38) 中, N 表示划分的非重叠图像网格数量, True 表示图像网格 i 与 j 匹配正确, False 表示图像网格 i 与 j 匹配错误. 符号 $\tau_{i,j} = \alpha\sqrt{n_{i,j}}$ 是匹配网格判断函数, 其中 $n_{i,j}$ 表示图像网格 i 与 j 相邻网格内匹配像素点的平均数量, α 是阈值权重系数.

根据网格匹配结果, 将相邻两帧图像中像素点坐标皆位于正确匹配网格内的匹配像素点定义为匹配正确的像素点, 并将其他匹配像素点剔除, 获得超鲁棒稀疏运动场. 图 5-12 展示了深度匹配模型与本节提出的基于邻域支持的匹配模型针对 KITTI 数据库大位移运动图像序列的运动场估计结果. 从图中可以看出, 本节算法能够有效剔除初始稀疏运动场中的错误匹配像素点对, 具有计算精度高、鲁棒性好等显著优点.

图 5-12　本节邻域支持模型运动场优化效果 (蓝色标记符表示匹配正确像素点, 红色标记符表示匹配错误像素点)

5.4.2　基于稠密插值的大位移运动光流估计

虽然根据网格化邻域支持模型优化得到的图像序列运动场包含鲁棒光流信息, 但是该运动场是稀疏的. 现有的图像匹配光流计算方法通常根据像素点的欧氏距离进行插值, 以获取稠密光流场. 但是由于传统的插值模型仅考虑像素点的绝对距离, 因此易导致插值结果出现图像与运动边界模糊的问题. 为了保护光流结果的图像与运动边界特征, 本节算法利用边缘保护距离进行由稀疏到稠密插值.

根据局部权重仿射变换原理, 采用式 (5-39) 对图像序列稀疏运动场进行稠密插值计算光流场:

$$W_{LA}(p) = A_p p + t_p \tag{5-39}$$

式中, p 表示第一帧图像中任意像素点, 符号 A_p 与 t_p 是像素点 p 的仿射变换参数, 可通过式 (5-40) 建立超定方程组求解.

$$k_D(p_m, p)(A_p p_m + t_p - p'_m) = 0 \tag{5-40}$$

式 (5-40) 中, p_m 是以像素点 p 为中心点的局部邻域内任意像素点, p'_m 是像素点 p_m 在下一帧图像中对应的匹配像素点. 函数 $k_D(p_m, p_1) = \exp(-aD(p_m, p))$ 是参数为 a、距离为 D 的高斯核函数, $D(p_m, p)$ 表示边缘保护距离. 属于相同运动层的像素可以根据距离 D 查找来自同一层的所有其他像素, 并疏远相同运动层之外的所有像素, 有助于对稀疏运动场稠密插值时保护运动边缘. 其中, 匹配像素点 p_m 与 p 之间的边缘保护距离可由下式计算得到

$$D(p_m, p) = \inf_{\Gamma \in \rho_{p_m, p}} \int_\Gamma C\left(p_s\right) d_{p_s} \tag{5-41}$$

式 (5-41) 中, $\rho_{p_m,p}$ 表示像素点 p_m 与 p 之间所有可能路径, $C(p_s)$ 表示运动边缘检测图中像素 p_s 的值, 若 p_s 位于运动边缘, 则 $C(p_s)$ 的值极大, 反之为零. 由于每个像素点都基于其邻近已知的匹配像素点进行插值, 因此能有效保护运动边界.

为了提高插值效率, 首先根据式 (5-41) 对像素点进行聚类, 将第一帧图像中所有像素点分配到距离最近的匹配像素点. 然后查找距离任意像素点 p 最近的匹配像素点 p_m, 并利用匹配像素点 p_m 的仿射变换参数计算像素点 p 的第二帧图像对应匹配像素点 p'. 以上操作仅需计算稀疏运动场中所有匹配像素点的仿射变换参数, 即可根据局部像素点聚类插值计算稠密运动场, 降低了插值计算的复杂度. 最后, 为获得平滑的稠密光流, 采用式 (5-42) 中的能量泛函对稠密运动场进行全局优化, 得到最终的稠密光流结果.

$$E(w)=\int_{\Omega}\sum_{i=1}^{3}\Psi(w^{\mathrm{T}}j_0^i w)+\gamma\left(\sum_{i=1}^{3}\Psi(w^{\mathrm{T}}j_{xy}^i w)\right)+\partial\Psi(\|\nabla u\|^2+\|\nabla v\|^2)dxdy \tag{5-42}$$

式 (5-42) 中, $w=(u,v)^{\mathrm{T}}$ 表示估计光流, Ψ 是惩罚函数, j_0 为符合亮度守恒假设的运动张量分量, γ 为梯度守恒权重, j_{xy} 为符合梯度守恒的运动张量分量, ∂ 为平滑项局部平滑权重.

计算步骤:

根据前文叙述, 由稀疏到稠密光流估计方法的计算步骤如下:

步骤 1: 输入图像序列相邻两帧图像 I_0 和 I_1;

步骤 2: 将 I_0 和 I_1 分解为 N 个重叠子区域, 每个子区域由 4 个相邻像素点构成, 根据式 (5-32) 计算各子区域的匹配关系;

步骤 3: 建立图像金字塔, 将相邻子区域由金字塔底层向上层聚合, 确定图像 I_0 和 I_1 中更大的区域匹配关系, 直到金字塔顶层;

步骤 4: 定义相互匹配的区域中心像素点为匹配像素点, 由金字塔顶层自上而下检索各层金字塔中像素点匹配关系, 得到初始稀疏运动场;

步骤 5: 根据式 (5-33) 计算与匹配像素点保持运动一致性的邻域支持像素点数量, 并由式 (5-34) 甄别正确匹配与错误匹配像素点;

步骤 6: 引入网格框架优化模型, 通过式 (5-37) 和式 (5-38) 剔除错误匹配网格中的像素点, 求解鲁棒稀疏运动场;

步骤 7: 据式 (5-41) 计算图像匹配像素点之间的边缘保护距离, 根据边缘保护距离进行像素点聚类, 将图像 I_0 中所有像素点分配到其距离最近的匹配像素点;

步骤 8: 据式 (5-40) 建立超定方程组求解所有匹配像素点的仿射变换参数;

步骤 9: 对式 (5-39) 进行由稀疏到稠密插值计算初始稠密运动场;

步骤 10：初始稠密运动场代入式 (5-42) 中能量泛函进行全局优化迭代, 输出最终的稠密光流结果.

5.4.3 实验与分析

1. 参数设置与分析

本节算法关键参数主要包括图像初始化网格划分数量 N 和阈值权重系数 α. 本节以 KITTI 数据集 000016 序列和 000017 序列的 AEE 误差为例, 分别讨论图像网格划分和阈值权重系数对光流估计结果的影响.

图 5-13 分别展示了不同图像网格划分数量和阈值权重系数时本节算法光流估计结果的 AEE 误差变化. 从图 5-13(a) 中可以看出, 随着图像网格划分数量的增加, 本节算法光流误差 AEE 呈现先减小后增加的趋势, 这是由于随着网格划分数量的增加, 网格框架对图像的划分变得更加细致, 邻域支持优化模型更贴合局部运动平滑假设. 但是当网格划分数量过多时, 难以准确统计匹配像素点周围的邻域支持匹配像素点, 导致光流估计精度下降. 因此, 设置图像初始化网格划分数量为 14×14. 从图 5-13(b) 中可以看出, 本节算法对阈值权重系数的变化并不敏感, 仅当阈值权重系数过大时, 会导致部分正确匹配像素点被误判断为错误匹配点, 从而导致光流估计精度下降. 因此, 设定阈值权重系数 $\alpha = 10$.

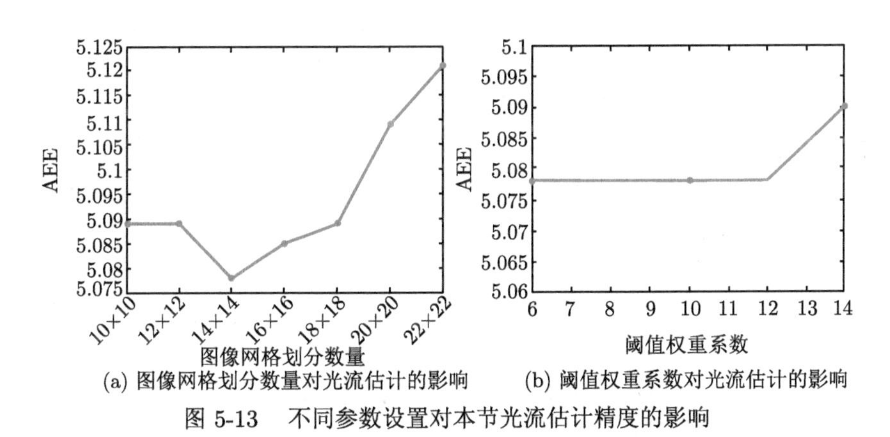

(a) 图像网格划分数量对光流估计的影响 (b) 阈值权重系数对光流估计的影响

图 5-13 不同参数设置对本节光流估计精度的影响

2. MPI-Sintel 数据库实验

MPI-Sintel 数据库测试图像集包含非刚性形变、大位移、光照变化、复杂场景以及运动模糊等困难场景, 因此是光流估计领域最具挑战的评价数据库之一. 为了验证本节算法针对非刚性形变和大位移运动等困难场景光流估计的准确性与鲁棒性, 利用 MPI-Sintel 数据库提供的 23 个标准测试序列对本节算法以及各对比方法进行综合测试.

表 5-3 列出了本节算法与其他对比方法针对 MPI-Sintel 测试图像集的光流误差对比结果. 从表中可以看到, 由于 Classic+NL 算法仅采用金字塔分层策略优化变分光流能量泛函, 因此对非刚性形变和大位移运动较敏感, 导致其光流估计误差较大. DeepFlow 和 EpicFlow 算法相对 Classic+NL 算法在光流计算精度上有明显提升, 说明基于匹配策略的光流计算方法在非刚性形变与大位移运动场景具有更好的估计效果. 受益于 MPI-Sintel 数据库提供了较充足的训练样本, 能够满足深度学习光流计算模型 FlowNetS 的训练需求, 该方法光流估计精度较高. 本节算法光流估计精度最高, 说明本节算法针对非刚性形变与大位移运动具有更好的光流估计准确性与鲁棒性.

表 5-3 MPI-Sintel 数据库光流估计误差对比

方法	AAE	AEE
Classic+NL	10.12	5.75
DeepFlow	7.88	4.12
EpicFlow	8.32	5.10
FlowNetS	7.55	4.07
本节算法	7.08	3.74

为了对比分析本节算法和各对比方法针对非刚性大位移和运动遮挡场景的光流估计效果, 表 5-4 中列出了不同方法针对 Ambush_5、Cave_2、Market_2、Market_5 和 Temple_2 等包含大位移、运动遮挡和非刚性形变等困难运动场景图像序列的光流误差对比结果. 从表中可以看出, Classic+NL 算法针对 5 组测试序列的平均误差较大, 说明该方法针对困难运动场景的光流估计效果较差. FlowNetS 方法的平均 AAE 和 AEE 误差均最大, 主要由于该方法在 Ambush_5 和 Cave_2 序列的误差大幅高于其他方法, 说明 FlowNetS 算法针对非刚性大位移运动的光流估计效果较差. DeepFlow 与 EpicFlow 算法光流估计 AEE 误差较小, 说明该类方法采用像素点匹配计算策略对大位移运动具有很好的定位作用. 本节算法的平均误差最小, 仅针对 Temple_2 序列的 AEE 误差略大于 DeepFlow 算法, 但本节算法针对 Cave_2、Market_5 序列的 AEE 误差大幅小于 DeepFlow 算法, 且本节算法在其他所有测试序列均取得最优表现, 说明本节算法针对非刚性大位移和运动遮挡场景具有更好的光流估计精度与鲁棒性.

图 5-14 展示了本节算法和各对比方法针对 Ambush_5、Market_2、Market_5、Cave_2、Temple_2 等包含非刚性大位移与运动遮挡场景的图像序列光流估计结果. 从图中可以看出, Classic+NL 算法在背景区域的光流计算效果较好, 但是在非刚性形变和大位移运动区域光流估计结果存在明显错误. EpicFlow 和 DeepFlow 算法在大位移运动区域的光流估计效果优于 Classic+NL 算法, 但是由于这两种方法的匹配模型均是建立在刚性运动的假设下, 因此其在非刚性运动区

域光流估计结果不准确. 虽然 FlowNetS 算法的光流估计精度较高, 但该方法光流结果存在明显的过度平滑现象, 难以准确反映目标与场景的边界. 从图中不难看出, 本节算法光流估计效果较好, 尤其在 Ambush_5 序列人物的头部和手臂, Market_2、Market_5 人物的腿部, Cave_2 序列人物的腿部和武器, Temple_2 序列飞行龙的翅膀等非刚性形变和大位移运动区域光流估计结果明显优于其他对比方法, 说明本节算法针对非刚性形变和大位移运动等困难场景具有更高的光流估计精度与鲁棒性.

表 5-4 非刚性大位移与运动遮挡图像序列光流估计误差对比

方法	平均误差	Ambush_5	Cave_2	Market_2	Market_5	Temple_2
	AAE/AEE	AAE/AEE	AAE/AEE	AAE/AEE	AAE/AEE	AAE/AEE
Classic+NL	14.71/9.28	22.53/11.06	15.78/14.03	7.64/0.98	18.93/16.59	8.39/3.72
DeepFlow	10.89/6.66	18.86/8.75	9.23/9.30	8.00/0.85	12.19/11.89	6.15/2.50
EpicFlow	10.64/6.47	19.19/8.48	7.45/7.81	7.91/0.89	12.15/12.47	6.48/2.72
FlowNetS	15.63/9.77	25.37/12.43	17.24./15.66	8.56/1.26	16.56/15.24	10.45/4.24
本节算法	9.77/6.12	18.43/8.43	6.98/7.49	7.05/0.78	10.58/11.35	5.83/2.56

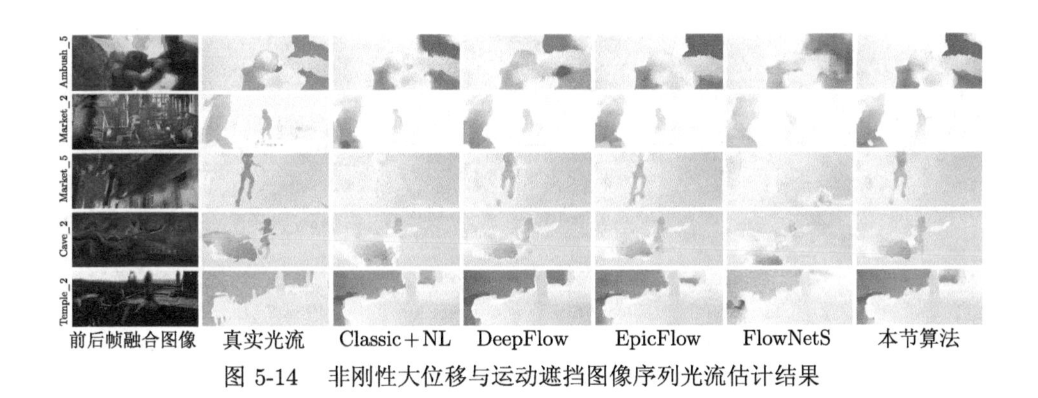

图 5-14 非刚性大位移与运动遮挡图像序列光流估计结果

3. KITTI 数据库实验

表 5-5 列出了本节算法与各对比方法针对 KITTI 数据库测试图像序列的光流计算误差统计结果. 可以看出, FlowNetS 算法没有针对 KITTI 数据集进行训练, 因此其误差较大. DeepFlow 与 EpicFlow 算法由于添加了像素点匹配信息, 整体结果优于 Classic+NL 算法, 但是由于部分区域存在像素点匹配不准确的原因, 其精度低于本节算法. 本节算法针对 KITTI 测试序列各项评估指标均取得最优表现, 说明本节算法具有更好的光流估计精度与鲁棒性.

图 5-15 展示了本节算法和各对比方法针对 000008、000010、000023、000043、000059、000085 等 KITTI 数据库测试图像序列的光流误差图, 图中蓝色到红色表示光流误差由小到大. 从图中可以看出, 由于缺乏真实场景训练样本, FlowNetS

表 5-5　KITTI 数据库光流估计误差对比

方法	AEE-noc	AEE-all	Out-noc(%)	Out-all(%)
Classic+NL	11.98	12.59	13.78	20.37
DeepFlow	5.43	6.13	9.51	14.72
EpicFlow	6.38	7.56	10.92	14.18
FlowNetS	239.8	285.8	86.64	86.68
本节算法	4.72	5.05	8.01	9.52

算法误差最大, 说明基于深度学习的光流计算模型目前还难以应用于没有真实值的现实场景. Classic+NL 算法在背景区域的光流计算效果较好, 但是针对发生大位移运动的车辆区域, 光流估计效果较差. DeepFlow 和 EpicFlow 算法相对 Classic + NL 算法在大位移运动区域的光流计算精度有明显提升, 说明基于匹配策略的光流计算方法在大位移运动场景具有更好的估计效果. 本节算法与其他方法相比, 红色的大误差区域最少, 光流估计效果最好. 尤其在包含大位移运动的车辆区域, 光流估计结果明显优于其他对比方法, 说明本节算法针对包含非刚性形变和大位移运动的真实场景具有更高的光流估计精度与鲁棒性.

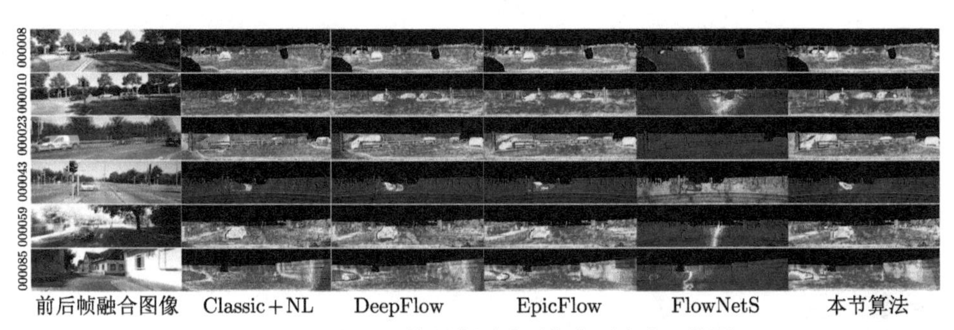

图 5-15　KITTI 数据库测试图像序列光流误差图

4. 消融实验

为验证本节算法提出的网格化邻域支持匹配优化、基于边缘保护距离的由稀疏到稠密插值以及光流计算全局优化对非刚性大位移和运动遮挡场景光流计算效果的提升作用, 本节采用 MPI-Sintel 数据库提供 Alley_2、Cave_4 和 Market_6 图像序列对本节算法进行消融实验测试. 表 5-6 列出了本节算法和不同消融模型的 AEE 误差对比结果, 其中, 无匹配优化表示本节算法去除网格化邻域支持匹配优化模型、无稠密插值表示本节算法去除基于边缘保护距离的由稀疏到稠密插值模型、无全局优化代表本节算法去除全局能量泛函优化模型. 从表 5-6 中可以看出, 去除匹配优化、稠密插值以及全局优化模型后会导致本节算法的光流估计精度出现不同程度的下降, 说明本节算法提出的网格化邻域支持匹配优化策略、基于边缘保护距离的由稀疏到稠密插值模型以及光流计算全局优化方法对提高非刚性大位移运动和运动遮挡场景光流估计精度均有重要作用.

图 5-16 展示了本节算法和不同消融模型针对 Alley_2、Cave_4 和 Market_6 图像序列的光流计算结果. 从图中可以看出, 去除网格化邻域支持匹配优化模型后本节算法在大位移运动区域的光流估计效果下降明显, 说明网格化邻域支持匹配优化能够显著提高大位移运动光流估计的精度与鲁棒性. 此外, 去除基于边缘保护距离的由稀疏到稠密插值模型后, 光流计算结果存在明显的边缘模糊现象, 说明本节提出的边缘保护插值模型能够有效改善光流估计的边缘模糊问题. 最后, 去除全局优化模型后, 本节算法光流估计结果丢失了大量的运动与结构信息, 说明全局优化模型能够显著提高光流估计的全局精度与效果.

表 5-6 本节算法消融实验结果对比

消融模型	Alley_2	Cave_4	Market_6
本节算法	0.07	1.16	3.72
无匹配优化	0.09	1.28	5.07
无稠密插值	0.14	1.31	5.85
无全局优化	0.09	1.21	3.84

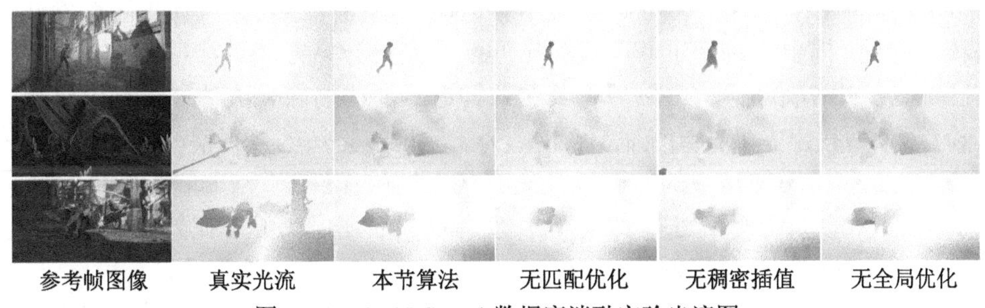

图 5-16 MPI-Sintel 数据库消融实验光流图

5. 时间消耗与复杂度分析

为了对本节算法与其他方法进行综合对比分析, 表 5-7 列出了本节算法与其他对比方法针对 MPI-Sintel 和 KITTI 数据库测试图像集的平均时间消耗对比.

由表 5-7 中不同方法的时间消耗对比结果可以看出, 受益于卷积神经网络的实时计算优势, FlowNetS 方法的时间消耗最小, 计算效率最高. Classic+NL 算法由于采用金字塔分层变形策略优化变分光流计算, 时间消耗最大, 计算复杂度最高. DeepFlow 和 EpicFlow 算法由于仅采用少量迭代运算对匹配运动场进行全局优化, 因此时间消耗低于本节算法. 本节算法时间消耗大于 FlowNetS、DeepFlow 和 EpicFlow 三种方法, 但大幅少于 Classic+NL 算法. 在本节算法中, 由于匹配优化和稠密插值模型仅包含简单的线性计算和逻辑运算, 因此计算复杂度较低, 时间消耗较小. 为避免光流计算陷入局部最优, 本节算法采用全局优化模型对插值后的稠密运动场进行迭代更新, 虽然全局优化策略能够提高光流估计的整体精度, 但是由于采用大量迭代运算更新光流参数, 时间消耗较大、计算复杂度较高.

表 5-7 本节算法与其他方法时间消耗对比 (单位: s)

对比方法	MPI-Sintel	KITTI
Classic+NL	565	211
DeepFlow	19.0	21.2
EpicFlow	16.4	16.0
FlowNetS	0.10	1.05
本节算法	88.2	104

5.5 本章小结

本章前两节重点介绍了基于图像匹配模型的光流计算理论和方法, 主要分为基于图像局部特征点匹配模型和基于图像局部区域匹配模型两种类型进行详细介绍分析.

5.3 节针对非刚性大位移运动等困难运动类型图像序列光流计算的准确性与鲁棒性问题, 提出一种基于非刚性稠密匹配的光流计算方法. 首先通过非刚性稠密匹配计算出初始光流场, 然后将其融入构造好的非局部光流估计模型中进行迭代计算, 最后得出本章的光流估计结果. 为了验证该方法的可行性, 通过采用 MPI 和 KITTI 数据图像集中的序列以及具有代表性的 LDOF、Classic+NL、NNF、以及 FlowNet2.0 等算法进行实验分析, 实验结果表明了该算法在处理非刚性、遮挡、复杂场景和大位移等困难运动模式时, 有着较好的鲁棒性和计算精度.

5.4 节针对非刚性大位移运动场景的光流计算准确性与鲁棒性问题, 提出一种基于深度匹配的由稀疏到稠密大位移运动光流计算方法. 首先, 使用深度匹配模型求解相邻两帧图像间初始稀疏运动场; 然后采用邻域支持模型对初始运动场进行优化获得鲁棒稀疏运动场; 最后对稀疏运动场进行由稀疏到稠密插值, 并根据全局能量泛函求解全局最优化稠密光流. 实验结果表明该方法具有较高的光流估计精度, 尤其针对运动遮挡和非刚性大位移等困难运动场景具有更好的鲁棒性和可靠性. 虽然该方法针对大位移、运动遮挡与非刚性形变等困难场景图像序列的光流估计精度优于各对比光流计算方法, 但是由于该方法须对稠密光流进行全局迭代优化, 因此时间消耗较大.

第 6 章　深度学习光流计算理论与方法

6.1　引　　言

前面几个章节, 重点讨论了变分光流计算理论方法、变分光流计算中常用的优化策略以及图像局部匹配光流计算理论与方法. 这些光流计算理论和方法大致可以归类为传统光流计算方法. 近年来, 随着计算机软硬件水平的提高以及深度学习的快速发展, 基于深度学习的光流计算技术研究逐渐成为热点. 基于此, 本章将详细介绍基于深度学习光流计算理论与方法.

6.2　卷积神经网络模型

卷积神经网络 (Convolutional Neural Networks, CNN), 是一种具有深度结构、含有卷积计算的前馈神经网络, 是深度学习的代表算法之一. 基于其网络特有的属性, 在计算机视觉领域广泛使用, 在图像检测、分类方面均取得了重大突破. 典型的卷积神经网络结构如图 6-1 所示, 该网络首先通过输入层输入数据, 然后卷积层与池化层交替出现, 联合混用提取图像的特征信息, 最终利用全连接层对卷积层、池化层提取到各个维度的空间特征信息进行聚合, 从而实现分类任务.

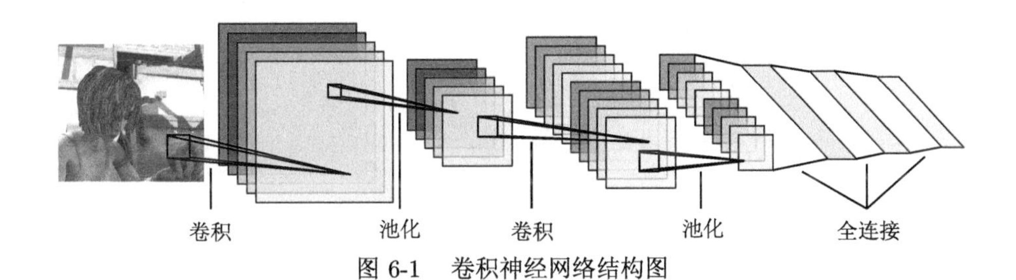

图 6-1　卷积神经网络结构图

6.2.1　输入层

输入层是 CNN 的 “基石”, 作为整个网络结构的输入. 在图像分类的 CNN 中, 图像像素点的对应数字矩阵作为输入层的输入. 像素矩阵的长宽分别代表的是图像的大小, 矩阵的维度 (或称深度) 代表的是图像的通道数. 图像中常见的黑白图像的通道数为 1, 而彩色图像 (即在 RGB 色彩模式中) 通道数为 3. 在整个卷积神经网络中, 层与层间进行多维矩阵之间的映射, 基于上述映射关系多维矩阵朝特定的方向进行转换, 实现既定目标方向. 此外, 输入层针对输入的图像进行数据预处理, 减小图像数据特征分布范围, 从而特征分布在特定区间内, 加快卷积神经网络训练速度.

6.2.2 卷积层

卷积层是整个卷积神经网络的 “横梁”, 是卷积神经网络不可或缺的部分. 卷积层由若干个不同的过滤器组合构成, 过滤器指的是一组参数可学习的神经元, 我们也称过滤器为卷积核 (或称内核). 过滤器针对输入矩阵进行卷积运算, 卷积运算则是卷积核对输入图像矩阵进行乘积并进行加权和的运算. 在 CNN 中, 卷积核的感受野和数量设置与图像的大小和内容特征存在相关性. 卷积核的大小一般设置为 1×1 或者 3×3, 而卷积核的数量根据特征提取需求人为设置. 卷积核的参数因为特征各异而不同, 仅如浅层的卷积核提取一些简单线条等特征, 而深层的卷积核提取一些更为复杂的特征如：复杂形状.

图 6-2 是二维平面的卷积操作过程. 整个卷积包括输入、卷积核、输出. 图中, 输入一个 4×4 大小的矩阵, 使用一个 3×3 大小的卷积核对输入矩阵进行卷积运算, 每次滑动一个单元格, 卷积核依次从输入矩阵的左上角平移滑动至输入矩阵右下角, 每移动一次便进行一次加权和运算, 将加权和结果保存至输出矩阵相应位置, 整个输出矩阵便为卷积核对输入矩阵进行卷积运算的结果. 输出矩阵大小受卷积核步长以及输入矩阵填充模式的约束：步长和填充模式.

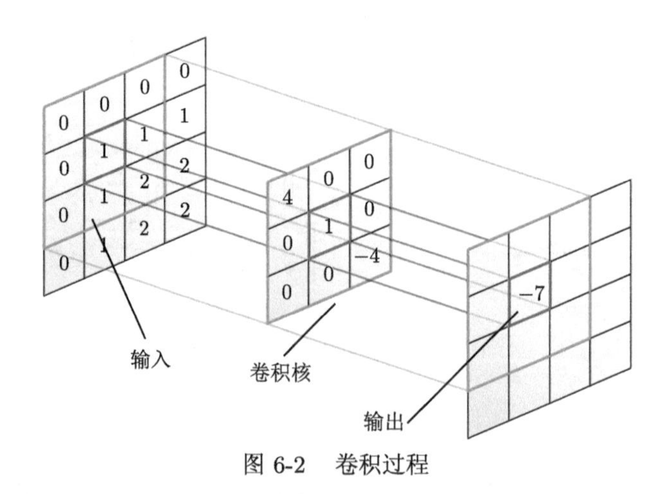

图 6-2 卷积过程

(1) 步长即每次卷积核移动的长度: 卷积核移动方向依次为从左至右、从上至下：如图 6-3 所示, 以步长为 2 进行平滑移动.

(2) 填充模式：卷积核大小与输出矩阵大小存在关联性, 当卷积核尺寸不为

1×1 时, 在进行卷积运算时, 输出矩阵尺寸往往小于输入矩阵尺寸, 为了避免输出矩阵大小发生改变造成图像信息遗漏, 因此通过采取填充矩阵的方式与前层矩阵大小保持一致. 通过在输入矩阵外围使用全 0 填充, 使输入矩阵大小发生改变, 卷积核与输入矩阵进行卷积运算后, 前后矩阵尺寸保持一致.

经典卷积神经网络中, 卷积层一般为多维度计算, 而每一个二维矩阵取值表示多维矩阵在某一个维度上的取值, 而卷积核在滑动过程中是横跨整个维度的, 每一个维度上的计算加权和便为卷积核对输入多维矩阵进行卷积运算的结果.

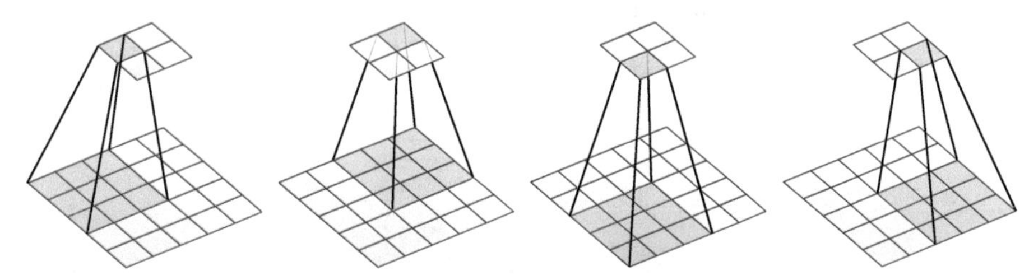

图 6-3 步长为 2 的示意图

此外, 卷积神经网络特性与图像结构存在相关性, 图像在空间上具有组织结构, 每一个空间上的像素点与周边的像素点紧密关联, 与较远的像素点关联性较弱, 我们称之为图像局部关联性. 基于图像上述特性, 卷积网络参数共享行之有效, 卷积网络参数共享是指对整张图像使用同一个卷积核进行卷积运算. 卷积核参数共享大幅减少参数, 从而降低计算量, 网络模型更加简易的同时还防止网络过拟合. 此外, 图像内容因卷积网络参数共享具有位置平移不变性, 图像内容进行卷积运算结果与其所在位置无关, 卷积核自图像左上角平滑移动至图像右下角, 通过卷积核卷积运算, 其卷积结果不因图像内容位置差异而造成结果不同.

6.2.3 池化层

池化层最早见于 LeNet5 网络中, 称之为降采样 (Subsample), 从 AlexNet 神经网络开始, 称之为池化层 (Pooling), 也称之为下采样 (Down-Sampling), 与卷积、非线性激活函数构成一个完整的卷积层. 池化操作一般用于数据压缩, 以此降低信息冗余, 防止过拟合, 此外, 池化操作可以轻度容忍网络的形变, 以此提高网络的泛化性. 卷积神经网络中, 运用最广泛的池化层是平均池化层 (Average Pooling) 和最大池化层 (Max Pooling). 在滑动方式、填充方式以及过滤器尺寸的设置上, 池化操作和卷积操作类似, 但卷积操作与池化操作在特征维度上存在差异, 卷积核进行卷积运算时同时进行多维运算, 而池化操作中过滤器仅仅进行某一个维度的运算.

图 6-4 为平均池化操作, 图左端为输入, 中间为池化层的过滤器, 与卷积层不

同之处在于池化层的过滤器中不含参数. 右端为进行平均池化操作后的输出. 平均池化是在特征图上以 $m \times m$ 邻域中计算平均值, 其中 $m \times m$ 为池化层中过滤器的大小. 如图 6-5, 左边输入经过平均池化层的计算结果如右边所示.

图 6-5 为最大池化操作, 图左边为输入, 中间为池化层的过滤器, 右边为最大池化操作后的输出. 最大池化操作在输入特征图上的操作邻域中选择最大值, 即保留最为显著的特征.

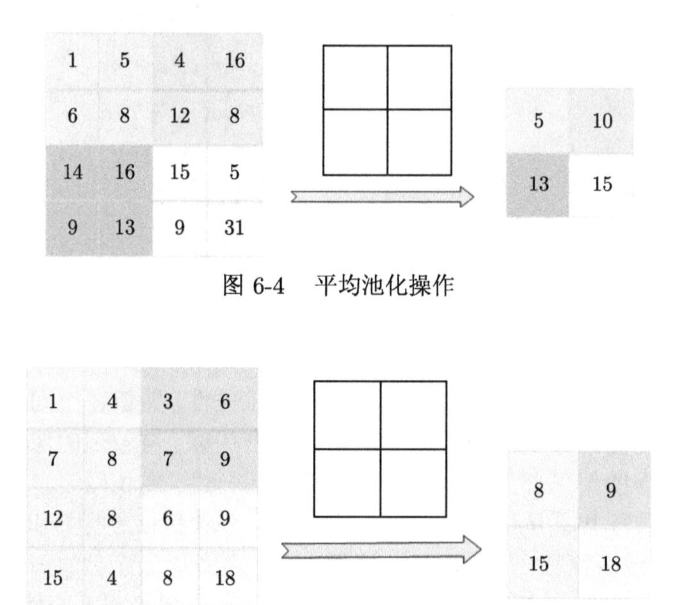

图 6-4　平均池化操作

图 6-5　最大池化操作

6.3　卷积神经网络光流计算模型

6.3.1　FlowNet 光流计算网络模型

有监督学习是现阶段最常见的深度学习方法, 该类方法通过使用某种或某些特性已知的数据样本训练神经网络, 使网络建立数据与特征的映射关系, 然后再利用映射关系模型预测未知样本, 具有训练方便、预测精度高等显著优点.

Dosovitskiy 等人首先使用卷积神经网络搭建了基于有监督学习方式的光流估计模型 FlowNet, 该模型如图 1-8 所示. 从图中可以看出, FlowNet 模型分为 FlowNetS (FlowNetSimple) 和 FlowNetC(FlowNetCorr) 两种网络架构, 并且这两种网络的结构均由卷积收敛层和扩展细化层组成, 图 6-6 展示了细化层的具体结构.

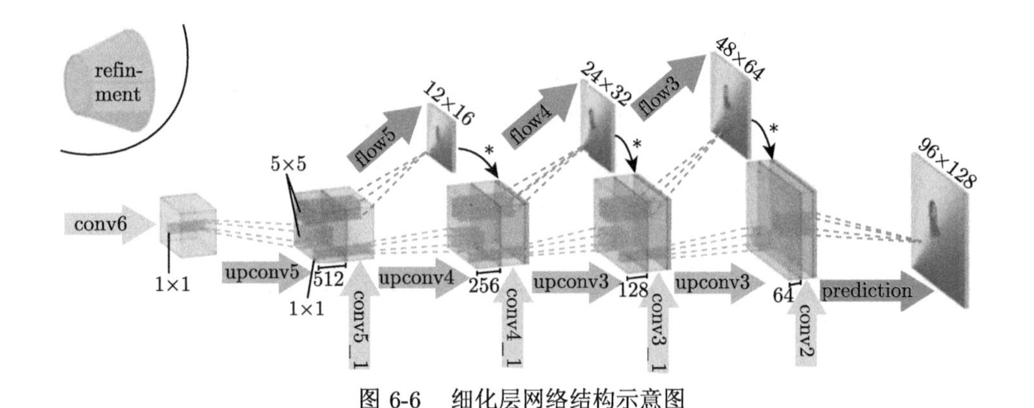

图 6-6　细化层网络结构示意图

FlowNetS 模型首先在输入部分堆叠连续两帧输入图像, 通过特征金字塔提取图像特征, 然后将金字塔各层的图像特征输入至细化层解码网络中, 细化层中由最低分辨率的图像特征开始逐层估计对应的光流, 并在上采样后输入至下一层中, 最终输出一个输入图像四分之一分辨率大小的光流, 经插值后恢复至原分辨率.

FlowNetC 模型利用了两组不同的卷积层对连续两帧输入图像提取特征, 然后计算其匹配代价, 匹配代价的计算过程如下式所示:

$$cv\left(x_1, x_2\right)=\frac{1}{N}\left(c_1\left(x_1\right)\right)^{\mathrm{T}} c_2\left(x_2\right) \tag{6-1}$$

在式 (6-1) 中, T 是转置操作, x_1 是参考帧中的匹配坐标, x_2 是目标帧中的匹配坐标, c_1 是参考帧特征图, c_2 是目标帧特征图, N 是列矢量 $c_1(x_1)$ 的长度, cv 是计算得到的匹配代价. 由于对全局像素点进行匹配代价的运算量过大, 因此一种常见的做法是设定一个搜索范围 d, 计算局部匹配代价来减少运算量, 其计算过程如下式所示:

$$cv\left(x\right)=\sum_{o\in[-d,d]\times[-d,d]}\left\langle c_1\left(x+o\right), c_2\left(x+o\right)\right\rangle \tag{6-2}$$

通过式 (6-2), 可以计算 c_1 中以 x 为中点, 范围为 $o=2d+1$ 的正方形区域在 c_2 对应位置, 范围为 $o=2d+1$ 的正方形区域内的 d^2 个匹配代价值, 代表参考帧特征图一点与目标帧特征图对应一点周围窗口内各个特征的匹配程度. 该匹配过程显式地获得了连续两帧图像间的运动特征, 将该匹配代价与图像特征叠加后进行金字塔特征提取, 然后将各层图像特征传递至细化层解码器计算各层光流.

针对深度学习光流计算方法需要大量带光流真实值的数据进行训练的需求, FlowNet 模型采用了在合成数据集 FlyingChairs 上进行预训练, 然后在 MPI-Sintel 以及 KITTI 数据集进行微调的策略.

FlowNetS 模型结构简单, 运算速度快, 但是精度不高. FlowNetC 引入了代价匹配过程, 因此精度相较于 FlowNetS 更高, 但是运算速度更慢. FlowNet 开创了深度学习光流计算的先河, 但是其整体精度相较传统光流计算方法仍较差.

6.3.2 FlowNet2.0 光流计算网络模型

针对原始 FlowNet 模型光流估计精度较低的问题, Ilg 等人提出一种堆叠卷积神经网络的光流估计模型 FlowNet2.0. 如图 6-7 所示, FlowNet2.0 模型将 FlowNetS 和 FlowNetC 网络作为组件进行堆叠, 提高了网络的深度, 首先采用一个 FlowNetC 网络对初始光流进行了估计, 然后将参考帧图像、目标帧经光流变形后的图像、初始光流、亮度误差等作为输入, 使用两个 FlowNetS 网络对 FlowNetC 估计的初始光流值进行细化.

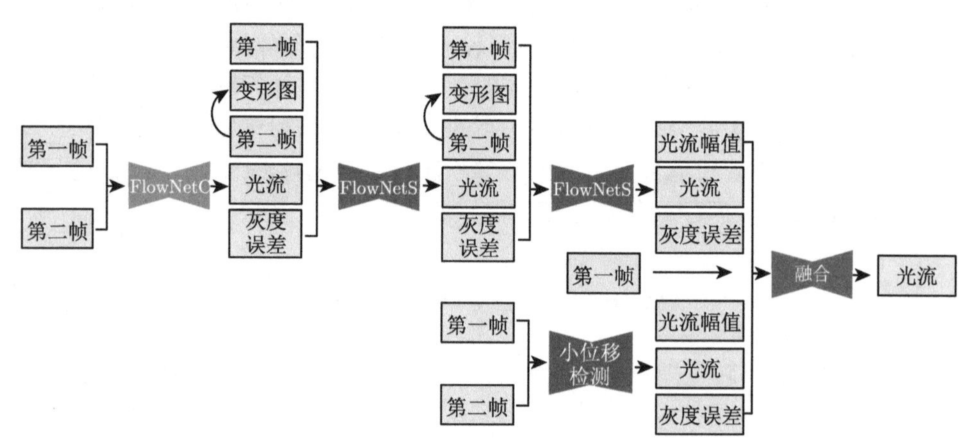

图 6-7　FlowNet2.0 光流计算网络模型示意图

针对小位移运动, FlowNet2.0 设计了一个旁路子网络 FlowNet-SD 对小位移运动进行针对性的估计, 最后将网络堆叠输出与小位移光流输出进行融合获得最终的光流预测结果, 使得 FlowNet2.0 模型在光流估计精度上超越了传统的变分光流计算方法.

针对 FlyingChairs 数据集仅包含简单的仿射变换运动物体以及物体种类少的问题, 提出了 FlyingThings3D 数据集, 其包含了更多不同种类的物体与复杂的运动. 通过在 FlyingChairs 和 FlyingThings3D 数据集上进行预训练, 进一步增强了模型在复杂场景下的光流计算准确性和鲁棒性. 同时, 为了促使模型收敛至最佳值, 设计了一种多阶段学习率调整策略, 其策略示意图如图 6-8 所示. 通过探索学习率调整策略与训练迭代次数的关系, 得到了一种最佳的学习率调整策略 S_{long} 与 S_{fine}, 其中, S_{long} 策略用于 FlyingChairs 与 FlyingThings3D 数据集的预训练

过程, S_{fine} 策略用于 MPI-Sintel 与 KITTI 数据集的微调过程.

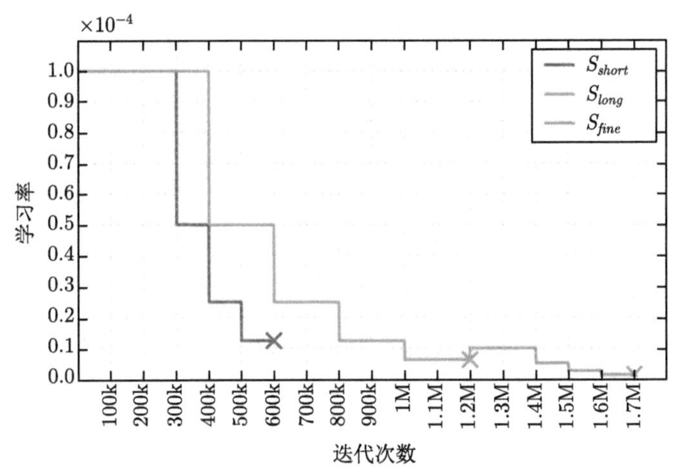

图 6-8 FlowNet2.0 光流计算网络学习率调整策略示意图

FlowNet2.0 通过堆叠 FlowNet 模型与采用更优的学习率调整策略, 首次令深度学习光流计算精度超过了传统光流计算方法, 取得了里程碑式的成就, 同时, 也为后续深度学习光流计算方法的学习率调整策略提出了重要参考依据.

6.3.3 PWC-Net 光流计算网络模型

图像序列中的大位移运动被定义为两帧之间位移超过十个像素点的运动, 针对深度学习光流计算模型中出现的大位移问题, Sun 提出一种基于特征金字塔的上下文光流估计网络模型 PWC-Net, PWC-Net 模型由四部分组成, 分别为特征金字塔、匹配代价层、光流计算层以及上下文关联层. 具体如下:

(1) 特征金字塔：受到 SpyNet 特征金字塔设计的启发, PWC-Net 所构建的特征金字塔抛弃了 FlowNet 复杂的并行结构, 对连续输入两帧图像采用权重共享的一个 6 层金字塔编码网络进行特征提取. 这使得 PWC-Net 模型参数量相较于 FlowNet 模型大大减少, 同时加快了模型计算速度. 特征金字塔进行特征提取的过程可以表示为

$$\begin{cases} F_1 = \text{Feature\_pyramid}(\text{image}_1) \\ F_2 = \text{Feature\_pyramid}(\text{image}_2) \end{cases} \tag{6-3}$$

式中, image_1 和 image_2 分别是输入的参考帧图像和目标帧图像, Feature_pyramid 是构建的 6 层特征金字塔, F_1 和 F_2 分别是特征金字塔计算的对应参考帧图像和目标帧图像的 6 层图像特征.

(2) 匹配代价层：匹配代价层为网络模型提供了先验知识，是提高深度学习光流模型预测精度的有效手段. PWC-Net 模型在各层特征金字塔光流处理流程中，均采用和 FlowNetC 相同的匹配代价层对参考帧图像与目标帧图像的金字塔特征进行匹配，增强模型对大位移运动的鲁棒性. 在对输入序列金字塔特征进行匹配代价操作之前，一般采用变形技术对第二帧对应的金字塔特征进行变形处理，变形技术为一种运动补偿手段，可减弱像素点在图像帧间的形变与位移，克服大位移与运动遮挡对光流计算模型的影响. 匹配代价的计算过程可表示为

$$cv_i = \text{cost\_volume}(F_1^i, F_2^i), \quad i = 1,2,3,4,5 \tag{6-4}$$

式中，F_1^i 和 F_2^i 分别是第 i 层特征金字塔计算的对应参考帧图像和目标帧图像的图像特征，cost_volume 是匹配代价计算函数，cv_i 是对应特征金字塔第 i 层的匹配代价.

(3) 光流计算层：PWC-Net 中的光流计算层由多个卷积层构成，该层的输入由 4 部分组成，分别为该层对应的匹配代价、参考帧图像对应的特征金字塔层图像特征、上层上采样光流场以及对应上层上采样后的特征. 通过在通道层面进行堆叠作为光流计算层的输入，用以计算初步光流. 光流计算的过程可以表示为

$$\begin{cases} \text{flow}_i = \text{clc\_OF}_i(cv_i, F_1^i, \text{upsample}\left(F_2^{i-1}\right)), & i = 2 \\ \text{flow}_i = \text{clc\_OF}_i(cv_i, F_1^i, \text{flow}_{i-1}, \text{upsample}\left(F_2^{\text{i}-1}\right)), & i = 3,4,5 \end{cases} \tag{6-5}$$

式中，upsample 是上采样系数为 2 的上采样操作，clc_OF_i 是第 i 层光流计算层，flow_i 是第 i 层光流计算层计算的光流结果.

(4) 上下文关联层：PWC-Net 中将上下文关联层作为一种后置处理手段，用来优化光流计算层中生成的初始光流场. 该层由一系列扩张参数不同的卷积操作构成，在卷积核中添加扩张参数，使得卷积核的输入单元在水平和垂直方向产生基于扩张参数的间隔，用于扩大卷积操作的感受野，提升模型在大位移状态下的计算精度. 上下文关联层优化光流结果的计算过程可以表示为

$$\begin{cases} \text{flow}_{\text{res}} = \text{context\_refine}\left(\text{flow}_5, F_2^5\right) \\ \text{flow}_{\text{final}} = \text{upsample}\left(\text{flow}_5 + \text{flow}_{\text{res}}\right) \end{cases} \tag{6-6}$$

式中，context_refine 是构建的上下文关联层，flow_{res} 是上下文关联层计算得到的光流场残差补偿值，upsample 是上采样系数为 2 的上采样操作，$\text{flow}_{\text{final}}$ 是 PWC-Net 模型最终输出的光流场.

PWC-Net 通过建立六层特征金字塔, 并自上而下、由粗到细地进行光流计算, 为详细说明 PWC-Net 的光流计算流程, 图 6-9 展示了包含三层金字塔的模型结构, 计算过程如图 6-9 所示.

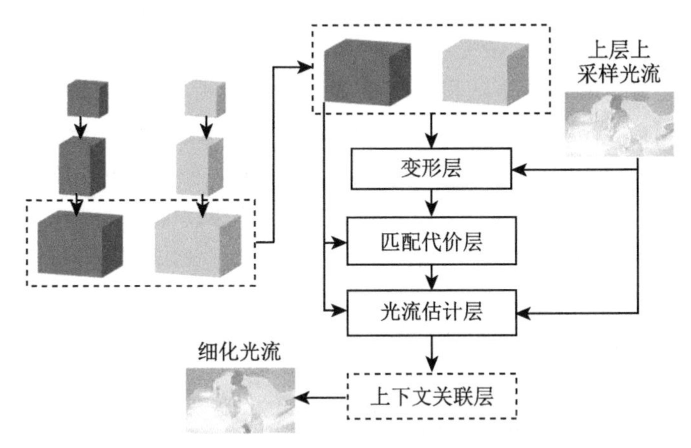

图 6-9 PWC-Net 模型结构示意图

由图 6-9 可以看出, 在金字塔顶层 (第三层), 通过为第一、二帧图像对应的金字塔特征建立匹配代价, 利用光流计算层求得该层光流场. 随后的金字塔两层进行相同的计算流程：首先对前层金字塔处理流程中得到的光流场进行比率为 2 的上采样, 并利用该光流场对第二帧对应的金字塔特征进行变形, 其次在匹配代价层对第一帧对应的金字塔特征与变形特征进行匹配, 最后联合计算得到的匹配代价与第一帧对应的金字塔该层特征、上层上采样光流场以及对应特征, 输入当前层的光流计算层获得当前层光流场. 当到达金字塔底层 (第一层) 时, 对当前光流计算层得到的原始光流场进行细化, 使其通过上下文关联层得到补偿光流场, 并与原始光流场相加, 得到最终细化光流场.

6.4 卷积神经网络光流计算训练方法

真实场景的光流真实值获取难度较大, 因此, 使用合成数据集对光流计算模型进行训练是目前的一种普遍做法. 一般首先将模型在 FlyingChairs 数据集上进行预训练, 然后在 FlyingThings3D 数据集上进行微调, 最后在 MPI-Sintel 数据集或 KITTI 数据集上进行微调. 针对需求不同, 预训练所使用的数据集也可被替换为 FlyingChairsOCC 数据集.

由于深度学习光流计算模型参数量较大, 容易在训练过程中发生梯度消失现象, 因此, 一种常见的监督训练方式是对金字塔每一层计算的不同分辨率光流计算结果, 利用下采样后的光流真实值进行监督, 使模型得以更好地传递梯度, 进行完整的训练.

另外, 数据增强已被证明是提高卷积神经网络模型泛化能力和避免网络过拟合的有效方法, 在训练过程中, 采用数据增强的方式对训练样本进行扩充, 增强模型的鲁棒性也是常见的训练方法之一.

具体而言, 数据增强是将随机几何变换和颜色增强应用至输入的连续两帧图像, 包括随机平移 (Translation)、随机翻转 (Flip)、随机旋转 (Rotation)、随机缩放 (Scaling)、亮度 (Brightness) 变换、对比度 (Contrast) 变换、饱和度 (Saturation) 变换、色调 (Hue) 变换和伽马 (Gamma) 变换. 并在输入图像中加入高斯噪声, 使合成图像更接近真实场景. 常见的数据增强方式以及参数如表 6-1 所示. 深度学习光流模型最终输出输入图像四分之一分辨率大小的光流和运动遮挡检测结果, 并通过双线性插值将其恢复到输入图像分辨率的大小.

表 6-1 数据增强参数设定

<table>
<tr><th rowspan="2">数据增强类型</th><th colspan="2">采样范围</th></tr>
<tr><th>第一帧</th><th>第二帧</th></tr>
<tr><td>随机平移</td><td>[−20%, 20%]</td><td>[−15%, 15%]</td></tr>
<tr><td>随机翻转</td><td colspan="2">50%</td></tr>
<tr><td>随机旋转</td><td>[−20%, 20%]</td><td>[−1.5%, 1.5%]</td></tr>
<tr><td>随机缩放</td><td>[100%, 150%]</td><td>[98.5%, 101.5%]</td></tr>
<tr><td>亮度变换</td><td colspan="2">[50%, 150%]</td></tr>
<tr><td>对比度变换</td><td colspan="2">[50%, 150%]</td></tr>
<tr><td>饱和度变换</td><td colspan="2">[50%, 150%]</td></tr>
<tr><td>色调变换</td><td colspan="2">[−0.5, 0.5]</td></tr>
<tr><td>伽马变换</td><td colspan="2">[0.7, 1.5]</td></tr>
</table>

6.5 本章小结

本章首先介绍了卷积神经网络的基本构件：输入层、卷积层、池化层. 然后分别对一些经典的深度学习光流计算模型——FlowNet、FlowNet2.0 以及 PWC-Net 进行了介绍. 最后, 对现有的深度学习光流计算模型的训练方法进行了归纳总结.

第 7 章　深度学习光流优化策略与方法

7.1　引　　言

第 6 章重点介绍了基于深度学习的光流计算理论和方法, 对卷积神经网络如何应用于光流计算进行详细叙述和分析. 本章将重点介绍深度学习光流计算技术中一些常用的网络优化策略和网络训练优化策略, 同时以两个深度学习光流计算网络方法为例, 详细分析网络优化和网络训练优化策略对光流计算的影响.

7.2　光流估计网络优化策略

7.2.1　特征金字塔

通常情况下, 图像序列中的位移大小、亮度变化以及纹理阴影会随着图像尺寸的变化而发生改变. 因此, 传统变分光流计算技术常常通过图像金字塔分层细化策略提高光流估计的精度与可靠性. 在 Ranjan 和 Black 提出基于金字塔分层的 SpyNet 光流计算网络模型后, 图像特征金字塔优化策略逐渐成为提高深度学习光流计算精度与鲁棒性的一类重要方法.

特征金字塔优化策略是采用可调学习参数的特征金字塔代替传统的由粗到细图像金字塔完成图像特征提取的一种手段. 如图 7-1 所示, 图像金字塔分层策略使用插值对输入图像进行下采样, 特征金字塔优化策略则使用卷积对输入图像进行下采样, 目的是取出对亮度变化和纹理阴影具有不变性的鲁棒特征. 因此经过特征金字塔提取出的特征相比图像金字塔图像更具鲁棒性. 研究表明, 使用特征金字塔替代传统图像金字塔能够显著提升网络模型的光流预测精度. 并且特征金字塔中卷积部分的特征提取能力越强, 网络模型的光流预测精度越高.

7.2.2　匹配代价层

在复杂多变的现实场景中, 大位移、弱刚性运动以及运动遮挡等困难运动场景严重制约光流计算的精度以及鲁棒性. 传统变分光流计算技术常常通过像素点匹配策略优化光流估计, 以提高在图像像素点置信度较低情况下光流计算的鲁棒性. 在 Dosovitskiy 等人提出基于匹配策略的 FlowNet 光流计算网络模型后, 通过添加匹配代价层约束网络模型成为提高深度学习光流预测精度的有效手段. 其匹配过程可分解为两个关键步骤：首先对输入图像进行特征提取, 然后对提取的特征进行特征比对从而构建匹配代价层. 因此, 匹配代价层可用来衡量图像序列中对应像素点的匹配成本代价, 其定义如下所示:

$$c(x_1, x_2) = \sum_{o \in [-k,k] \times [-k,k]} \langle f_1(x_1 + o), f_2(x_2 + o) \rangle \tag{7-1}$$

式 (7-1) 中, $f_1(\cdot)$, $f_2(\cdot)$ 表示输入图像序列的特征空间, 符号 x_1, x_2 表示特征空间中匹配像素坐标, k 为搜索半径. 通过式 (7-1) 可建立以 x_1, x_2 为中点, 范围为 $o = 2k + 1$ 方形区域内的匹配模型, 并获取相应的特征匹配值. 一般情况下, 为特征空间 $f_1(\cdot)$, $f_2(\cdot)$ 建立全局匹配模型常常会使匹配运算量超负荷, 因此, 可采用局部匹配建模通过设定搜索邻域约束匹配范围, 从而在运算效率上获得大幅提升.

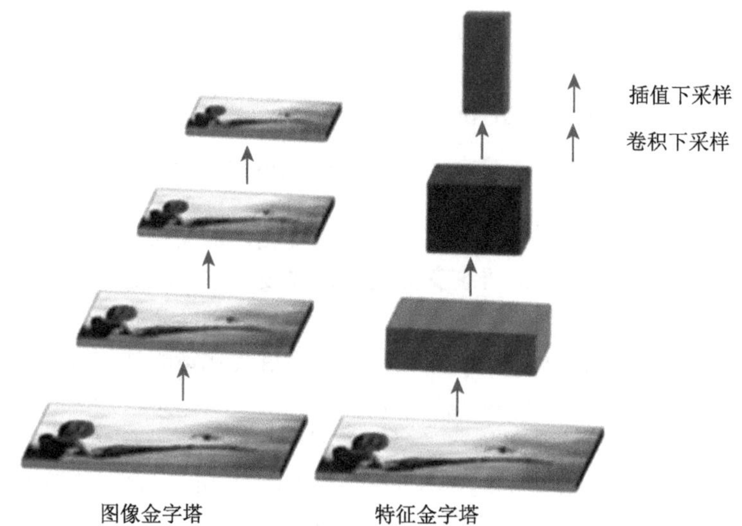

图 7-1 图像与特征金字塔分层结构

7.2.3 变形技术

一般情况下, 匹配代价层优化能够显著提高网络模型的光流预测精度, 然而当图像序列存在非刚性大位移或强遮挡时, 匹配过程常常无法获得有效的匹配像素点. 因此, 利用图像变形技术对第二帧图像进行运动补偿, 能够减弱像素点在图像帧间的形变与位移, 克服大位移与运动遮挡对光流计算模型的影响, 提高网络模型的光流计算精度与鲁棒性. 其中, 图像变形模型如下所示:

$$I_w(x) = I_2(x + w(x)) \tag{7-2}$$

式 (7-2) 中, $w(x)$ 表示像素点 x 的光流矢量, $I_2(x)$ 与 $I_w(x)$ 分别表示图像序列第二帧原始图像和变形图像在像素点 x 处的亮度值.

图 7-2 展示了图像变形技术的实现流程, 由图中可以看出, 根据初始光流和第二帧图像计算的变形图像融合了第一帧与第二帧图像中的所有特征, 并且像素点帧间位移明显减小. 因此, 通过构建第一帧图像与变形图像之间的匹配代价层搜索光流特征, 可有效提高大位移场景下的网络模型的光流预测精度与可靠性.

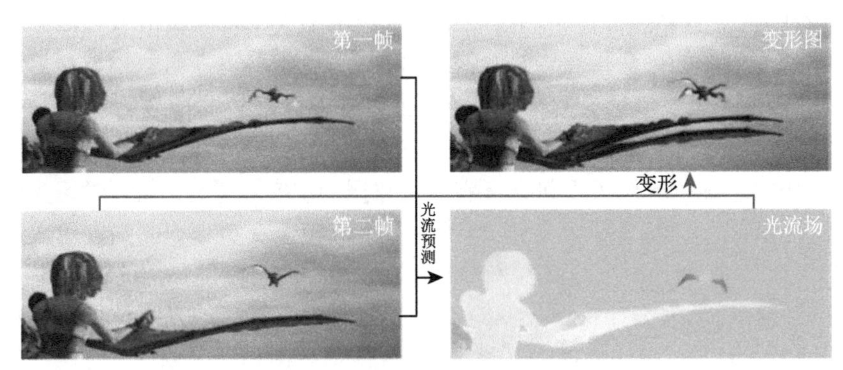

图 7-2 图像变形技术实施流程

7.2.4 后置处理

传统变分光流模型的计算结果中常常包含大量噪声和异常值, 因此, 利用上下文信息 (Contextual Information) 对光流计算结果进行后置处理以提高估计精度是变分光流计算技术的常用手段. 常见的后置处理方法包括：中值滤波、双边滤波、引导滤波等滤波优化策略. 同样, 深度学习光流计算网络模型亦可通过对输出光流进行后置处理提升光流预测的精度. 例如：FlowNet 光流网络模型采用基于变分技术的由粗到细迭代细化策略对网络模型预测结果进行后置处理, 显著提升了小位移场景下光流计算的准确性. PWC-Net 光流网络模型采用扩张卷积技术作为后置处理操作, 通过拓展卷积过程的感受野进一步细化大位移场景下的光流计算结果, 显著提高了光流预测的精度.

7.2.5 子网络融合

虽然深度学习光流计算网络模型的光流预测结果整体精度较高, 但是当图像序列中包含弱小目标、小位移和复杂边缘等困难场景时, 由于卷积网络的平滑特性常常导致光流估计模型对弱小目标和小位移不敏感, 光流计算结果易产生边缘过度平滑现象. 针对此类问题, 子网络融合优化策略通过单独训练一个针对特定运动或场景的子网络, 并将该子网络的输出光流与原始网络输出光流进行融合以提高原始网络的适用性与鲁棒性. 例如：通过联合立体匹配以及光流估计任务, 在训练过程中利用特征复用提高立体匹配与光流预测的精度. 此外, 通过融合静态场景的深度信息以及相机运动、姿势特性, 也可以显著提高光流计算模型的精度及鲁棒性.

7.3 光流估计训练优化策略

根据学习策略的不同, 基于深度学习的光流计算方法可分为基于有监督学习的光流估计方法、基于无监督学习的光流估计方法以及基于半监督学习的光流估计方法. 有监督学习光流计算模型首先利用卷积神经网络在多尺度卷积空间提取图像特征, 然后根据图像特征建立相邻图像像素点的对应关系, 最后根据像素对应关系计算稠密光流场. 虽然有监督学习策略通常能够获取较高精度的光流估计结果, 但该类方法需要大量标签数据训练模型参数且模型训练过程复杂, 导致其网络学习时间消耗过大, 难以应用于不包含真实光流数据的现实场景. 无监督学习光流计算模型通常使用辅助光流代替真实光流或利用不依赖于真实光流的损失函数进行网络参数训练, 能够克服标签数据对网络模型的限制. 但是模型参数的训练并不准确, 导致该类方法的光流估计精度较低. 基于半监督学习策略的光流计算模型在综合有监督学习与无监督学习方法的基础上, 联合标签数据和真实数据进行网络模型训练, 能够有效克服网络模型训练对标签数据的依赖性, 然而由于网络模型与训练数据的局限性, 导致该类方法的光流估计精度仍低于有监督学习方法.

7.3.1 有监督学习模型训练策略

相对于半监督学习和无监督学习网络模型, 基于有监督学习的光流估计模型更依赖于训练样本的质量与数量. Middlebury、MPI-Sintel 和 KITTI 等基准光流测试数据库提供的训练样本数量较少, 难以充分发挥卷积神经网络的性能. 文献通过仿射变换构建了与 MPI-Sintel 数据库具有类似运动分布的合成数据集 FlyingChairs, 使之能够适用于大规模光流计算网络模型的训练, 并利用数据增强策略降低网络模型训练的过拟合风险.

鉴于 FlyingChairs 数据集图像序列只包含简单的平面运动, 难以满足现实场景光流计算网络模型的训练需求. Mayer 等人创建了面向真实场景任务的光流训练数据库 FlyingThings3D, 该数据库包含大量 3D 运动且模拟光照变化、遮挡、大位移等困难场景, 能够有效地增强光流计算模型的训练效果. 此外, 在训练的不同阶段采用特定的数据集以及学习策略, 可显著提升网络的泛化能力、提高网络的性能, 其网络模型学习策略如图 7-3 所示. 图中, 短学习策略与长学习策略为模型训练初始阶段采用的学习策略, 用来初步学习网络模型参数. 微调学习策略为模型训练调整阶段采用的学习策略, 用以调整模型参数.

由图 7-3 中不同学习策略之间的对比可以看出：短学习策略与长学习策略因其采用的迭代次数相对较多, 学习率相对较高, 一般应用于模型训练的初期以快速调整模型参数. 两者不同之处在于, 长学习策略的迭代次数是短学习策略迭代次数的两倍, 因此采用长学习策略训练可以使网络模型收敛得更为彻底, 然而其训练时间则大幅增加. 微调学习策略通常应用于网络模型训练的调整阶段, 因此其学习率相对于初始阶段明显下降, 以促使模型缓慢调整参数. 其中, 两段型微调学习策略首先通过小幅提升初始学习率, 然后在训练过程中震荡降低与升高学习率, 以促进光流计算网络模型在更大的范围内调整模型参数, 避免陷入局部最优. 近期的研究表明, 针对 MPI-Sintel 以及 KITTI 等基准数据库进行微调时, 使用两段型微调学习策略能够大幅提升有监督光流模型的学习率. 因此, 采用适当的训练策略比单纯增大模型尺寸对于网络预测性能的提升更为显著, 通常模型尺寸的增大会提升训练的难度, 使得模型不容易收敛.

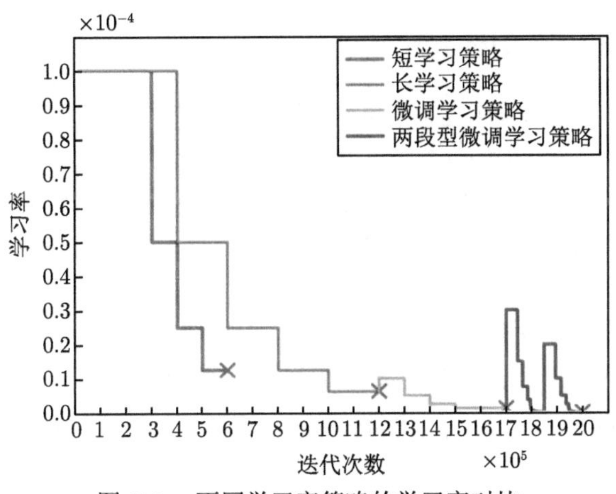

图 7-3 不同学习率策略的学习率对比

现阶段, 例如 FlowNet、PWC-Net 等有监督学习光流计算模型的完整训练过程通常采用改进梯度下降策略进行端到端训练, 其训练过程如下：首先采用短学习策略或长学习策略对网络模型在 FlyingChairs 数据库上进行初始训练以获取预测光流的常规特征; 然后采用微调学习策略对网络模型在 FlyingThings3D 数据库进行微调训练提高模型对旋转、缩放等运动的适用性与鲁棒性; 最后采用微调学习策略或两段型微调学习策略针对网络模型在 MPI-Sintel 和 KITTI 等基准数据库再次进行微调训练, 以提升网络模型针对评估数据库的光流预测精度与鲁棒性.

7.3.2 无监督学习模型训练策略

由于获取现实场景的光流真实值须同时利用摄像机和 3D 激光扫描仪等成像设备, 成本高昂且难以获取足量的标签图像训练样本. 因此, 基于有监督学习的光流计算网络模型现阶段仍难以直接应用于现实场景的光流估计任务.

相对于有监督学习光流估计网络模型, 无监督学习网络的优势在于无需标签数据引导模型的最小化损失函数项, 因此可直接利用真实场景下无标签训练样本进行网络参数的训练. 在目前主流的无监督学习光流网络模型 UnsupFlownet、Unflow 以及 Back2FutureFlow 中, 其网络结构与有监督学习光流网络类似. 不同之处在于: 无监督学习光流计算网络通常使用灰度守恒损失函数、空间平滑损失函数或其他惩罚损失函数代替有监督学习光流网络模型中的端点误差损失函数, 因此其训练策略与有监督学习模型基本保持一致. 通常的训练步骤如下: 首先采用有监督学习光流估计网络模型训练策略依次针对 FlyingChairs、FlyingThings3D、MPI-Sintel 和 KITTI 数据库进行模型训练. 然后, 为增强无监督学习模型在真实场景下光流预测的鲁棒性, 采用真实场景图像序列对无监督光流计算模型进行额外微调, 这是有监督学习模型所不具备的优势.

7.3.3 半监督学习模型训练策略

得益于采用标签数据作为监督信号辅助网络模型的训练, 有监督学习光流计算模型针对 MPI-Sintel 和 KITTI 等基准数据库的光流预测精度已大幅领先于传统的变分光流计算方法. 然而有监督光流网络模型在标签数据较少的 Middlebury 数据库或不提供标签数据的真实场景图像序列的光流预测效果仍有待提升. 虽然无监督学习网络模型针对基准数据库的光流预测精度相对于有监督学习网络模型仍有较大差距, 但该类方法通过利用大量无标签的现实场景图像序列作为训练样本, 大幅提高了网络模型针对真实场景光流估计的鲁棒性.

半监督学习策略通过综合有监督学习与无监督学习策略的优势, 可在不明显降低光流网络模型在基准数据库光流预测精度的情况下, 提高网络模型针对现实场景图像序列的光流计算鲁棒性. 其训练步骤大致如下: 首先采用有监督学习策略, 利用标签数据样本监督网络模型学习预测光流的一般特性, 以提高模型光流估计的整体精度; 然后使用无标注数据样本对网络模型的参数进行正则化, 增强网络模型针对现实场景光流预测的鲁棒性. 一般情况下, 半监督学习模型的训练策略可参照无监督与监督学习策略, 需要注意的是, 无监督与有监督学习的损失函数项在总体损失函数中的权重须设置合理, 以防止网络模型在训练过程中发生震荡, 导致光流预测网络的性能下降.

7.4 基于遮挡检测的多尺度自注意力光流估计方法

光流计算中常常出现大位移导致的运动边界模糊现象, 针对该问题, 本节设计了一种基于自注意力机制的多尺度学习模块. 该模块通过自注意力机制提取特征金字塔中光流多尺度特征的长范围依赖关系, 用于获取图像序列处于运动边界区域处的大位移补偿光流, 并与初始光流相加缓解运动边界处的模糊现象. 同时, 针对复杂场景下光流计算的鲁棒性问题, 本节设计了一种混合训练函数. 该训练策略通过综合光照守恒与空间平滑假设的优势, 并以此为基础提出光照、平滑正则项, 结合端点误差训练函数对模型进行端到端的训练, 在保证光流计算模型收敛的同时有效提高了模型的鲁棒性.

7.4.1 基于变形误差的遮挡检测模块

目前针对大部分基于卷积神经网络的光流计算方法, 运动遮挡仍然是限制光流计算鲁棒性的关键问题. 在基于有监督学习的光流计算模型中, 通常使用含有遮挡真实值的训练集对网络模型进行训练, 然而真实场景复杂多变, 为获得遮挡真实值带来诸多难度, 因此在面向真实场景作微调时, 遮挡真实值的缺失通常会引起网络模型计算精度的下降. 而在基于无监督学习的光流计算模型中, 通常利用前后一致性检测获得遮挡图, 此计算过程相对耗时, 不利于网络模型的训练. 为改善上述问题, 本节提出一种基于变形误差的遮挡检测模块, 可在不依赖遮挡真实值的情况下, 通过网络模型自身学习特征的能力, 获得较为精确的遮挡图, 并可利用端到端的学习模式, 对网络模型进行训练. 根据光流场的定义：遮挡区域一般为光流亮度守恒不一致的区域, 例如, 第一帧中有某点 $a(x,y)$, x, y 分别对应图像坐标系的横坐标以及纵坐标, 这点的光流场为 $w=(u,v)$, u, v 分别对应光流场水平方向与垂直方向的位移矢量, 对这点施加光流得到第二帧中点 $b=a(x+u,y+v)$, 此项过程称为由第二帧向第一帧变形, 假如 a 到 b 之间发生遮挡, 显然可得, a 与 b 之间的亮度值会有明显差异. 采用公式表达为

$$I_w(x)=I_2(x+w(x)) \tag{7-3}$$

式 (7-3) 中 $w(x)$ 表示像素点 x 的光流矢量, $I_2(x)$ 与 $I_w(x)$ 分别表示图像序列第二帧原始图像和变形图像在像素点 x 处的亮度值.

$$I_E(x)=I_w(x)-I_1(x) \tag{7-4}$$

式 (7-4) 中 $I_1(x)$ 为图像序列第一帧原始图像, $I_E(x)$ 即为像素点之间的差异值, 称为变形误差. 利用三角网格阈值, 可从变形误差 $I_E(x)$ 中直接计算得到遮挡图, 然而三角网格阈值检测过程耗时, 不利于推广到基于神经网络的计算模型训练中. 本节综合以上思路可得出结论：变形误差 $I_E(x)$ 与图像序列的遮挡模式正相关. 根据卷积定义, 三角网格阈值可看成一种感受野较大的特殊卷积. 因此, 本节利用变形误差 $I_E(x)$, 配合卷积, 在不依赖遮挡真实值的情况下, 可直接计算得到前后帧之间的遮挡关系. 为简化网络模型训练过程中的计算参数, 并提高鲁棒性, 本节采用特征金字塔中的图像特征代替原始图像序列. 基于变形误差的遮挡检测模块如图 7-4 所示.

由图 7-4(a) 可得, 给定图像序列中第一帧图像的金字塔特征 1 和第二帧图像的变形特征 2, 利用公式 (7-4) 相减即可得到所有像素点的特征变形误差. 随后

利用两层卷积以及 ReLU 激活函数可获得关于图像序列帧间的遮挡特征, 并利用 Sigmoid 函数限定遮挡特征在 [0,1] 之间, 由于常规的遮挡图中的值非 0 即 1, 本节求出的遮挡特征的值限定在 [0,1] 之间, 为区分两者, 命名本节求得的遮挡特征为遮挡特征图.

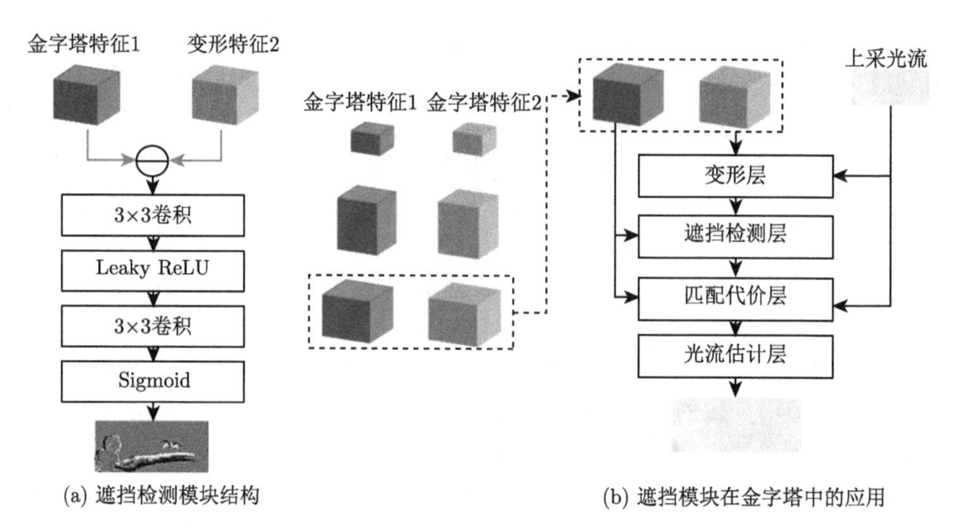

(a) 遮挡检测模块结构 (b) 遮挡模块在金字塔中的应用

图 7-4 遮挡检测模块

最后利用求得的遮挡特征图正则 PWC-Net 模型中的匹配代价层, 由图 7-4(b) 所示, 提高模型在遮挡区域的计算精度. 为进一步说明该模块的作用, 本节可视化了 MPI-Sintel 训练集中 Temple_3 序列的光流计算结果, 如图 7-5 所示.

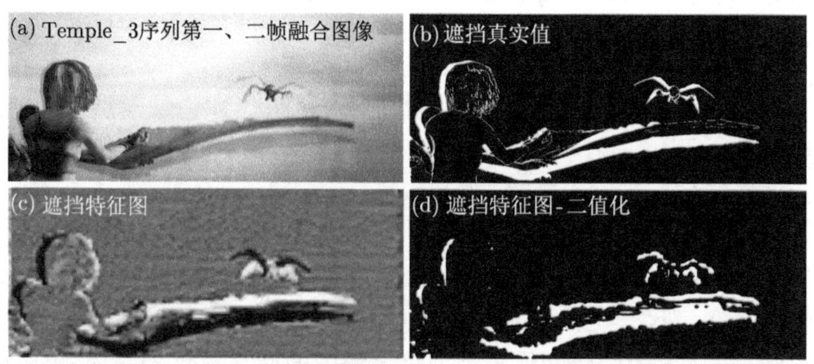

图 7-5 基于自注意力机制的多尺度学习模块效果. 从上到下分别为：输入图像序列和遮挡真实值, 本节计算得到的遮挡特征图和本节计算得到的遮挡特征图-二值化

由图 7-5(c) 可以看出, 在遮挡特征图中像素点的灰度值越低, 此点趋向于在第一帧中存在而在第二帧中消失. 相反, 在遮挡特征图中像素点的灰度值越高, 此

点趋向于在第一帧中消失而在第二帧中存在. 利用上述原理, 对遮挡特征图进行阈值, 可得图 7-5(d). 通过对比图 7-5(d) 二值化遮挡特征图与图 7-5(b) 遮挡真实值可以发现：本节提出的基于变形误差的遮挡检测模块可有效检测图像帧间的遮挡关系.

7.4.2 基于自注意力机制的多尺度学习模块

模拟人类视觉功能的注意力机制是近些年来的研究热点之一. 人类可以有选择地聚焦于视觉空间的各个子区域, 获取感兴趣区域的有用信息, 将不同的信息组合起来, 随着时间的推移建立起整个场景的显示. 本节首先介绍了注意力机制的原理, 然后给出本节提出的基于自注意力机制的多尺度学习模块的构建过程.

1. 自注意力机制

当前神经网络的重点是捕捉网络中的长范围依赖关系. 对于图像数据, 由于卷积操作的局部性, 通常采用堆叠数个大感受野的卷积模块建立长范围依赖关系的获取单元, 进一步向深层网络模型传递信号. 虽然通过此种方式可获得长范围依赖关系, 但是由于卷积特性, 存在诸多限制, 例如:

(1) 计算效率问题, 堆叠数个卷积操作会延迟计算时间.

(2) 优化问题, 过多的卷积操作会产生梯度消失或者梯度爆炸现象.

(3) 多级依赖性问题 (Multihop Dependency Modeling), 造成远距离像素点之间的信息传递产生困难.

多项工作表明, 利用自注意力机制可有效获取特征中的长范围依赖关系, 注意力机制可限定特征中某一像素点与其他所有像素点之间的联系. 如图 7-6 所示：通过所有位置 x_i (图 7-5 中只标出与 x_i 强关联位置的 x_i) 的特征加权平均, 可求得 x_i 处相应的像素点, 因此, x_i 为具有长范围依赖关系的像素点. 注意力机制的处理流程可总结如下：令 $X \to \mathbb{R}^{C\times HW}$ 表示图像特征, 其中符号 C, H 与 W 分别表示特征通道、长以及宽的尺寸. 利用 1×1 标准卷积分别对该特征进行三次特征提取, 求得特征变量 $\alpha \to \mathbb{R}^{C\times HW}$, $\beta \to \mathbb{R}^{C\times HW}$ 以及 $\eta \to \mathbb{R}^{C\times HW}$. 通过特征变量 α 和 β 可求得注意力能量, 计算公式如下：

$$\omega = \alpha^{\mathrm{T}} \otimes \beta \tag{7-5}$$

式中, $\otimes$ 表示矩阵乘法操作. 可进一步对注意力能量进行规范化, 计算公式如下：

$$\tilde{\omega}_{i,j} = \frac{\exp(\omega_{i,j})}{\sum_{j=1}^{HW} \exp(\omega_{i,j})} \tag{7-6}$$

图 7-6 长范围依赖关系示意图

给定规范化注意力能量 $\tilde{\omega}_{i,j}$, 每一行元素表示其中一个像素点与整块特征之间的联系. 通过规范化注意力能量 $\tilde{\omega}_{i,j}$ 以及特征变量 η, 可求得注意力依赖特征 Y, 计算公式如下：

$$Y = \eta \otimes \tilde{\omega}^{\mathrm{T}} \tag{7-7}$$

为促使训练初期的注意力依赖特征 Y 方便地从局部拓展到全局范围, 可采用残差连接的方式处理输入多尺度融合特征 X 与输出注意力依赖特征 Y, 并求得全局范围的注意力依赖关系 $\tilde{Y}$, 计算公式如下：

$$\tilde{Y} = \lambda Y + X \tag{7-8}$$

式中, λ 为网络模型训练过程中的自适应学习参数, 可在训练过程中依据训练样本的特性自适应地调整对应数值, 从而获得最佳的注意力依赖关系 $\tilde{Y}$.

2. 多尺度学习模块

自注意力机制模块可方便地嵌入 PWC-Net 模型金字塔的任意一层, 然而, 在每层金字塔中嵌入自注意力机制模块会显著增加模型中计算参数的数量, 带来计算上的负担. 因此, 本节采用一种后置处理的方式, 在有效缩减计算参数的同时, 对 PWC-Net 进行多尺度信息弥补.

基本流程为：利用 PWC-Net 模型计算初始光流场, 并结合特征金字塔提取光照、位移不变特征的特性, 综合特征金字塔每一层特征为多尺度下的初始光流场提供光照、位移不变特征, 形成多个包含光照、位移信息的多尺度融合特征, 并利用自注意力机制求取对应的特征长范围依赖关系. 最后, 综合多个特征长范围依赖关系, 获得残差光流场. 利用残差光流场对初始光流场进行弥补, 可显著提升网络模型在大位移场景下, 特别是运动边界处的光流计算精度. 基于自注意力机制的多尺度学习模块架构如图 7-7 所示.

首先, 利用 3×3 卷积操作对初始光流场与对应特征进行特征融合, 并对融合特征进行池化下采样, 用来匹配特征金字塔每一层中光流特征的尺寸; 其次, 通过叠加融合特征与对应的金字塔各层特征, 形成 $K-2$ 份多尺度融合特征, 其中 K

为金字塔层数, 并利用自注意力机制分别对 $K-2$ 份多尺度融合局部感受野至全局感受野特征求取对应的特征长范围依赖关系, 注意力机制可拓展卷积的局部感受野至全局感受野.

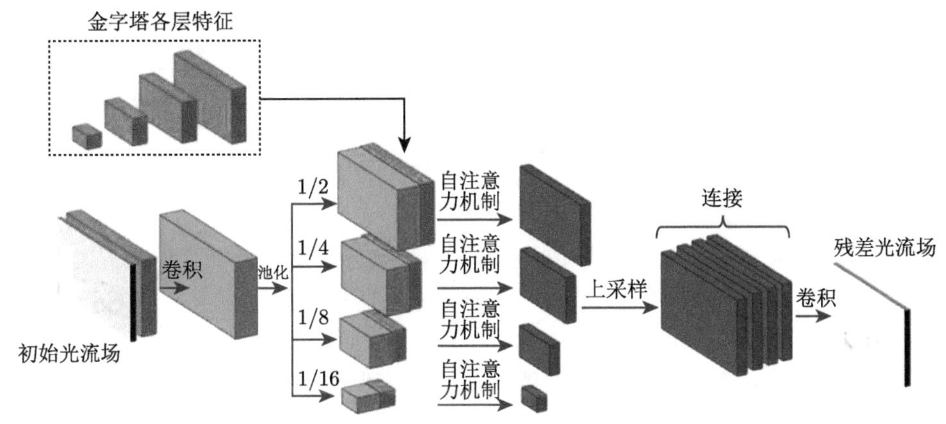

图 7-7 基于自注意力机制的多尺度学习模块构架

然后, 分别对 $K-2$ 份多尺度下的注意力依赖关系进行上采样, 进行通道层面的叠加后, 进行特征提取计算求解残差光流场; 最后, 通过累和所求得的残差光流场与 PWC-Net 模型计算得到的初始光流场, 求得最终细化光流场, 从而提高图像边界或运动边缘处大位移光流计算的精度. 图 7-8 通过可视化上述模块针对 MPI-Sintel 训练库 Temple_3 序列的效果, 进一步说明了该模块的作用. 由图 7-8

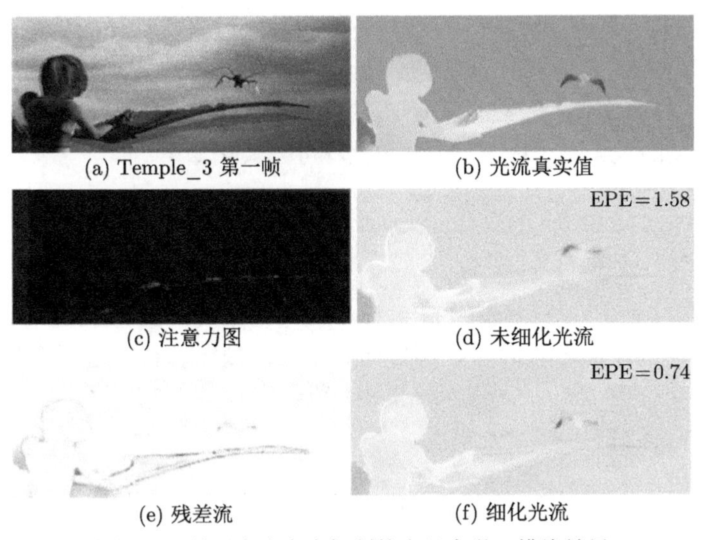

(a) Temple_3 第一帧　(b) 光流真实值　(c) 注意力图　(d) 未细化光流　(e) 残差流　(f) 细化光流

图 7-8 基于自注意力机制的多尺度学习模块效果

可以看出：本节提出的基于自注意力机制的多尺度学习模块生成的残差光流可弥补图像序列因大位移运动而造成的边界模糊现象.

7.4.3 混合训练函数

目前, 针对基于有监督学习的光流计算模型, 绝大部分网络模型仍采用端点误差函数 (Endpoint Error) 作为模型训练的手段. 端点误差函数可定义为, 网络模型训练过程中生成光流估计值与光流真实值之间的 L2 范数, 如下式所示：

$$L_{EPE} = \sum_{x \in \Omega} |w_E(x) - w_G(x)|_2 \tag{7-9}$$

式 (7-9) 中, L_{EPE} 表示端点误差值 (EPE), $|\cdot|_2$ 表示对向量进行 L2 范数操作. 符号 $w_E(x)$ 与 $w_G(x)$ 分别表示像素点 x 处的光流估计值与光流真实值, 记号 Ω 表示整个图像区域.

尽管利用端点函数有监督地训练网络模型可促使生成精度较高的光流场, 然而由于端点误差函数只考虑单一像素点间的误差关系, 通常会造成生成光流场的边界过于平滑, 并且无法有效优化处于遮挡或者大位移区域像素点的光流值. 在基于传统变分的光流计算中, 光照不变假设与光流平滑假设是构成传统变分能量泛函的两项基本假设, 分别定义为经过光流运动后像素点的像素值与运动之前保持不变、相邻像素点之间的光流值趋于一致, 因此, 虽然利用传统变分能量泛函求得的光流场整体精度略低于基于有监督学习的光流计算模型, 但可有效提升图像边缘处光流估计的精度. 为充分结合基于传统变分光流计算与基于有监督光流训练的优势, 本节在端点误差训练策略的基础上, 提出利用光照项与平滑项对有监督光流模型进行正则, 提高模型在边界与大位移区域光流估计的鲁棒性.

光照正则项可定义为：利用变形技术, 分别采用光流真实值与光流估计值对原始图像序列中第二帧图像进行变形, 然后衡量这对变形图像之间的距离, 并在训练网络模型的过程中使距离接近, 此过程可公式化如下：

$$L_{photometric} = \sum_{x \in \Omega} f(I(x + w_G(x), t+1), I(x + w_E(x), t+1)) \tag{7-10}$$

式 (7-10) 中, $I(x + w_G(x), t+1)$ 与 $I(x + w_E(x), t+1)$ 分别表示利用光流真实值 w_G 与光流估计值 w_E 对原始图像序列中第二帧图像特征进行变形之后, 像素点 x 的灰度值. 符号 $f(x, y)$ 表示平滑 L1 范数函数, 用来衡量矢量 x 与 y 之间的距离, 可公式化如下：

$$f(x, y) = \begin{cases} \tau \cdot (x, y)^2, & \|x - y\| < \theta \\ \theta \cdot \|x - y\| - \tau, & \text{其他} \end{cases} \tag{7-11}$$

式 (7-11) 中, τ 与 θ 为调节参数, 本节设置 $\tau = 0.5$ 和 $\theta = 1$. 采用平滑 L1 范数训练策略对计算模型进行训练, 可在训练初期采用 L1 范数训练策略避免训练初期梯度较小导致模型的不收敛问题, 以及在训练后期采用 L2 范数训练策略缓解训练后期梯度较大而导致模型震荡的问题.

平滑正则项可定义为：光流真实值与光流估计值水平、垂直梯度之间的距离, 距离评价方式为平滑 L1 范数函数, 此过程可公式化如下：

$$L_{smoothness} = \sum_{x\in\Omega} \left\{ \begin{array}{l} f(H_x(w_E(x)), H_x(w_G(x))) \\ +f(H_y(w_E(x)), H_y(w_G(x))) \end{array} \right. \tag{7-12}$$

式 (7-12) 中, $H_x(\cdot)$ 和 $H_y(\cdot)$ 分别表示计算水平、垂直方向梯度操作, w_G, w_E 为光流真实值与光流估计值, $f(x,y)$ 为平滑 L1 范数函数, 如式 (7-11) 所示.

通过混合端点误差函数式 (7-8)、光照正则项式 (7-10) 以及平滑正则项式 (7-12), 可完整地得出本节提出的混合训练函数, 如

$$L_{hybrid} = L_{EPE} + \beta L_{photometric} + \lambda L_{smoothness} \tag{7-13}$$

式 (7-13) 中, β 与 λ 分别为光照正则项与平滑正则项的权重, 用来控制正则项占混合训练函数中的比重.

为促使网络模型能够获得较快的收敛速度, 本节参考 PWC-Net 模型的训练方式：通过在网络模型金字塔的每层应用混合训练函数策略, 此过程公式化如下：

$$L_{hybrid} = \sum_{l=l_0}^{L} \alpha_l L_{hybrid}^l + \eta|\Theta|_2^2 \tag{7-14}$$

式 (7-14) 中, L_{hybrid} 为第 l 层金字塔的混合训练函数代价, α_l 为对应权重. 记号 Θ 为网络模型中所有可学习参数, 参数 η 用来正则整个网络模型中的可学习参数.

为增强泛化性能, 需要对网络模型进行微调. 针对微调过程, 可通过采用 Charbonnier 惩罚函数代替式 (7-15), 消除估计光流中异常值点的影响, Charbonnier 惩罚函数的定义如下式所示：

$$\rho(x,y) = ((x-y)^2 + \varepsilon^2)^k \tag{7-15}$$

式 (7-15) 中, ε 与 k 分别为调节因子.

7.4.4 实验与分析

1. 网络模型与参数设置

本节提出模型采用 6 层金字塔结构, 因此对输入图像序列, 也就是特征金字塔的最底层, 进行了 6 次下采样, 采样比率为 2, 并且随着金字塔层数的增加, 每层

特征的通道数也逐层增加, 第一层至第六层特征的通道数分别为 16、32、64、96、128、196, 并且按照从高层至低层的顺序, 逐层进行光流计算. 相应地, 在每层特征金字塔层中设置匹配代价块中的搜索半径为 $k = 4$, 在不增加计算负担的同时, 提升模型在大位移状态下的计算精度. 在光流计算层中, 连续卷积层的通道数逐层递减, 分别为 128、128、96、64、32, 最后输出通道数为 2 的光流场, 另外可通过稠密连接加强特征的表示, 提升光流计算精度. 在用于后置处理的上下文关联层中, 采用 7 层带扩张参数的卷积, 扩张参数分别为 1、2、4、8、16、1、1.

为方便对本节提出模型的整体结构进行说明, 图 7-9 可视化了包含 3 层金字塔的本节提出模型.

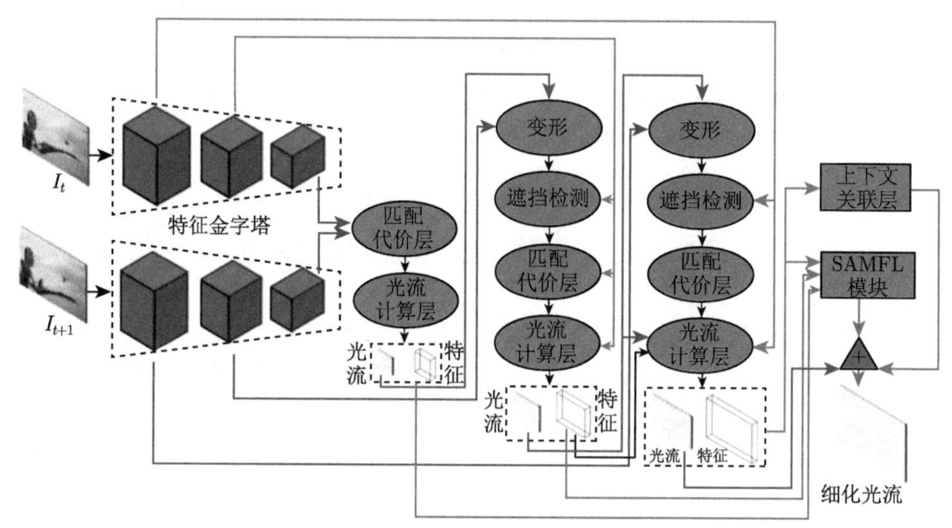

图 7-9 本节提出模型结构示意图

由图 7-9 可以看出：本节提出模型的主体光流计算流程遵循 PWC-Net 模型. 针对 PWC-Net 模型在遮挡区域光流计算的不鲁棒问题, 本节在除金字塔顶层以外, 均进行遮挡检测, 并用求得的遮挡特征图对匹配代价层进行正则. 针对 PWC-Net 模型在大位移区域生成的光流场缺乏多尺度信息问题, 本节采用后置处理方式, 提出基于自注意力机制的多尺度学习模块, 补偿包含大位移运动的边界区域处的光流计算精度.

关于本节提出模型的参数设置如下：在训练函数 (7-14) 中, 金字塔每层的训练函数代价的权重为 $\alpha_2 = 0.005$, $\alpha_3 = 0.01$, $\alpha_4 = 0.002$, $\alpha_5 = 0.08$ 和 $\alpha_6 = 0.32$. 正则参数 η 设置为 0.0004 避免网络模型在训练过程中的过拟合现象. 在本节提出的混合训练函数 (7-13) 中, 分别设置权重参数 $\beta = 0.8$ 与 $\lambda = 0.5$.

为促使本节提出的网络模型学习到平移、缩放等一般性的二维运动, 首先对网络模型针对 FlyingChairs 数据库训练: 设置输入尺寸为 8 批次的 448×384 分辨率图像, 并且在初始的 400k 次迭代优化中, 学习率设置为 10^{-4}, 随后每进行 2×10^5 次优化迭代, 学习率便降低一半, 总共进行 1.2×10^6 次优化迭代. 随后, 为扩展网络模型学习到的二维运动特征到三维空间, 继续对网络模型在 FlyingThinds3D 数据库上微调: 设置输入尺寸为 4 批次的 768×384 分辨率图像, 并且在初始的 10^5 次迭代优化中, 学习率设置为 10^{-5}, 随后每进行 2×10^5 次优化迭代, 学习率便降低一半, 总共进行 5×10^5 次优化迭代. 最后在预训练网络模型的基础上, 可针对 MPI-Sintel 数据库进行微调, 有效提高网络模型在该数据库上的精度, 并且为了避免网络模型形成过拟合现象, 在训练时只采用 MPI-Sintel-Final 数据库作为训练集. 具体实施步骤为: 设置输入尺寸为 4 批次的 768×384 分辨率图像, 并利用两段型微调学习策略对网络模型进行训练, 该学习策略可促使训练过程充分收敛. 同样, 在预训练网络模型的基础上, 可针对 KITTI 数据库进行微调, 有效提高网络模型在该数据库上的精度, 因 KITTI 数据库训练样本较少, 所以采用 KITTI2012 以及 KITTI2015 共 394 对图像作为网络模型的训练样本. 具体实施步骤为: 设置输入尺寸为 4 批次的 896×320 分辨率图像, 并利用两段型微调学习策略对网络模型进行训练, 该学习策略可促使训练过程充分收敛.

2. 消融模型实验

为定量分析本节所提模型各模块对于提升光流估计的效果, 本节通过分别从完整模型中移除基于自注意力机制的多尺度学习模块、遮挡检测模块以及混合训练函数, 从而构建 3 种不同的模型, 建立与完整模型对比的消融实验.

这三种模型分别经过 FlyingChairs 数据库训练, FlyingThings3D 数据库微调, 最后利用 FlyingChairs 测试库、MPI-Sintel 以及 KITTI 训练库分别对这三种模型进行评价, 其中, Full Model 表示本节提出的完整模型、NoSAMFL 表示去除基于自注意力机制的多尺度学习模块训练得到的模型、NoOcc 表示去除遮挡检测模块训练得到的模型、NoP 表示去除混合训练函数中的光照正则项训练得到的模型.

由表 7-1 可以看出, 去除基于自注意力机制的多尺度学习模块会造成光流估计精度大幅度降低, 并且从图 7-10 可以看出, NoSAMFL 模型无法鲁棒地对大位移场景下的光流场进行估计. NoSAMFL 模型的光流估计结果趋于在大位移边界处产生模糊现象.

表 7-1 消融分析模型与完整模型之间的量化对比结果

对比模型	FlyingChairs(EPE)	Clean(EPE)	Final(EPE)	KITTI2012(Fl-all)	KITTI2015(Fl-all)
Full Model	2.10	2.39	3.74	17.86	31.09
NoSAMFL	2.28	2.82	4.28	33.42	40.39
NoOcc	2.25	2.70	4.02	23.32	36.01
NoP	2.11	2.46	3.93	18.37	31.28

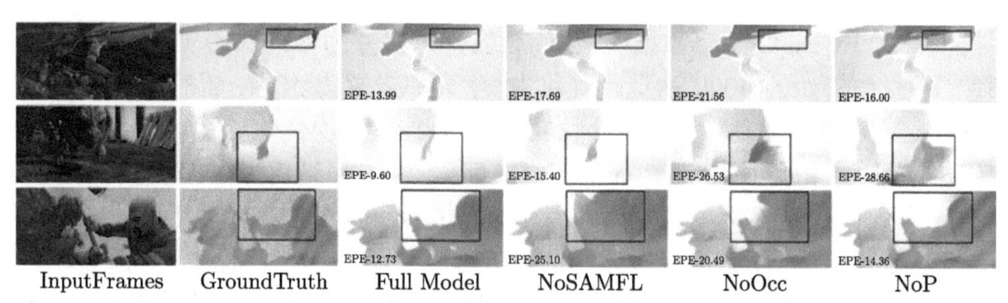

图 7-10 消融分析模型与完整模型之间的可视化对比结果

本节采用自学习模块进行遮挡检测, 并且利用求得的遮挡特征对每层金字塔中的成本代价层进行正则化, 从而处理遮挡场景. 由表 7-1 可以注意到, 在去除遮挡检测模块后, 相比 Full Model 完整模型, 光流估计误差会显著升高, 并且由图 7-10 可以看出, 在去除遮挡检测之后, NoOcc 模型无法有效对遮挡区域进行估计.

当去除混合训练函数中的平滑正则项, 并对网络模型进行训练时, 所得的模型无法在训练过程中收敛. 由此可见: 混合训练函数中的平滑正则项在整个网络模型训练过程中起了关键作用, 并且端点误差函数以及光照正则项均无法对本节提出的 SAMFL 模块针对图像或运动边缘处进行有效优化. 此外由表 7-1 可以看出, 在训练过程中单独去掉光照正则项会造成光流估计精度的略微下降, 并且图 7-9 显示, NoP 模型趋于产生明显的光流估计异常值点.

3. MPI-Sintel 数据集实验分析

为验证本节所提模型的光流计算准确性, 表 7-2 展示了各对比模型在 MPI-Sintel(Clean) 数据集中的光流对比效果. 从表中可以看出, ProFlow 通过在传统变分框架中嵌入多帧无监督学习模块, 有效提高了在遮挡和非刚性运动下光流的计算精度, 因此在 MPI-Sintel(Clean) 数据集中取得最高精度. ConFlow_ROB 采用了多数据集混合训练, 有效提高网络模型性能的鲁棒性, 避免了使用单一数据库产生的过拟合现象, 因此在 MPI-Sintel(Clean) 数据集中取得了较好的效果. FlowNet2.0、LiteFlowNet 在训练过程中采用 MPI-Sintel(Clean) 数据集的训练库作为训练集, 因此在图像集中也能取得较好的精度. FlowFieldsCNN 模型采用块匹配的方式进行光流预测, 因此较其他方法的精度还存在差距. 因 MPI-Sintel(Clean) 图像集中测试序列场景不包含运动模糊、雾化效果以及图像噪声等一系列贴近现实场景的情况, 因此本节所提模型的精度与 PWC-Net 精度基本保持一致.

为进一步对本节所提模型的光流计算效果进行说明, 分别选取了 Ambush_3、Perturbed Shaman_1、Bamboo_3 以及 Cave_3 图像序列对本节所提模型进行评测, 其中 Ambush_3 序列包含大位移运动, Perturbed Shaman_1 序列包含较多弱纹理区域, Bamboo_3 包含强遮挡区域, Cave_3 包含较多弱遮挡以及弱纹理区域.

表 7-2 MPI-Sintel(Clean) 数据集光流计算结果

对比模型	All	Matched	Unmatched	d0—10	d10—60	d60—140	s0—10	s10—40	s40+
FlowNet2	4.16	1.56	25.40	3.272	1.461	0.856	0.597	1.890	27.347
ProFlow	2.82	1.03	17.43	2.892	0.751	0.496	0.469	1.626	17.369
FlowFieldsCNN	5.47	1.00	26.47	2.604	0.796	0.631	0.648	2.017	23.582
PWC-Net	4.39	1.72	26.17	4.282	1.657	0.674	0.606	2.070	28.793
ConFlow_ROB	3.34	1.75	16.29	4.057	1.656	0.792	0.512	1.941	20.755
LiteFlowNet	4.54	1.63	28.29	3.274	1.438	0.928	0.500	1.733	31.412
本节模型	4.48	1.76	26.64	3.946	1.623	0.811	0.618	1.860	29.995

图 7-11、图 7-12 分别展示了针对上述图像序列的光流计算可视化结果与对应的光流误差.

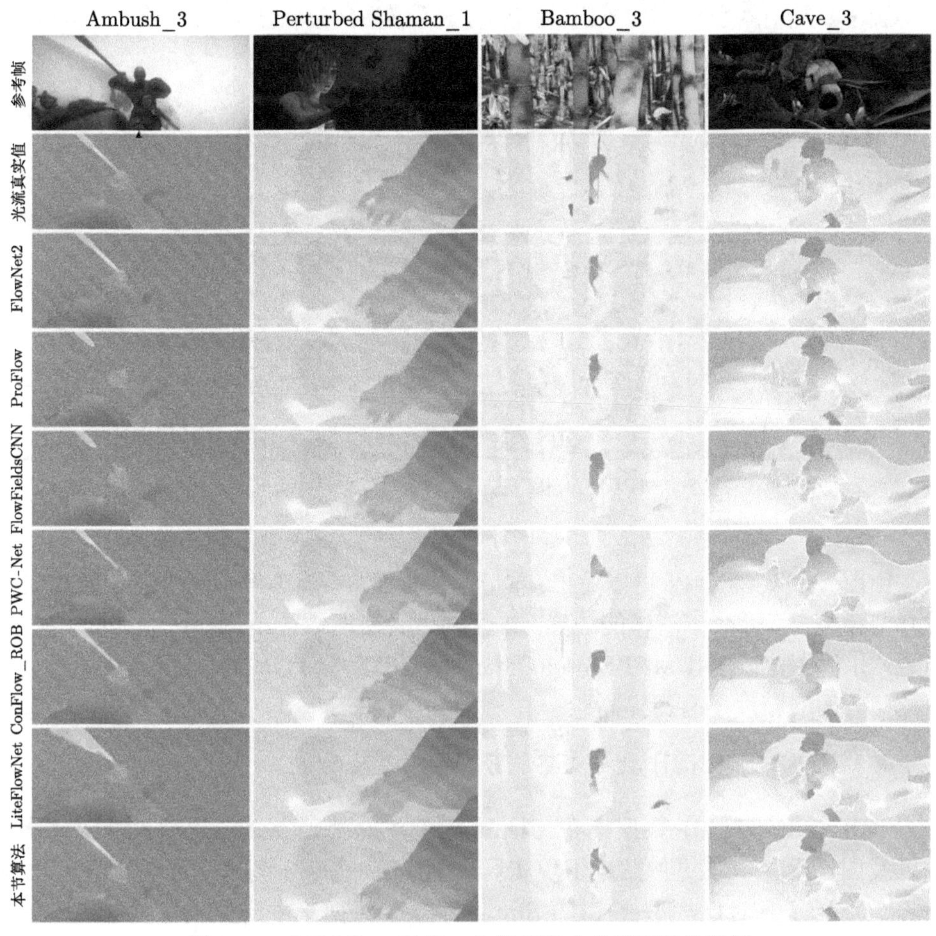

图 7-11 MPI-Sintel(Clean) 数据集中光流可视化结果

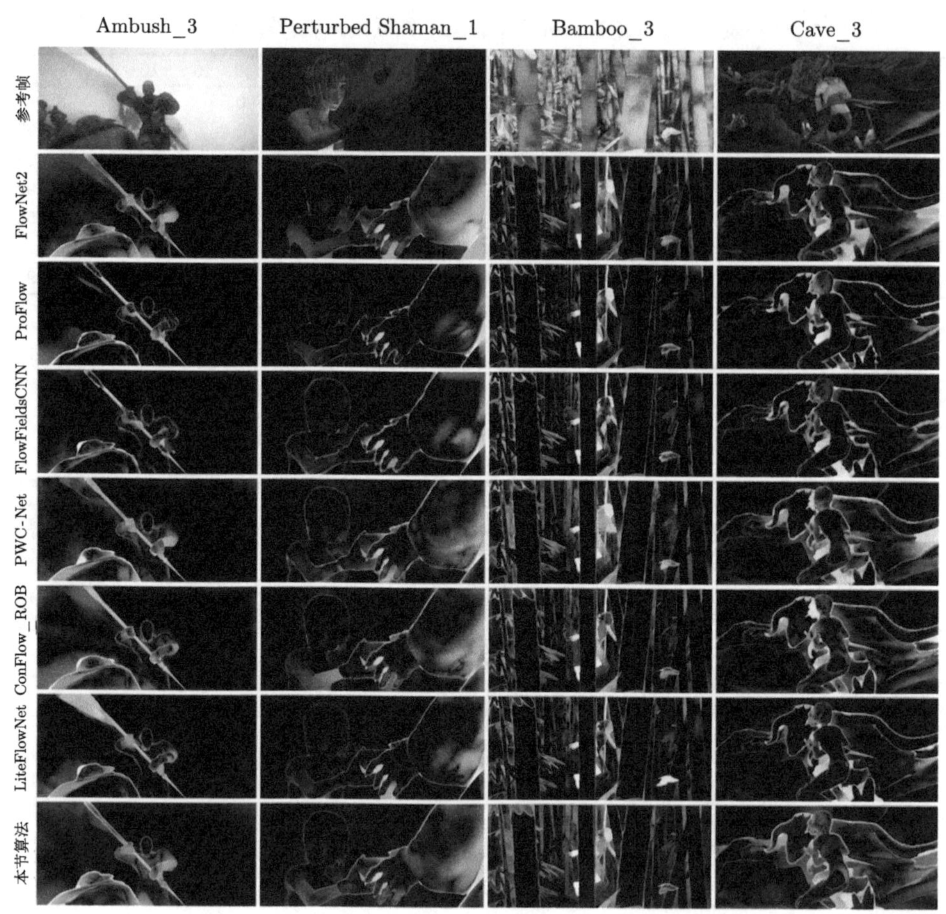

图 7-12 MPI-Sintel(Clean) 数据集中光流计算误差结果

由图 7-11、图 7-12 可以看出, 本节所提模型在 MPI-Sintel(Clean) 数据集中较其他模型, 可以产生清晰的边界, 并且较为清晰地估计出遮挡区域处的光流场. 但是, 由于模型未采用 MPI-Sintel(Clean) 训练库作为训练样本, 因此整体光流场在数值方面的精度还有待提高.

4. MPI-Sintel(Final) 数据集实验分析

MPI-Sintel(Final) 数据集在 Clean 图像集的基础上添加运动模糊、雾化效果以及图像噪声使其更加贴近于现实场景, 因此, 适用于测试光流估计的可靠性. 表 7-3 展示了各对比模型在 MPI-Sintel(Final) 数据集中的光流计算结果. 从表 7-3 中可以看出, 由于 ConFlow_ROB 模型采用多数据集混合训练, 因此在 MPI-Sintel(Final) 图像集中整体精度较高. 本节所提模型采用了多尺度以及遮挡检测模块, 因此与表现较好的 PWC-Net 模型相比, 光流整体误差部分下降 5.4%、匹配区域误差部分下降 6.9%、未匹配区域误差部分下降 4.6%, 说明本节提出模型具有较好的光流计算可靠性. 并且, 本节所提模型在 d0—10、d10—60、s10—40 以及 s40+ 指标上均有显著下降, 其中 d0—10 指标下降 9.2%, d10—60 指标下降 11.5%, s10—40 指标下降 13.4%, s40+ 指标下降 5.9%. 由于 d0—10、d10—60 为距离遮挡边界处 0—10、10—60 像素点内的端点误差, 而 s10—40、s40+ 为光流场处于 0—10、40+ 像素点内的端点误差, 说明本节所提模型针对大位移运动具有较好的光流估计精度, 同时对遮挡场景具有较高的鲁棒性. 其余对比模型因结构限制, 导致在 MPI-Sintel(Final) 数据集中计算精度较低、可靠性较差.

表 7-3 MPI-Sintel(Final) 数据集中光流估计结果

对比模型	All	Matched	Unmatched	d0—10	d10—60	d60—140	s0—10	s10—40	s40+
FlowNet2	5.74	2.75	30.11	4.818	2.557	1.735	0.959	3.228	35.538
ProFlow	5.02	2.60	24.74	5.016	2.146	1.601	0.910	2.809	30.715
FlowFieldsCNN	5.36	2.30	30.31	4.718	2.020	1.399	1.032	3.065	32.422
PWC-Net	5.04	2.45	26.22	4.636	2.087	1.475	0.799	2.986	31.070
ConFlow_ROB	4.53	2.72	19.25	5.050	2.573	1.713	0.872	3.114	26.063
LiteFlowNet	5.38	2.42	29.54	4.090	2.097	1.729	0.754	2.747	34.722
本节算法	4.77	2.28	25.01	4.208	1.846	1.449	0.893	2.587	29.232

为进一步对本节所提模型的光流计算效果进行说明, 选取前文所述的 Ambush_3、Perturbed Shaman_1、Bamboo_3 以及 Cave_3 图像序列对本节所提模型进行评测. 图 7-13 和图 7-14 分别展示了各对比模型在 MPI-Sintel(Final) 数据集中的光流计算可视化结果与对应的光流误差. 从图中可以看出本节所提模型的可视化结果相较于其他模型达到了最佳, 可以产生清晰的运动边缘, 避免了过度平滑现象.

为了更好展示本节在运动边界处的效果, 图 7-15 从近距离展示图 7-13 图像序列在大位移、遮挡以及运动边界标签区域处光流估计的放大视图. 从图 7-15 中可以看出, 在处理 Ambush_3、Perturbed Shaman_1、Cave_3 这类具有大位移、复杂场景序列的图像边缘时, FlowNet2.0、ProFlow、FlowFieldsCNN、PWC-Net、ConFlow_ROB、LiteFlowNet 在运动边界处存在较为明显的边界模糊现象, 诸如 Ambush_3 头部、Perturbed Shaman_1 手指处和 Cave_3 发梢处, 而本节所提模型可较为清晰地估计出上述区域处的光流. 在处理 Bamboo_3 这类包含强遮挡场景序列时, 也可保持较高的精度, 避免出现遮挡区域与背景区域光流的混淆现象, 诸如 Bamboo_3 手腿部. 这说明本节所提模型在处理包含大位移运动、遮挡以及复杂场景图像序列时具有较高的鲁棒性.

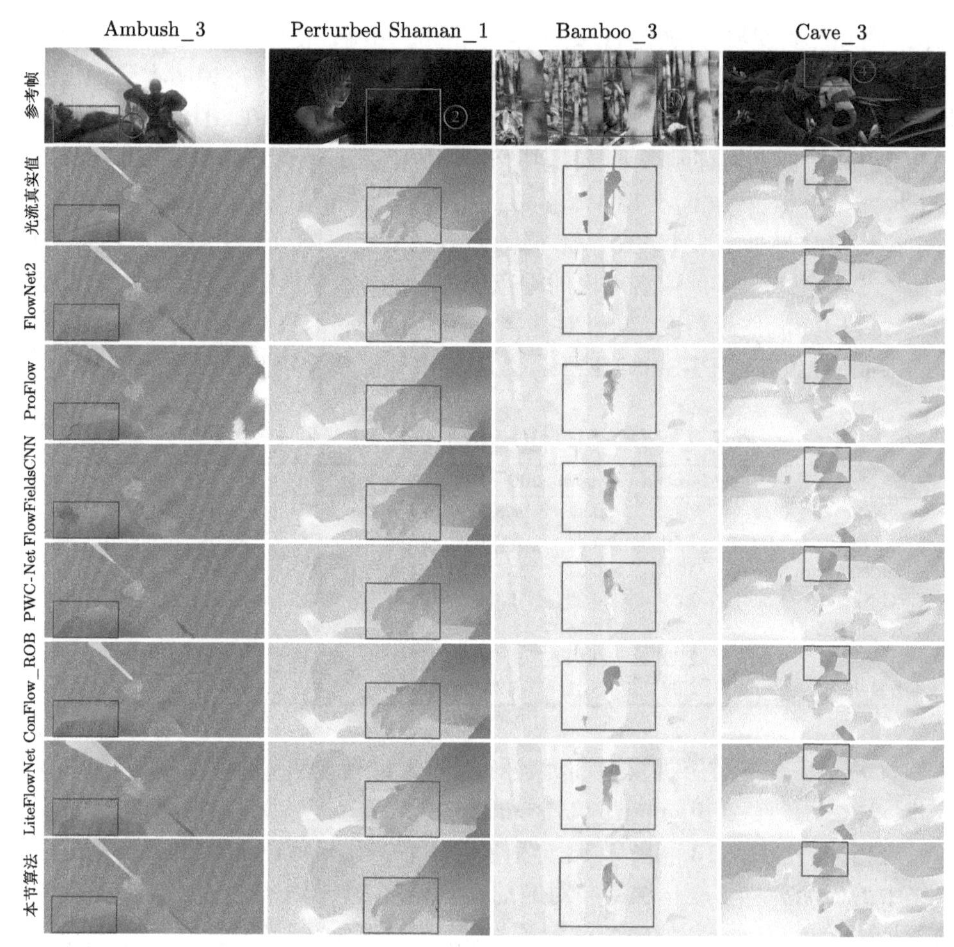

图 7-13　MPI-Sintel(Final) 数据集光流可视化结果

5. KITTI2012 数据集实验分析

为验证本节所提模型在 KITTI2012 数据集中的效果, 表 7-4 展示了各对比模型在 KITTI2012 数据集中整体以及遮挡区域的端点误差以及异常值比率, 由于 ConFlow_ROB 模型未对 KITTI2012 数据集进行评价, 因此该表未统计 ConFlow_ROB 结果, 由表 7-4 可以看出, 本节所提模型在整体以及非遮挡区域针对端点误差和异常值比率均获得了最好的结果, 相较于光流精度较高的 PWC-Net 模型, 在整体异常值点率方面下降了 18.8%, 在非遮挡区域异常值点率方面下降了 22.7%.

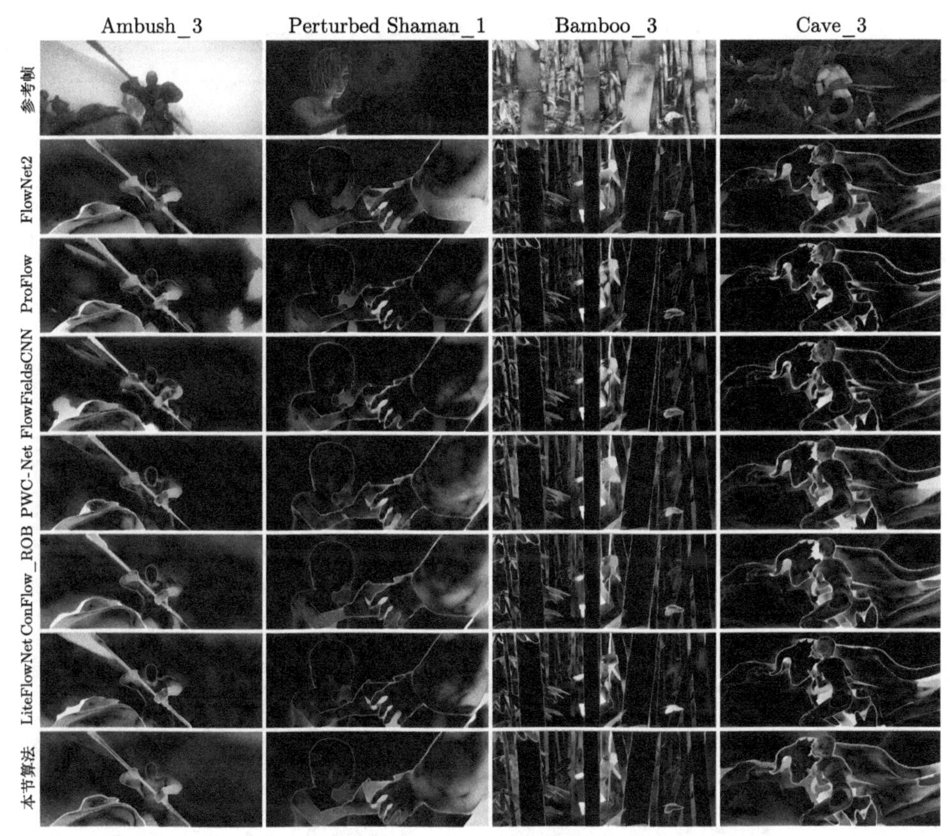

图 7-14 MPI-Sintel(Final) 数据集光流计算误差结果

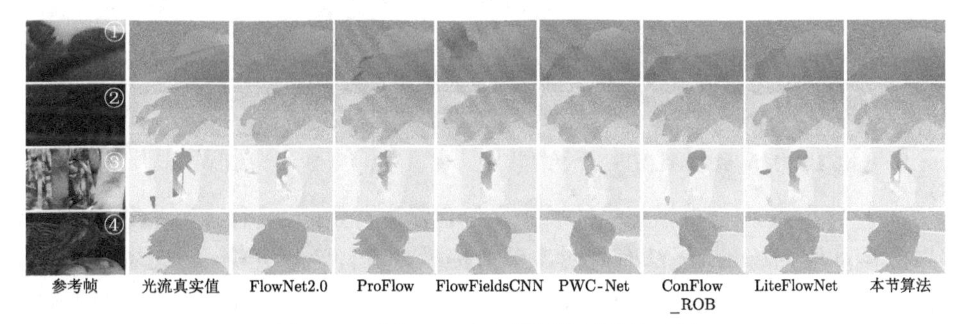

图 7-15 图 7-13 中红框标签区域放大图

图 7-16 和图 7-17 分别展示了 KITTI2012 数据集的光流计算可视化结果与对应的光流误差, 可以看出, 本节所提模型针对包含静态背景的 KITTI2012 数据集异常值点少, 光流整体精度较高.

表 7-4 KITTI2012 数据集光流计算结果

对比模型	EPE-all	EPE-noc	Fl-all	Fl-noc
FlowNet2.0	1.8	1.0	8.80	4.82
ProFlow	2.1	1.1	7.88	4.49
FlowFieldsCNN	3.0	1.2	13.01	4.89
PWC-Net	1.7	0.9	8.10	4.22
LiteFlowNet	1.6	0.8	7.27	3.27
本节算法	1.4	0.8	6.58	3.26

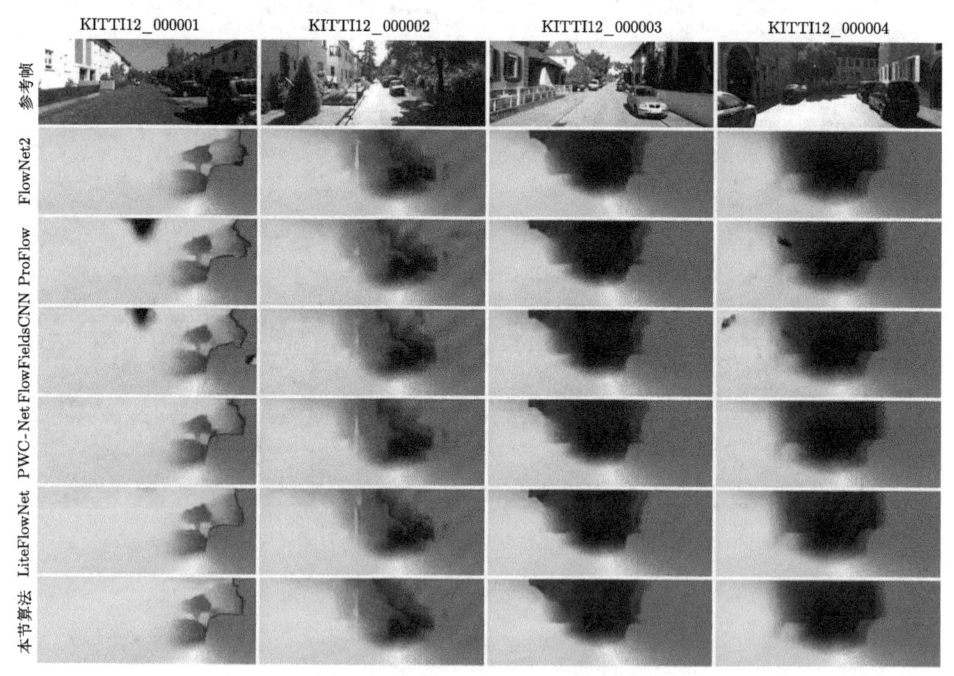

图 7-16 KITTI2012 数据集光流可视化结果

6. KITTI2015 数据集实验分析

由于 KITTI2012 数据集中的场景只包含静态背景, 并且存在较少数量的大位移以及运动遮挡场景, 无法有效对本节所提模型进行定量分析, 因此本节额外采用包含较多大位移、运动遮挡以及复杂场景的 KITTI2015 数据集, 对本节所提模型进行定量与可视化分析. 在 KITTI2015 数据集中, 由表 7-5 可以看出: 本节所提模型相较于光流异常值率较低的 PWC-Net 模型, 在各指标上均有显著提升, 在整体光流异常值点率方面下降了 20%, 在非遮挡区域的光流异常值点率方面下降了 22.5%.

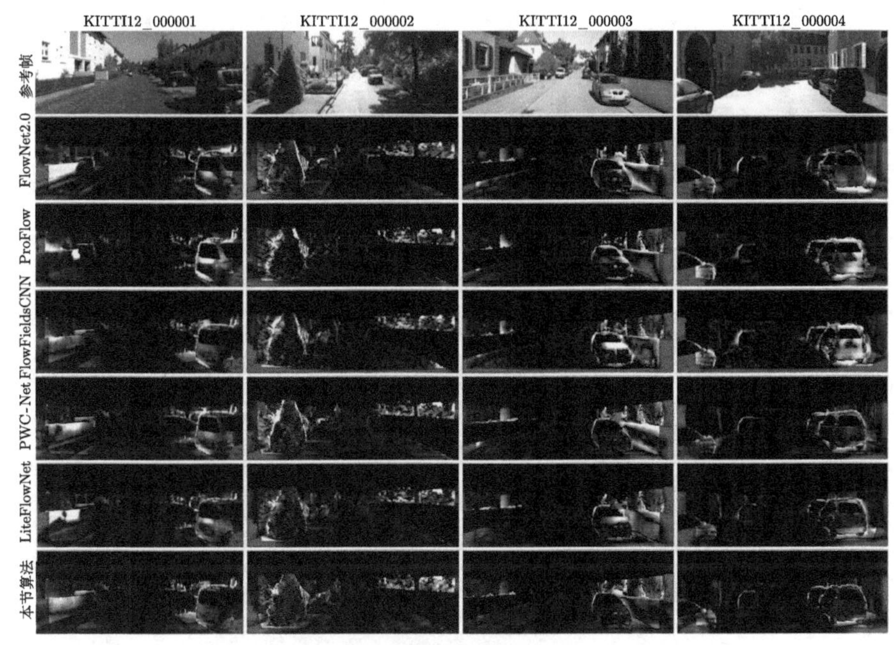

图 7-17 KITTI2012 数据集光流计算误差结果

表 7-5 KITTI2015 数据集光流计算结果

对比模型	非遮挡区域			整体区域		
	Fl-bg	Fl-fg	Fl-all	Fl-bg	Fl-fg	Fl-all
FlowNet2.0	7.24	5.60	6.94	10.75	8.75	10.41
ProFlow	8.44	17.90	10.15	13.86	20.91	15.04
FlowFieldsCNN	8.91	16.06	10.21	18.33	20.42	18.68
PWC-Net	6.14	5.98	6.12	9.66	9.31	9.60
ConFlow_ROB	5.90	14.99	7.55	8.54	17.48	10.03
LiteFlowNet	5.58	5.09	5.49	9.66	7.99	9.38
本节算法	4.81	4.40	4.74	7.72	7.43	7.68

为了更形象地展示本节所提模型的光流估计效果, 图 7-18 和图 7-19 分别展示了各对比模型在 KITTI2015 数据集中的光流计算可视化结果与对应的光流计算误差. 从图中可以看出本节所提模型的可视化结果相较于其他模型达到了最佳, 可鲁棒地估计运动边缘处的光流, 并且避免出现明显的光流异常值.

为更好地体现本节所提模型的效果, 图 7-20 从近距离展示图 7-18 图像序列在大位移以及运动边界处光流估计的放大视图. 从图 7-20 中可以看出, 针对存在大位移场景的 000003、000006 以及 000016 序列, 本节所提模型可较好地保护运动车辆的边缘. 针对 000009 序列中处于遮挡以及影子干扰中的车辆, 本节所提模型可鲁棒地估计其对应光流场. 这说明本节所提模型在针对现实场景方面具有较高的鲁棒性.

图 7-18　KITTI2015 数据集光流可视化结果

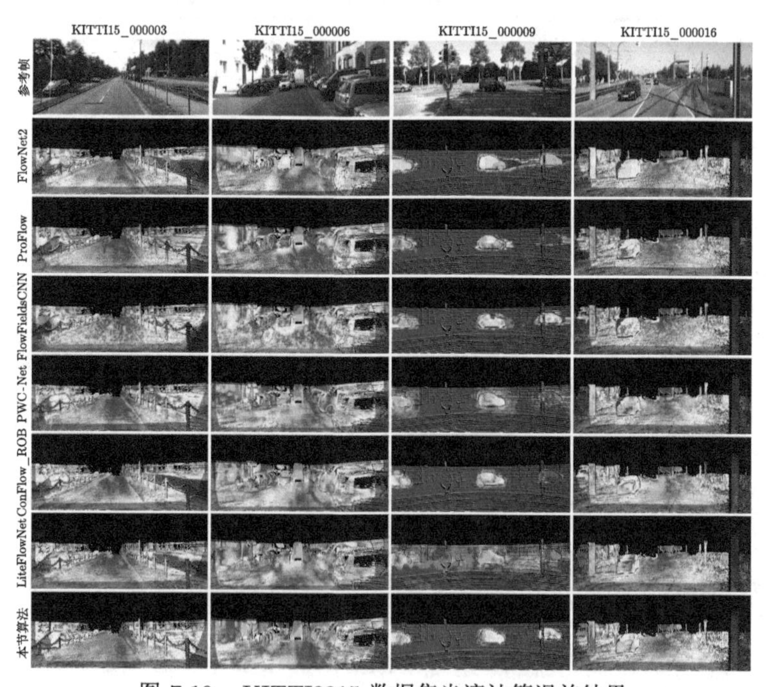

图 7-19　KITTI2015 数据集光流计算误差结果

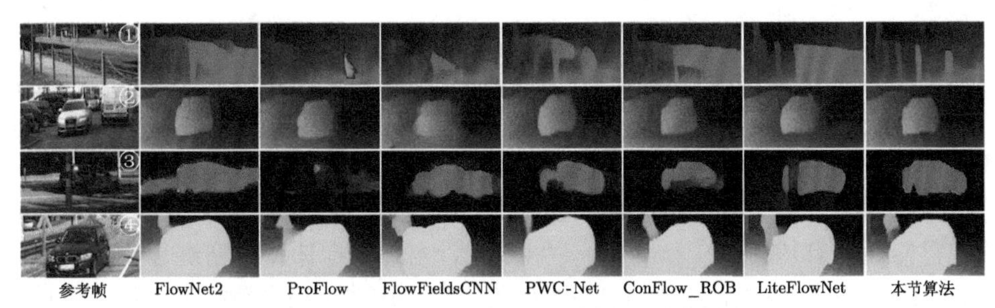

图 7-20 图 7-18 中白色方框区域放大图

为了验证本节所提模型在现实场景中的应用优势, 表 7-6 展示了各对比模型在现实场景 KITTI2015 数据集中的光流计算时间消耗. 从表 7-6 中不同光流计算模型的对比结果可以看出: ① 端到端光流计算模型的运行时间与其运行环境有关, 但差异并不大, 因此可满足实时应用的需要; ② 使用多帧图像序列虽然会导致运行时间的提高, 但仍满足实时性的要求; ③ 非端到端光流计算模型运行时间消耗较大, 例如使用传统变分光流计算作为初始值的 ProFlow 模型以及使用块匹配作为后置处理的 FlowFieldsCNN 模型, 与端到端模型的实时性还存在差距.

表 7-6 KITTI2015 数据集中光流计算时间消耗对比

对比模型	多帧估计	端到端	运行环境	运行时间
FlowNet2.0	×	√	GPU @ 2.5 GHz	0.1 s
ProFlow	×	×	GPU+CPU 3.6 GHz	112 s
FlowFieldsCNN	×	×	GPU/CPU 4 core @ 3.5GHz	23 s
PWC-Net	×	√	NVIDIA Pascal Titan X	0.03 s
ConFlow_ROB	√	√	GTX 1080Ti	0.15 s
LiteFlowNet	×	√	GTX 1080	0.09 s
本节算法	×	√	GTX1080	0.11 s

7.5 基于多尺度上下文网络模型的光流估计方法

在传统方法中, 运动遮挡区域被视为违反光流基本假设 (亮度守恒假设以及前后一致性假设) 的异常值区域. 因此, 区分运动遮挡区域和非运动遮挡区域, 然后只在非运动遮挡区域进行能量泛函最小化, 是传统光流计算方法的一种常用方式.

在传统的遮挡–光流联合计算方法中, 一种常用的运动遮挡检测方法是利用光流前后一致性假设构建运动遮挡检测策略. 首先计算前后连续两帧图像的光流, 然后利用前后向光流信息, 通过前后向光流一致性检测提取运动遮挡区域. 前后向光流一致性检测将遮挡点定义为违反亮度守恒和前后一致性假设的异常值, 通过设定阈值提取图像遮挡区域.

依靠先验假设和判断策略的传统遮挡检测方法在计算速度和准确性上都无法达到较好的水平, 随着计算机硬件性能的提升和卷积神经网络在计算机视觉领域的大规模应用, 深度学习遮挡–光流联合计算模型成为研究热点. 尽管现有的基于卷积神经网络的运动遮挡检测方法在刚性运动场景下已经取得了较好的效果, 但当图像序列中包含非刚性运动和大位移等困难运动场景时, 运动遮挡检测的准确性和鲁棒性仍有待提升. 作为第一种对遮挡–光流联合计算模型进行监督学习的方法, IRR-PWC 通过使用上下文网络来估计运动遮挡, 极大地提高了运动遮挡的计算精度.

图 7-21 展示了不同模型的运动遮挡检测结果, 如图 7-21 所示, 尽管基于上下文网络的运动遮挡检测方法在大部分遮挡区域中表现良好, 但是它在运动边界附近产生结果较差. 上下文网络更注重对图像长远距离特征的提取, 导致其难以提取运动遮挡的细节特征.

参考帧

真实遮挡
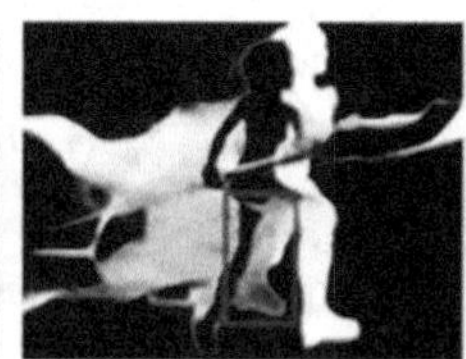
基于上下文网络的遮挡检测模型检测结果
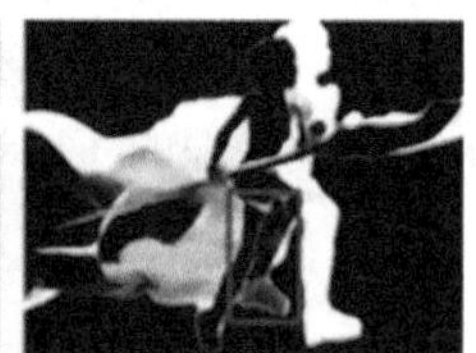
基于多尺度上下文网络的遮挡检测模型检测结果

图 7-21 MPI-Sintel(Clean) 数据集的 Cave_2 图像序列对不同模型的运动遮挡检测结果

针对以上问题, 本节首先提出基于光流和多尺度上下文的运动遮挡检测模型, 设计多尺度上下文信息聚合网络, 构建运动遮挡检测模型, 然后采用特征金字塔将运动遮挡检测模型与光流计算模型相结合, 构建端到端的遮挡–光流联合计算模型, 通过聚合多尺度上下文信息, 提升非刚性运动和大位移场景的遮挡检测准确性与鲁棒性.

7.5.1 基于多尺度上下文网络的运动遮挡检测模型

受上下文网络的启发, 本节首先设计多尺度上下文聚合 (Parallel Multiscale Context, PMC) 网络, 以求在图像边缘和运动边界附近得到更精细的运动遮挡结果. PMC 网络的架构如图 7-22 所示, 其主要的设计理念是利用不同的扩张率从不同尺度的并行扩张卷积分支中聚合上下文信息. 不同的卷积分支从不同的尺度中提取上下文信息, 通过连接相邻两个分支之间的中间结果, 相邻分支可以共享部分特征信息.

如图 7-22 所示, PMC 网络有四个平行分支, 每个平行分支包含三个具有不同扩张率的 3×3 卷积, 并输出 64 通道的特征图, 输出特征图的通道数和输入特征图的通道数相同. 最后连接每个分支的输出, 通过多次卷积运算产生运动遮挡的残差信息. 此外, 在 PMC 网络中, 除了最后一个卷积层, 每个卷积层后面都连接一个 Leaky ReLU 激活函数, 其斜率为 0.1. 与上下文网络相比, 多尺度上下文网络降低了扩张卷积的扩张率, 并使用四个分支来处理不同尺度的目标对象. 虽然降低扩张卷积的扩张率不利于长远距离特征提取, 但是大大增强了细节的检测效果, 特别是在图像边缘.

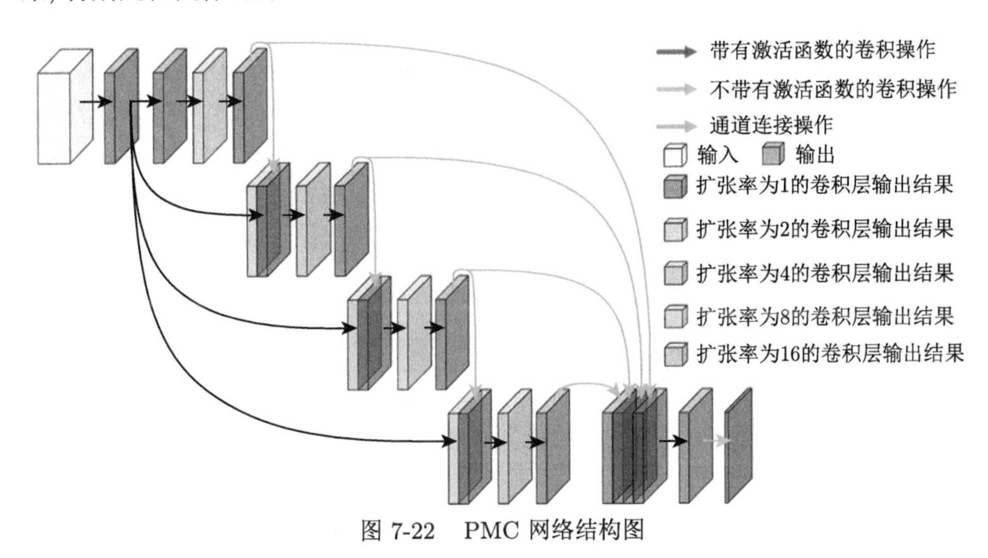

图 7-22 PMC 网络结构图

令 F_{in} 表示 PMC 网络的输入特征图, 除第一个分支, 其他每个分支都接收其前一个分支的输出, 然后将前一个分支的输出与其中间结果连接起来, 以获取前一分支的部分特征信息. PMC 网络中平行四个分支的输出计算方式如下:

$$\begin{cases} F_0 = Conv_{01}(F_{in}) \\ F_i = Conv_{i3}(Conv_{i1}(F_0)), \quad i=1 \\ F_i = Conv_{i3}(Conv_{i2}(concatenate(F_{i-1}, Conv_{i1}(F_0)))), \quad i=2,3,4 \end{cases} \tag{7-16}$$

在式 (7-16) 中, F_i 表示各个平行分支的输出, $i=\{1,2,3,4\}$ 表示平行分支的序号. $Conv_{ij}$ 符号表示不同平行分支的各个卷积运算, 其中 $j=\{1,2,3\}$ 表示各个平行分支卷积层的序号.

通过连接每个分支的输出, 网络的最终输出表示如下:

$$F_{out} = (Conv_{S2}(Conv_{S1}(concatenate(F_1, F_2, F_3, F_4)))) \tag{7-17}$$

在式 (7-17) 中, $Conv_{S1}$ 和 $Conv_{S2}$ 是两个扩张率为 1 的 3×3 卷积层. 表 7-7 总结了 PMC 网络的详细参数, 其中 $Conv_{01}$ 表示接收输入的卷积层, $Conv_{11}$—$Conv_{13}$、

$Conv_{21}$—$Conv_{23}$、$Conv_{31}$—$Conv_{33}$ 和 $Conv_{41}$—$Conv_{43}$ 分别表示第一、第二、第三和第四分支的顺序卷积运算, $Conv_{S1}$ 和 $Conv_{S2}$ 表示聚合多尺度信息的两个卷积运算.

本节所提出的 PMC 网络能在前景区域的图像和运动边界附近提取更精确的运动遮挡信息. 然而, 由于 PMC 网络更注重细节特征, 可能会在背景区域提取出错误的运动遮挡信息. 相反, 尽管上下文网络可能会模糊图像和运动边界, 但它显著提高了大背景区域遮挡检测的准确性. 为了同时在前景和背景区域检测出准确的遮挡信息, 解决图像和运动边界附近的边缘模糊问题, 本节将 PMC 网络与上下文网络相结合, 构造了一个简单的运动遮挡估计模型. 如图 7-23 所示, 该运动遮挡计算模型包含一个编码器、一个解码器以及由上下文网络和 PMC 网络组成的后处理模块. 首先将连续两帧图像通过编码器网络计算特征图, 然后将特征图与光流输入解码器网络, 被上下文网络和多尺度上下文网络接收解码器的输出, 并产生最终的运动遮挡检测特征图.

表 7-7 PMC 网络参数表

卷积层	卷积核尺寸	步长	扩张率	输入通道数	输出通道数
$Conv_{01}$	3×3	1	1	N	128
$Conv_{11}$	3×3	1	1	128	64
$Conv_{12}$	3×3	1	2	128	64
$Conv_{13}$	3×3	1	1	64	32
$Conv_{21}$	3×3	1	2	128	64
$Conv_{22}$	3×3	1	4	128	64
$Conv_{23}$	3×3	1	1	64	32
$Conv_{31}$	3×3	1	4	128	64
$Conv_{32}$	3×3	1	8	128	64
$Conv_{33}$	3×3	1	1	64	32
$Conv_{41}$	3×3	1	1	128	64
$Conv_{42}$	3×3	1	2	128	64
$Conv_{43}$	3×3	1	1	64	32
$Conv_{S1}$	3×3	1	1	128	96
$Conv_{S2}$	3×3	1	1	96	1

运动遮挡检测特征图的计算结果可以用如下表达式表达:

$$Occlusion = Occlusion_{Coarse} + RES_{context} + RES_{PMC} \tag{7-18}$$

在式 (7-18) 中, $Occlusion_{Coarse}$ 代表了由解码器输出的粗糙的运动遮挡检测特征图, $RES_{context}$ 和 RES_{PMC} 代表由上下文网络和多尺度上下文网络输出的残差值, $Occlusion$ 是优化后的运动遮挡特征图, 最终的运动遮挡检测结果可以通过下式计算得到

$$Occlusion_{mask} = Round(Sigmoid(Occlusion)) \tag{7-19}$$

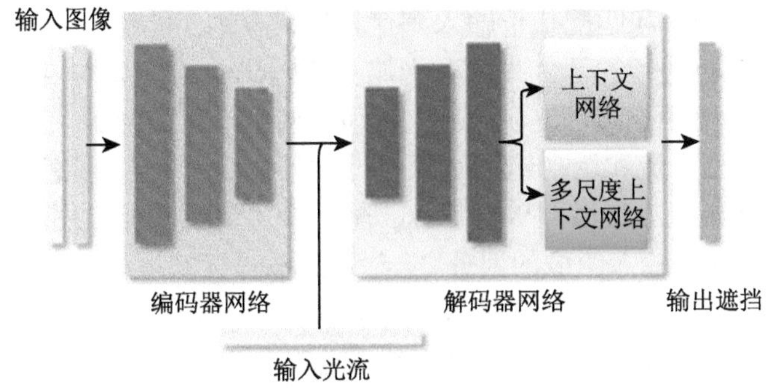

图 7-23 运动遮挡计算模型结构图

在式 (7-19) 中, 运算符号 *Round* 表示四舍五入函数, 运算符号 *Sigmoid* 是 Sigmoid 函数. 最终的输出 $Occlusion_{mask}$ 是一个由 0 和 1 组成的运动遮挡检测二值结果, 0 代表该像素点未发生遮挡, 1 代表该像素点发生了遮挡.

7.5.2 基于多尺度上下文网络的遮挡–光流联合计算模型

为构建一个完整的遮挡–光流联合计算模型, 本节将该运动遮挡检测模型与光流计算模型相组合, 构建了一个端到端的深度学习遮挡–光流联合计算模型 PMC-PWC, 图 7-24 展示了 PMC-PWC 模型的网络结构.

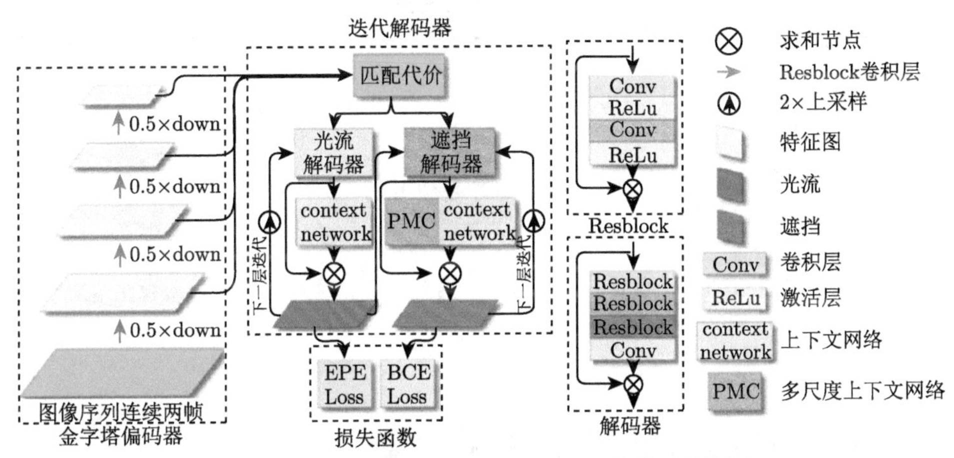

图 7-24 本节所提的遮挡–光流联合计算模型结构图

如图 7-24 所示, 首先使用具有残差块 (Resblock) 的特征金字塔对输入的连续两帧图像提取特征图, 每个 Resblock 包括两个带有激活函数的卷积层, 输出分辨率为输入分辨率四分之一的特征图. 在特征金字塔的每一层, 利用两帧图像的两组特征图计算匹配代价, 然后将匹配代价输入到光流解码器和上下文网络来计算光流场. 最后将光流和匹配代价输入到遮挡解码器中, 利用基于 PMC 的遮挡计算网络对运动遮挡进行检测. 光流和光遮挡解码器的结构基本相同, 唯一的区别是光流解码器输出两通道的光流, 遮挡解码器输出单通道的运动遮挡特征图. 经过多层迭代, 输出光流和运动遮挡结果经过上采样后作为金字塔下一层计算光流和运动遮挡的初始值. 最后, PMC-PWC 输出金字塔倒数第二层的光流和运动遮挡结果, 其分辨率是输入图像的四分之一, 通过插值运算进行上采样, 将光流和运动遮挡结果的分辨率恢复为输入图像的原分辨率.

为了展示本节方法在提高遮挡检测和光流计算精度方面的优势, 在图 7-25 中可视化了 IRR-PWC 以及本节方法在 MPI-Sintel(Clean) 数据集上测试的运动遮挡和光流场, 其中绿色方框是一部分运动遮挡区域. 为了进行更直观的比较, 图 7-26 展示了图 7-25 中绿色方框内的放大视图. 如图 7-25 和图 7-26 所示, 与 IRR-PWC 方法相比, 本节算法在光流和运动遮挡计算精度方面表现更好, 特别是在图像和运动边界附近.

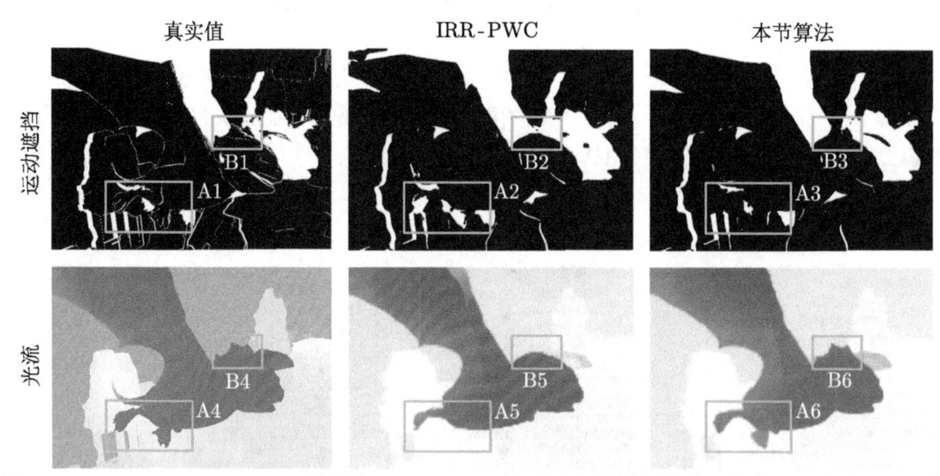

图 7-25　MPI-Sintel(Clean) 数据集 Temple_2 序列, 运动遮挡检测和光流可视化结果 (绿色方框表示遮挡区域)

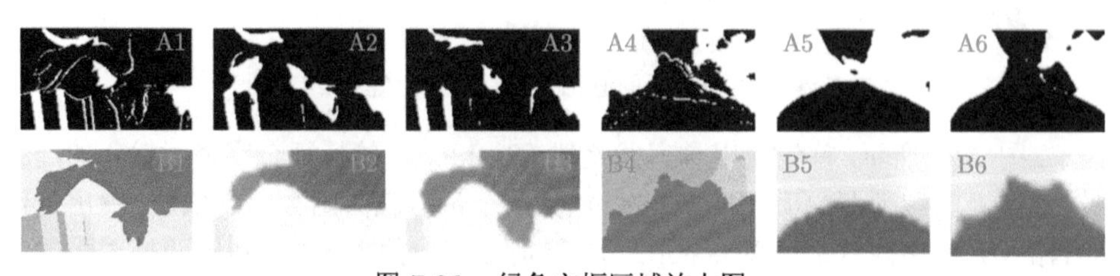

图 7-26　绿色方框区域放大图

7.5.3 训练损失函数

PMC-PWC 是一个遮挡–光流联合计算模型, 因此本节在训练过程中同时对光流和运动遮挡的损失函数进行计算, 以同时对两者进行参数优化. 本节采用式 (2-1) 中所描述的平均端点误差来构建光流损失函数 (EPE Loss), 其具体形式如下:

$$L_{flow\_epe} = \sum_{x=0}^{W}\sum_{y=0}^{H} |Flow_{out}(x,y) - Flow_{gt}(x,y)|_2 \tag{7-20}$$

式 (7-20) 中, $Flow_{out}$ 和 $Flow_{gt}$ 分别表示模型输出的光流场计算值和光流场真实值, $|\cdot|_2$ 并表示 L2 范数计算.

对于运动遮挡计算, 本节采用二值交叉熵 (Binary Cross Entropy, BCE) 作为评价模型输出的运动遮挡计算值和真实值之间的差异的损失函数 (BCE Loss), 其具体形式如下:

$$L_{occ\_bce} = \sum_{x=0}^{W}\sum_{y=0}^{H} [Occ_{gt} \cdot \log Occ_{out} + (1 - Occ_{gt}) \cdot \log(1 - Occ_{out})] \tag{7-21}$$

式 (7-21) 中, Occ_{out} 和 Occ_{gt} 分别表示模型输出运动遮挡估计值和真实值.

最终, 本节利用 EPE Loss 和 BCE Loss 构建了一个适用于 PMC-PWC 模型的多尺度损失函数, 其具体形式如下:

$$L_{total}^{l} = \sum_{l=\hat{L}}^{L} \alpha_l (w_1 L_{flow\_epe} + w_2 L_{occ\_bce}) + \gamma|\chi|_2^2 \tag{7-22}$$

式 (7-22) 中, L_{total}^{l} 表示第 l 层金字塔层带有权重 α_l 的组合损失函数, 符号 χ 表示 PMC-PWC 模型中所有可学习参数的集合, $\gamma = 0.0004$ 是一个调整因子, 符号 w_1 和 w_2 分别表示 EPE Loss 和 BEC Loss 的权重, 通过以下公式确定:

$$w_1 = \begin{cases} 1, & L_{flow\_bce} > L_{occ\_epe} \\ \dfrac{L_{occ\_epe}}{L_{flow\_bce}}, & L_{flow\_bce} < L_{occ\_epe} \end{cases} \tag{7-23}$$

$$w_2 = \begin{cases} 1, & L_{occ\_bce} > L_{flow\_epe} \\ \dfrac{L_{flow\_epe}}{L_{occ\_bce}}, & Locc\_bce < L_{flow\_epe} \end{cases} \tag{7-24}$$

给定式 (7-22) 中的组合损失函数, 对特征金字塔的每一层输出的光流和运动遮挡检测结果计算该损失函数, 监督模型训练, 促进 PMC-PWC 方法同时学习光流计算和遮挡检测.

7.5.4 实验与分析

1. MPI-Sintel 数据集实验分析

本节首先利用 MPI-Sintel 数据集对本节方法和其他对比方法进行运动遮挡定量对比与分析. 表 7-8 和表 7-9 分别展示了各对比方法针对 MPI-Sintel 数据集运动遮挡检测结果数据对比. 从表 7-8 和表 7-9 中可以看出, 本节方法在 F1 分数评价指标上取得了最优表现, 在漏检率和误检率两项上也取得了较好的成绩. 对比传统方法和无监督学习方法, 监督学习方法的精度更高, 漏检率与误检率也更低. Back2Future 作为多帧方法, 相较于两帧方法的 MaskFlownetS 方法 F1 分数更高, 漏检率更低, 但是误检率更高. 传统方法在该数据集上表现较差, 对包含非刚性运动和大位移的困难场景效果不佳.

表 7-8 各方法在 MPI-Sintel 数据集上的平均 F1 分数对比 (粗体为最优值)

对比方法	多帧输入	类型	Clean	Final
Unflow		传统方法	0.28	0.27
Back2Future	√	无监督学习	0.49	0.44
MaskFlownetS		无监督学习	0.37	0.36
IRR-PWC		监督学习	0.71	0.67
本节算法		监督学习	**0.75**	**0.72**

表 7-9 各方法在 MPI-Sintel 数据集上的平均漏检率与误检率对比 (粗体为最优值)

对比方法	Clean 数据集		Final 数据集	
	OR	FR	OR	FR
Unflow	1.96%	18.32%	**1.94**%	20.51%
Back2Future	5.03%	2.75%	5.08%	2.96%
MaskFlownetS	5.77%	1.37%	5.76%	1.72%
IRR-PWC	1.98%	0.96%	2.84%	1.29%
本节算法	**1.85**%	**0.83**%	2.31%	**1.08**%

为进一步验证本节方法针对非刚性运动和大位移场景运动遮挡检测的鲁棒性, 本节分别选取 Alley_2、Ambush_2、Market_6 和 Temple_2 等图像序列进行实验测试. 图 7-27 展示了本节方法和其他对比方法针对上述图像序列的运动遮挡检测效果. 从图 7-27 中可以看出, Unflow 方法使用前后一致性检测计算运动遮挡区域, 由于采用的前后向光流是由无监督模型计算, 因此其运动遮挡检测效果较差, Back2Future 方法和 MaskFlownetS 方法同属于无监督深度学习方法, 由于 Back2Future 方法是多帧方法, 其获得的图像信息多于 MaskFlownetS 方法, 因此取得了更好的运动遮挡检测效果. 但是无监督的方法漏检率仍然较高, 对于非刚性运动和大位移场景的运动遮挡检测效果不佳. IRR-PWC 方法和本节方法都属于有监督学习方法, 通过引入对运动遮挡检测的监督学习, 模型对运

动遮挡检测的精度和鲁棒性相较传统方法和无监督学习方法更佳. 不难看出, 虽然 IRR-PWC 方法相对于其他对比方法精度和鲁棒性得到了很大的提升, 但是在包含非刚体运动和大位移的困难场景下, 效果仍然不佳. 而本节方法则具有更好的鲁棒性, 对比 IRR-PWC 方法, 本节算法在非刚性运动和大位移区域的精度更高.

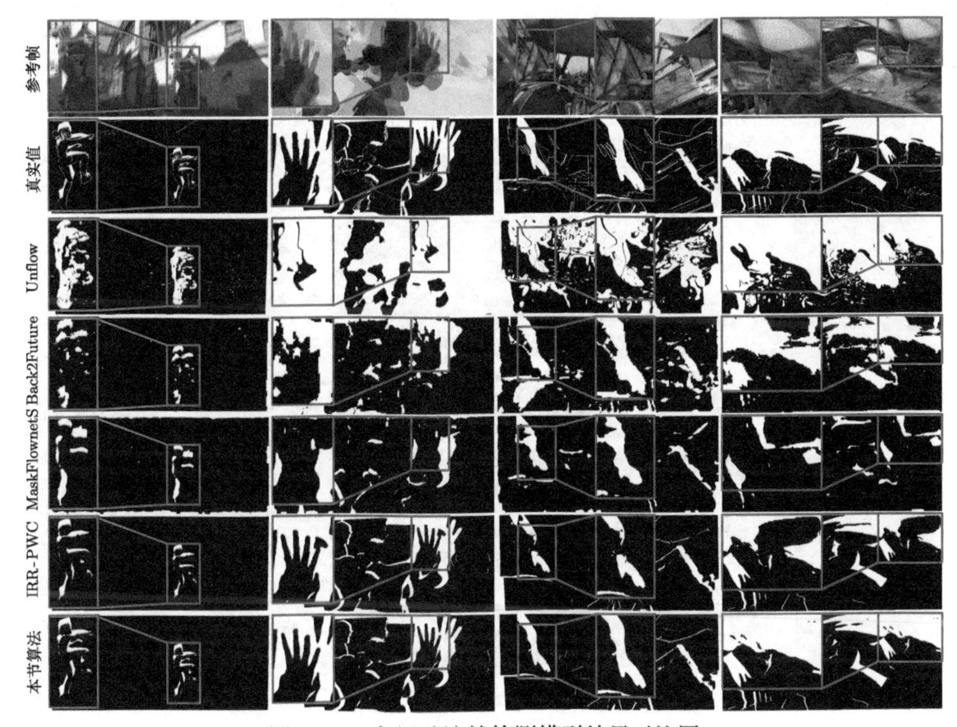

图 7-27 各运动遮挡检测模型结果对比图

为了定量分析各方法针对非刚性运动和大位移场景下运动遮挡检测的精度, 表 7-10 展示了本节算法和对比方法针对上述图像序列的 F1 分数对比结果. 从表 7-10 中可以看出, 本节算法在不同图像序列均取得了最优结果, 说明本节方法针对非刚体运动和大位移图像序列具有更好的遮挡检测鲁棒性.

2. KITTI 数据集实验分析

KITTI 数据集是真实路面上采集的交通场景, 本节进一步在 KITTI 数据集上测试了本节方法和各对比方法, 由于真实场景无法获得运动遮挡的真实值, 无法进行定量对比, 因此本节仅进行了可视化后的定性对比. 图 7-28 展示了各个方法以及本节方法在 KITTI 数据集部分图像序列上的运动遮挡检测结果.

表 7-10　各方法在包含非刚性运动和大位移场景图像序列的平均漏检与误检率对比 (粗体为最优值)

对比方法	MPI-Sintel(Clean) 训练数据集				MPI-Sintel(Final) 训练数据集			
	Alley_2	Ambush_2	Market_6	Temple_2	Alley_2	Ambush_2	Market_6	Temple_2
Unflow	0.4149	0.4313	0.4330	0.3243	0.4057	0.3920	0.4499	0.3120
Back2Future	0.6816	0.5888	0.6290	0.2712	0.6756	0.5199	0.6239	0.2683
MaskFlownetS	0.5057	0.5403	0.4660	0.3838	0.5039	0.4085	0.4735	0.3508
IRR-PWC	0.8709	0.9172	0.8155	0.7404	0.8770	0.7809	0.8023	0.6905
本节算法	**0.8811**	**0.9216**	**0.8304**	**0.7747**	**0.8764**	**0.7959**	**0.8106**	**0.7103**

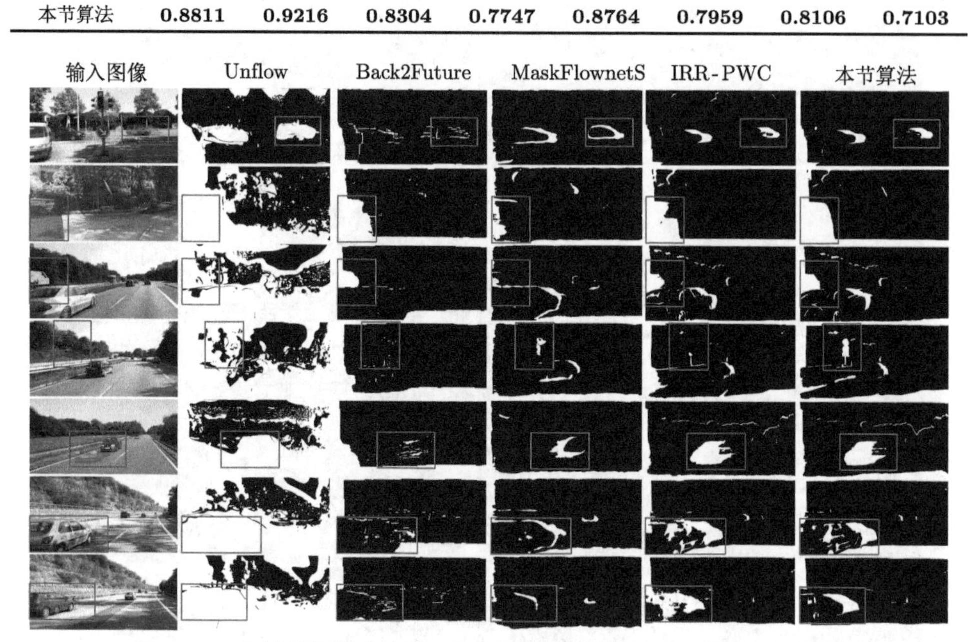

图 7-28　各遮挡检测方法在 KITTI 数据集上的运动遮挡结果对比图

由于 KITTI 数据集中包含了较多的大位移运动, 同一图像序列中第一帧图像和第三帧图像差异较大, 导致多帧方法 Back2Future 精度较低. 同属于无监督学习的两帧方法 MaskFlownetS 则展现出了良好的鲁棒性. 尽管 KITTI 数据集缺失了遮挡检测的真实值, 使得 IRR-PWC 方法和本节方法无法进行对运动遮挡检测进行监督学习, 但是 IRR-PWC 方法和本节方法仍然表现出了较高的精度和鲁棒性, 证明了由合成数据集训练出来的遮挡检测模型在真实场景同样具有较高的可靠性. 从图 7-27 中可以看到, 在真实场景下, 本节算法的运动遮挡检测精度比 IRR-PWC 方法更高, IRR-PWC 方法存在局部的误检和漏检的问题, 对于路边的指示牌等小物体以及行驶至图像外的车辆的运动遮挡检测效果不佳, 本节算法则对车辆等物体进行了正确的运动遮挡检测, 在真实场景运动遮挡检测中表现出了较高的准确性和良好的鲁棒性.

3. MPI-Sintel 数据集光流实验结果

本节首先在 MPI-Sintel 数据集上将本节所提出的 PMC-PWC 方法与各类光流计算方法进行综合比较.

表 7-11 总结了 PMC-PWC 方法与其他方法之间在 MPI Sintel 训练和测试数据集上评估的平均端点误差 (AEE) 的比较结果. 如表 7-11 所示, 与深度学习光流计算方法相比, 大多数多帧传统方法在 MPI-Sintel(Clean) 数据集上的精度更高. 然而, 由于 MPI-Sintel(Final) 数据集包含更多的大气效应、运动模糊和图像噪声, 因此传统方法在 MPI-Sintel(Final) 数据集的精度远低于深度学习光流计算方法.

表 7-11 各方法在 MPI-Sintel 数据集上的平均端点误差对比
(粗体为最优值, 下划线为次优值)

对比方法	多帧输入	CNN	训练集		测试集	
			Clean	Final	Clean	Final
MR-Flow	√		1.83	3.59	**2.53**	**5.38**
SfM-PM	√		—	—	2.91	5.47
DIP-Flow	√		—	—	3.10	6.01
SelFlow	√	√	1.68	1.77	3.75	**4.26**
ContinualFlow	√	√	—	—	3.34	4.53
MFF	√	√	—	—	3.42	4.57
ProFlow_ROB	√	√	—	—	**2.71**	5.02
ProFlow	√	√	—	—	2.82	5.02
FlowFields++			—	—	**2.94**	**5.49**
FlowFields+			—	—	3.10	5.71
MirrorFlow			—	—	3.32	6.07
EpicFlow			—	—	4.12	6.29
JOF			—	—	6.92	8.82
IRR-PWC		√	1.84	2.41	3.84	4.58
PWC-Net+		√	1.82	2.30	3.45	4.60
HD3-Flow		√	1.70	1.17	4.79	4.67
PWC-Net		√	2.02	2.08	4.39	5.04
FlowFieldsCNN		√	—	—	3.78	5.36
LiteFlowNet		√	1.64	2.23	4.54	5.38
FlowNet2		√	1.45	2.01	4.16	5.74
本节算法		√	1.53	2.41	**3.17**	**4.56**

深度学习方法通常难以同时在 MPI-Sintel-clean 和 MPI-Sintel-final 数据集上实现高精度的光流计算. 为了保证深度学习方法在实际场景中的泛化性, 大多数方法, 如 PWC-Net、PWC-Net+ 和 IRR-PWC, 在 MPI-Sintel-final 数据集上进行更多训练迭代以提高光流估计鲁棒性. 然而, 这种方法通常会降低光流计算在 MPI-Sintel-clean 数据集上的准确性. 为了在两个数据集上同时取得较高的准确

性, 本节同时在 MPI-Sintel-clean 和 MPI-Sintel-final 数据集上训练 PMC-PWC 网络, 不再在 MPI-Sintel-final 数据集上进行更多训练.

如表 7-11 所示, 在所有深度学习两帧方法中, 本节的 PMC-PWC 方法在 MPI-Sintel-clean 和 MPI-Sintel-final 数据集上都取得了最高的精度, 优于大多数深度学习两帧方法.

为了针对性地比较边界和遮挡区域的光流计算精度, 表 7-12 列出了 IRR-PWC、PWC-Net+ 和本节的 PMC-PWC 方法在 MPI-Sintel 测试数据集不同区域的平均端点误差对比结果, 如表 7-12 所示, 本节的 PMC-PWC 方法在 MPI-Sintel-clean 数据集的 d0 − 10、d10 − 60 和 s40+ 指标上精度最高, 在 d60 − 140、s0 − 10 和 s10 − 40 指标上精度次佳. 在 MPI-Sintel-final 数据集的 d0 − 10 和 d10 − 60 指标上精度最高, 在 s0 − 10、s10 − 40 和 s40+ 指标上精度次佳. 由于由运动遮挡引起的边缘模糊通常发生在图像和运动边界以及大位移区域, 表 7-12 中的对比结果表明, 本节所提出的 PMC-PWC 方法在边界区域和大位移区域具有更好的鲁棒性.

表 7-12　各方法在 MPI-Sintel 数据集不同区域的平均端点误差对比 (加粗为评价最优值, 下划线为次优值)

对比方法	MPI-Sintel(Clean) 测试数据集						MPI-Sintel(Final) 测试数据集					
	d0 − 10	d10 − 60	d60 − 140	s0 − 10	s10 − 40	s40+	d0 − 10	d10 − 60	d60 − 140	s0 − 10	s10 − 40	s40+
IRR-PWC	3.51	1.30	0.72	**0.54**	**1.72**	25.43	4.17	1.84	1.29	**0.71**	**2.42**	29.00
PWC-Net+	3.92	1.25	**0.49**	0.75	2.23	19.85	4.78	2.05	**1.23**	0.95	2.98	**26.62**
本节算法	**2.89**	**1.01**	0.56	0.64	1.75	**19.22**	**4.08**	**1.80**	1.45	0.88	2.51	27.78

为了更直观地比较各方法的光流计算结果, 本节在图 7-29 和图 7-30 中展示了 MPI-Sintel-clean 数据集上本节方法与其他对比方法的光流结果及其局部放大图. 可视化结果表明, 本节方法在运动遮挡区域的光流估计精度更高, 尤其是在运动边界区域的准确性与鲁棒性更好.

4. KITTI 数据集光流实验结果

由于 KITTI 数据集是采用移动车辆在真实场景中采集的, 因此近年来在各种光流方法的鲁棒性评价中越来越受到重视. 为了验证本节方法的准确性和鲁棒性, 本节在 KITTI 数据集上对本节方法和现有的光流计算方法进行对比.

表 7-13 总结了本节的 PMC-PWC 方法与其他方法在 KITTI 数据集的平均端点误差和 Fl 指标的对比结果. 从表 7-13 中可以看出, 由于 KITTI 数据集包含更多的照明变化、大位移和遮挡, 因此大多数基于卷积神经网络的方法在 KITTI2012 和 KITTI2015 基准上都优于传统的光流方法.

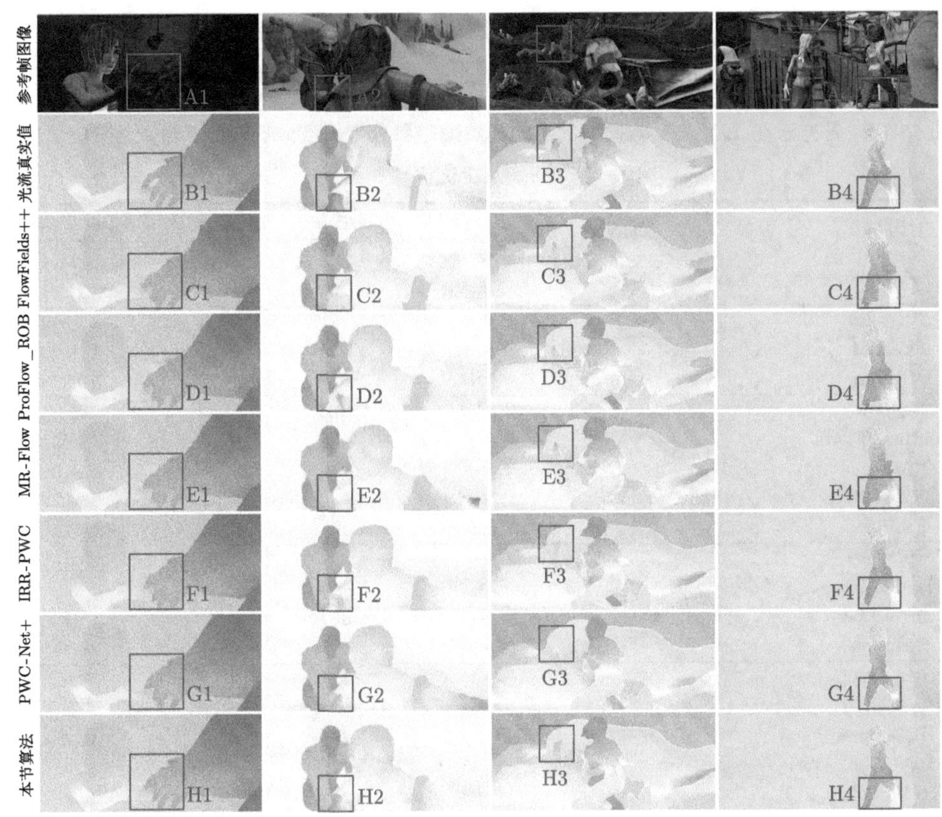

图 7-29 各方法在 MPI-Sintel 数据集的光流结果对比图 (红色方框内是运动遮挡区域)

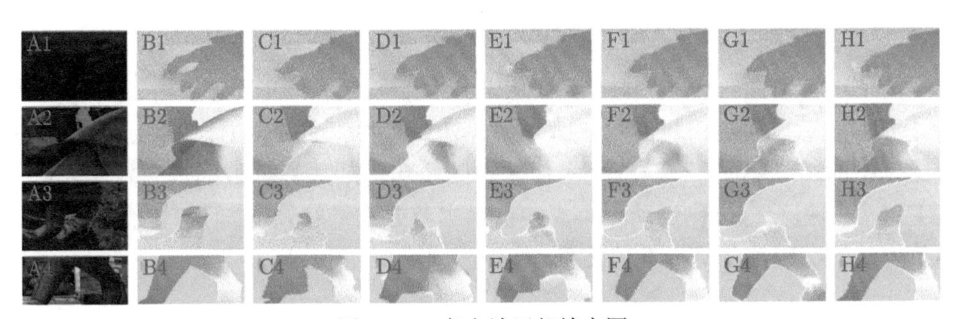

图 7-30 各方法局部放大图

由于 KITTI 数据集不提供运动遮挡真实值, 因此本节在 KITTI 数据集上对 PMC-PWC 模型进行微调时, 冻结了与遮挡计算相关的网络层参数. 如表 7-13 所示, 本节的 PMC-PWC 方法在 KITTI2012 和 KITTI2015 数据集上取得了次优的结果. HD3-Flow 方法在 KITTI 数据集取得了较好的表现, 因为它将完全稠密匹配分解为多层局部匹配, 这使得 HD3-Flow 方法特别适合于计算 KITTI 数据集中包含的大量刚体运动. 定量比较结果表明, 本节提出的 PMC-PWC 方法在 KITTI 数据集上具有较好的精度和鲁棒性.

表 7-13　各方法在 KITTI 数据集的平均端点误差和异常值百分比对比 (粗体为最优值, 下划线为次优值)

对比方法	多帧	CNN	KITTI2012		KITTI2015	
			AEPE (训练集)	Fl-Noc (测试集)	AEPE (训练集)	Fl-all (测试集)
MR-Flow	√		—	—	—	12.19%
SfM-PM	√		—	**4.02%**	—	**11.83%**
DIP-Flow	√		2.07	4.97%	5.72	16.33%
SelFlow	√	√	0.76	**3.32%**	1.18	8.42%
ContinualFlow	√	√	—	—	—	10.03%
MFF	√	√	—	4.19%	—	**7.17%**
ProFlow_ROB	√	√	—	—	—	15.42%
ProFlow	√	√	1.89	4.49%	5.22	15.04%
FlowFields++			—	—	—	15.31%
FlowFields+			—	5.06%	—	19.80%
MirrorFlow			—	**4.38%**	—	**10.29%**
EpicFlow			—	7.88%	—	26.29%
IRR-PWC		√	—	3.21%	1.63	7.65%
PWC-Net+		√	0.99	3.36%	1.47	7.72%
HD3-Flow		√	**0.81**	**2.26%**	**1.31**	**6.55%**
PWC-Net		√	1.45	4.22%	2.16	9.60%
LiteFlowNet		√	1.05	3.27%	1.62	9.38%
FlowNet2		√	1.28	4.82%	2.30	10.41%
SpyNet		√	4.13	12.31%	—	35.07%
本节算法		√	0.93	2.76%	1.32	7.22%

为了更直观地比较 KITTI 数据集上各方法的光流结果, 图 7-31 展示了本节的 PMC-PWC 方法和其他对比方法的光流误差图. 虽然 HD3-Flow 方法在定量比较中的精度略好于本节方法, 但它在图像和运动边界区域的误差较大. 尽管 KITTI 数据集没有提供运动遮挡真实值供本节方法进行训练, 但与其他方法相比, 本节方法的准确性和鲁棒性仍达到了较高水平.

5. *消融实验及分析*

为了检验本节方法对于提高光流准确性的作用, 本节首先采用 PWC-Net+ 作为基准模型进行测试. 然后, 将遮挡计算模块和并行多尺度上下文网络分别引入到基准模型中构建多个消融模型. 最后, 本节在 FlyingChairs、FlyingChairsOcc、MPI-Sintel 和 KITTI2015 数据集上测试各消融模型.

表 7-14 展示了在 FlyingChairs、FlyingChairsOcc、MPI-Sintel 和 KITTI2015 数据集上各模型的平均端点误差比较结果, 其中 Base+Occ 表示带有上下文网络

遮挡计算模块的基准模型, Full 表示带有多尺度上下文网络运动遮挡检测模块的完整的 PMC-PWC 模型. 所有消融模型首先在 FlyingChairsOcc 和 FlyingThings3D 数据集上进行预训练, 然后分别在 MPI-Sintel 和 KITTI 数据集上进行微调.

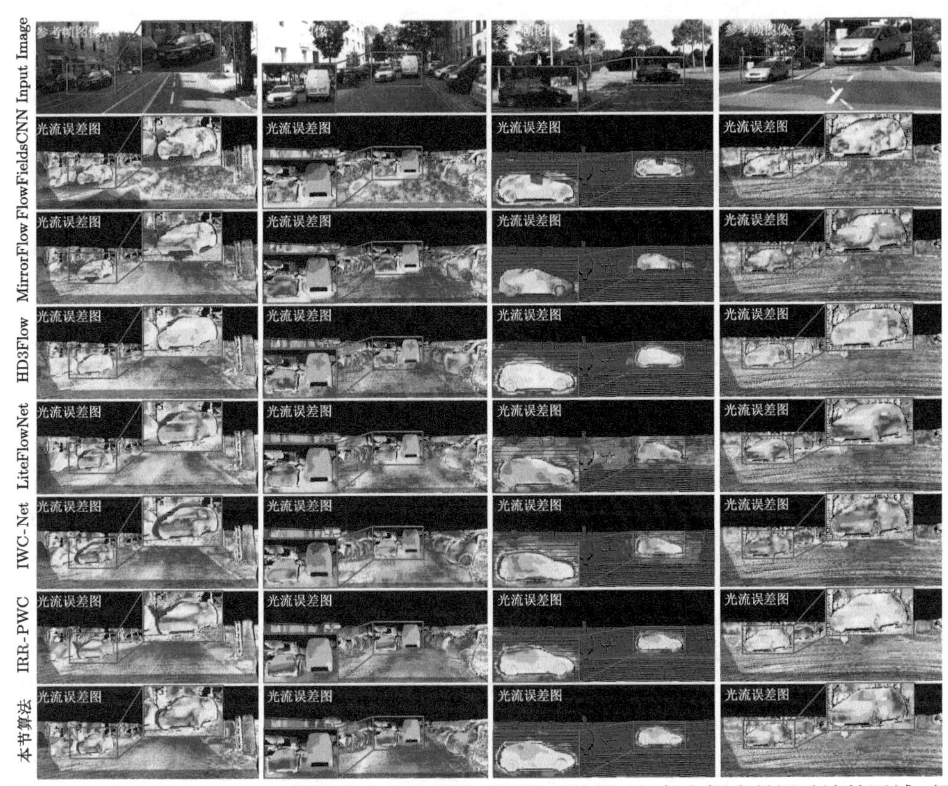

图 7-31 各方法在 KITTI 数据集上的光流结果误差对比图 (红色方框内是运动遮挡区域, 颜色越接近蓝色代表误差越小, 越接近红色代表误差越大)

表 7-14 各消融模型在各数据集的平均端点误差对比 (粗体为最优值, 下划线为次优值)

消融模型	FlyingChairs	FlyingChairsOcc	Sintel(Clean)	Sintel(Final)	KITTI2015
Baseline	2.593	2.542	2.131	3.114	1.922
Base+Occ	2.384	2.307	1.841	2.467	1.456
Full	**1.985**	**1.874**	**1.527**	**2.406**	**1.357**

如表 7-14 所示, 完整的 PMC-PWC 模型在所有数据集上的精度最高, 与其他模型的平均端点误差结果比较表明, 本节提出的并行多尺度上下文网络和遮挡计算模块显著提高了光流计算的精度.

为了进行更直观的对比, 本节在图 7-32 中展示了在 MPI-Sintel(Final) 数据集的 Perturbed Shaman_1 图像序列上评估的各模型的光流结果, 其中蓝色方框区域内表示包含图像和运动边界的局部区域. 如图 7-32 所示, 本节方法在图像和运动边界区域比其他模型表现更好, 并在运动遮挡区域取得了更高的鲁棒性.

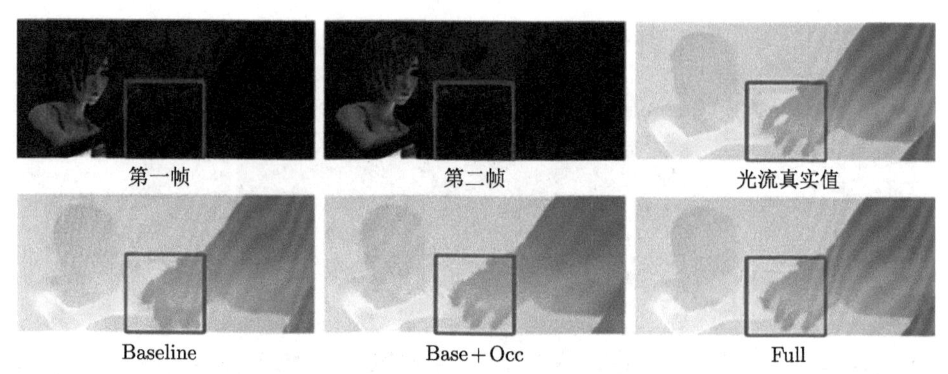

图 7-32　各消融模型的光流结果对比图 (蓝色方框内是运动边界和运动遮挡区域)

7.6　本章小结

本章首先提出一种自学习的遮挡检测模块. 该模块利用特征变形误差, 可直接获得遮挡特征, 并利用遮挡特征对基准模型 PWC-Net 中的匹配代价层进行正则, 提高网络模型在遮挡区域光流估计的鲁棒性. 针对复杂场景下网络模型的训练不充分问题, 本章提出一种混合训练函数. 采用传统变分光流计算中的光照、平滑一致性假设, 设计一种新颖的光照、平滑正则项, 并联合卷积神经网络中常用的端点误差函数.

然后, 针对运动遮挡场景光流计算的准确性和鲁棒性问题, 本章提出一种基于多尺度上下文信息的遮挡–光流联合估计方法. 首先, 利用具有不同扩张率的多条并行卷积分支, 构造多尺度上下文运动遮挡检测模块. 然后, 构建基于特征金字塔的遮挡检测与光流估计网络模型, 设计运动遮挡与光流交替优化的联合估计方法. 最后, 分别采用 MPI-Sintel 和 KITTI 测试数据集对本节算法以及现有的代表性光流计算方法进行综合测试与分析.

最后, 本章通过实验对本章所提方法进行了验证与分析, 实验结果表明, 本章方法有效提高了网络模型在复杂场景下光流计算的精度, 具有更高的光流估计精度, 尤其在运动遮挡场景下具有更好的鲁棒性.

第 8 章　总结与展望

本书第 1 章介绍了图像序列光流定义, 回顾了国内外研究发展与现状, 并对本书的主要内容及章节安排进行了介绍. 第 2 章首先介绍了光流计算领域常见的数据集——Middlebury 数据集、MPI-Sintel 数据集、KITTI 数据集、FlyingChairs 数据集、FlyingThings3D 数据集以及 HD1K 数据集, 然后对各基准数据集采用的评价指标进行了介绍. 第 3 章详细阐述了变分光流计算理论, 归纳总结了变分光流计算的一般基本方法, 介绍了变分光流算法模型中的数据项和平滑项及常用形式, 同时提出了两种改进的变分光流算法, 并通过大量实验证明这两种算法相较于以往变分光流计算技术, 在计算精度、鲁棒性以及抗噪性等方面具有更佳的优势. 第 4 章在前一章的基础上, 针对复杂场景等困难场景下变分光流计算技术面临的难点, 引入了基于图像纹理结构分解、金字塔分层变形计算以及非局部加权中值滤波优化, 提出了两种图像序列变分光流计算优化策略与方法, 分别基于运动优化语义分割引导变分光流计算以及采用联合滤波进行非局部变分光流计算. 第 5 章在图像局部匹配模型的基础上, 提出了基于图像相似变换和图像深度匹配的图像局部匹配改进模型. 第 6 章首先介绍了卷积神经网络的组成部分、工作原理, 然后介绍了三个典型的深度学习光流计算方法, 最后对一般的卷积神经网络光流计算训练方法进行了总结. 第 7 章对深度学习光流估计网络优化、训练策略进行了归纳总结, 针对深度学习光流计算技术存在的难点, 提出了两种深度学习光流计算方法, 提升了在复杂场景下光流估计的准确性和鲁棒性.

8.1　现有光流计算方法总结

• 变分光流计算理论随着研究的不断深入其理论日渐完善, 许多优秀的基于变分理论的光流计算模型和方法大量涌现. 当前, 在针对弱纹理、大位移以及弱遮挡等场景光流计算方面, 基于变分理论的光流计算方法不管在计算精度还是鲁棒性方法上均得到显著提升. 例如, 在 Middlebury 数据集上当前变分光流计算方法精度的提升已经非常不明显, 众多变分光流计算方法性能之间的差异越来越小. 尽管, 在 Middlebury 数据集变分光流计算方法性能较为优越, 但是该数据集场景较为简单, 其测试图像序列数据量也较少, 测试场景并不全面, 因此, 无法完全测试出光流算法的全部性能. 随着各种各样的数据集出现, 可以发现在包含强遮挡运动、阴影、非刚性运动以及强光照变化等具有挑战性场景的合成数据集 MPI-

Sintel 和真实场景的 KITTI 数据集, 变分光流计算方法在光流计算精度和鲁棒性仍待亟需提高. 在针对包含复杂运动场景的图像序列光流计算方面, 仍需进一步深入研究.

• 图像局部匹配光流计算理论在某种程度上可以视作变分光流计算理论的延伸. 其基本流程为, 先通过构建多种多样的特征描述子, 提取图像中包含丰富特征信息且鲁棒的图像特征. 然后, 利用图像特征匹配的方法, 追踪图像序列中相同特征区域的运动轨迹. 最后, 将其以匹配项形式集成至变分光流计算框架中, 通过最小化模型获取光流. 由于该理论利用到图像局部特征匹配的方法, 因此, 其针对大位移运动场景光流计算精度和鲁棒性较高并且对于刚性运动场景其也具有较为优越的性能. 但是, 这种方法严重依赖于图像序列中运动物体的局部特征信息, 当图像序列中包含非刚性运动或遮挡运动时, 由于局部特征产生形变或者被遮挡 (丢失), 将存在匹配项失效问题, 因此光流计算精度下降.

• 现有变分光流计算方法和图像局部匹配光流计算方法在计算精度和鲁棒性方面已取得较好的性能, 但是深度学习光流计算方法在运行速度、准确度方面相较更优. 在包含充足样本数据的基准数据集上, 有监督深度学习光流计算方法的准确率已超越变分方法和图像局部匹配方法. 但是在训练样本较少的基准数据集上, 如 Middlebury 数据集, 有监督深度学习光流计算方法的准确率低于变分光流计算方法. 在无训练样本的图像序列场景上, 深度学习方法表现欠佳, 无监督学习深度学习光流计算方法的精度仍有待提升. 在真实值场景下, 无监督深度学习光流计算方法表现仍不如有监督深度学习光流计算方法. 但是在开放场景下, 无监督深度学习光流计算方法表现出了更优的鲁棒性. 与变分光流和图像局部匹配光流计算方法相比, 深度学习光流计算技术理论基础仍然不足, 没有清晰的理论基础解释其中的工作原理.

8.2 光流计算技术发展展望

截至目前, 不管是基于变分理论的光流计算方法, 还是基于图像局部匹配的光流计算方法又或是基于深度学习的光流计算方法, 它们在计算精度与鲁棒性等方面均已取得了显著的进展. 但受制于对应理论发展得不足、研究得不够深入、图像序列场景的复杂多变, 上述光流计算方法仍然存在一些问题. 经整理, 可以概括如下：

1. 针对变分光流计算理论与方法

(1) 当图像序列中包含较剧烈光照变化、弱纹理区域、大形变运动以及运动遮挡等困难情况时, 变分光流计算方法仍不能有效地减小图像亮度突变以及亮度缺失所带来的误差影响. 是否可以依据彩色图像成像原理和过程, 依据彩色图像相对灰度图像包含更多图像特征信息来应对亮度突变及亮度确实带来的信息丢失问题.

(2) 物体或场景的运动形式和形态特征千差万别, 是否通过可以增加约束项或者建立适用于不同运动类型的光流计算模型来提高变分光流计算方法应对复杂变化运动场景的能力.

(3) 变分光流计算方法中一些模型权重参数靠人为经验获取, 且变分模型获取的图像特征在一定条件下并不比神经网络模型获取的效果差, 那么是否可以考虑研究将神经网络方法与变分方法相结合的方法, 弥补各自的劣势.

2. 针对图像局部匹配光流计算理论和方法

(1) 图像局部匹配光流计算模型在应对大位移运动场景方面光流计算效果较好, 但是, 在针对小位移运动场景的图像序列光流估计效果表现一般. 因此, 是否未来可以考虑将研究的重点放在设计更鲁棒的变分能量泛函进行更细致的迭代优化.

(2) 图像局部匹配光流计算模型普遍在图像序列边缘区域光流估计较差, 且在检测过程中需要加入光流先验知识, 降低了计算效率. 因此, 是否可以探索更高效的运动边缘检测方法以弥补该方法在边缘区光流估计的不足.

(3) 图像局部匹配光流计算模型, 在针对包含刚性大位移、非刚性大形变和强遮挡运动图像序列方面存在一定优势. 但是从实验分析中可以看到, 该计算方法均存在时耗较高的问题. 为提高该计算模型的应用价值, 是否可以考虑研究 GPU 并行加速计算策略, 尽可能满足工程实际需求.

3. 针对深度学习光流计算理论和方法

由于卷积神经网络模型自身的限制和模型训练策略以及标签数据的匮乏, 深度学习光流计算技术仍有许多相关工作有待进一步深入研究, 主要包括:

(1) 根据通用近似定理, 神经网络具有很强的 “学习” 能力, 然而要记住更多 “信息” 势必会使网络模型变得更复杂. 虽然局部连接、权重共享以及池化等优化操作可以一定程度简化神经网络模型、缓解模型复杂度和表达能力之间的矛盾. 但是, 受制于卷积操作中局部感受野的限制, 网络模型的信息 “记忆” 能力并不强, 因此, 添加过多的卷积以及优化操作势必增加训练网络模型的难度. 近期, 通过研究人脑处理信息过载方式而提出的注意力 (Attention) 机制被证明是解决卷积神经网络学习、记忆能力不足的有效手段, 因此在后续研究中应考虑利用注意力机制提高光流网络模型的计算能力.

(2) 现实世界是千变万化、错综复杂的, 当图像中包含非刚性大形变、物体的遮挡与闭塞等复杂运动场景时, 如何建立具有泛化性能的光流预测网络模型是深度学习光流计算技术研究的难点. 传统的变分光流计算技术在处理大位移、遮挡等方面已积累了丰富的手段与方法, 但由于能量泛函的最小化通常需要较大的运算负载, 传统变分模型通常在计算效率方面表现较差. 因此, 在后续的研究中应考虑如何结合深度学习与变分方法的各自优势, 在保证深度学习光流计算效率的同时显著提高光流估计的精度与鲁棒性.

(3) 基于有监督学习的图像序列光流计算技术是现阶段深度学习光流估计的主流方法. 但随着网络的不断加深, 现有的图像序列数据样本集已逐渐难以满足有监督学习光流估计模型的训练任务需求, 而从真实场景与合成数据中获取光流真实值又存在制作难度大、成本代价高以及难以广泛使用的诸多限制. 因此如何利用有限的标签数据探索高精度、强鲁棒性的光流计算网络学习策略是有监督学习光流计算技术的关键问题. 此外, 有监督学习光流网络模型的代价函数是影响网络模型光流估计效果的重要因素, 因此在后续的研究中应考虑如何设计具有自适应能力的网络代价函数, 以提高网络模型的泛化能力.

(4) 现有的无监督学习光流计算网络模型通常是以图像数据守恒假设为基础进行网络参数的训练, 而图像序列中包含的光照变化、大位移以及运动遮挡等场景会导致像素点亮度突变, 进而使得图像数据守恒假设并不成立或存在较大误差, 导致模型的光流预测精度较差. 近年来, 对抗生成网络是深度学习领域的研究热点, 其能够较好地拟合生成和判别函数. 在今后的研究中, 可以考虑利用对抗生成网络优化无监督学习光流计算模型的参数训练, 提高无监督学习光流估计的鲁棒性.

(5) 由于无监督学习策略没有利用标签数据集作为训练样本, 因此目前难以获取具有竞争力的光流预测效果. 而有监督学习网络模型需要大量标签数据进行网络参数训练, 因此在现实场景图像序列的光流估计鲁棒性仍有待进一步提高. 为了充分利用无监督学习无需大量标签数据和有监督学习计算精度高的优势, 在今后的研究中应重点考虑基于半监督学习策略的光流计算网络模型, 利用有限的标签数据和大规模无标签数据提高网络模型的泛化能力, 显著增强网络模型的光流估计精度与鲁棒性.

上面我们概括了本书的主要内容, 并分析了目前光流计算中的主要问题及未来可能的发展方向. 相信广大读者通过本书的介绍, 对图像序列光流计算技术会有更深刻的理解, 也希望本书可以对相关领域的研究人员起到帮助作用.

参 考 文 献

[1] Papachristos C, Tzoumanikas D, Tzes A. Aerial robotic tracking of a generalized mobile target employing visual and spatio–temporal dynamic subject perception. IEEE/RSJ International Conference on Intelligent Robots and Systems, Hamburg, IEEE, 2015: 4319-4324.

[2] Pinto A M, Costa P G, Correia M V, et al. Visual motion perception for mobile robots through dense optical flow fields. Robotics & Autonomous Systems, 2016, 87: 1-14.

[3] Choi Y W, Chung Y S, Lee S I, et al. Rear object detection method based on optical flow and vehicle information for moving vehicle. International Conference on Ubiquitous & Future Networks, Milan, IEEE, 2017: 203-205.

[4] 潘超, 刘建国, 李峻林. 昆虫视觉启发的光流复合导航方法. 自动化学报, 2015, 41(6): 1102-1112.

[5] Geiger A, Lauer M, Wojek C, et al. 3D traffic scene understanding from movable platforms. IEEE Transactions on Pattern Analysis and Machine Intelligence, 2014, 36(5): 1012-1025.

[6] Wojek C, Walk S, Roth S, et al. Monocular visual scene understanding: Understanding multi-object traffic scenes. IEEE Transactions on Pattern Analysis and Machine Intelligence, 2013, 35(4): 882-897.

[7] Teuliere C, Marchand E, Eck L. 3-D model-based tracking for UAV indoor localization. IEEE Transactions on Cybernetics, 2017, 45(5): 869-879.

[8] 鲜斌, 刘洋, 张旭, 等. 基于视觉的小型四旋翼无人机自主飞行控制. 机械工程学报, 2015, 51(9): 58-63.

[9] Song W, Wen D, Wang K, et al. Satellite image scene classification using spatial information. International Conference on Graphic and Image Processing, Singapore: IEEE, 2015: 4431-4435.

[10] Ji S, Fan X, Roberts D W, et al. Cortical surface shift estimation using stereovision and optical flow motion tracking via projection image registration. Medical Image Analysis, 2014, 18(7): 1169-1183.

[11] 耿凤欢, 刘慧, 郭强, 等. 基于变分光流估计的肺部 4D-CT 图像超分辨率重建. 计算机研究与发展, 2017, 54(8): 1703-1712.

[12] Horn B K P, Schunck B G. Determining optical flow. Artificial Intelligence, 1981, 17(1): 185-203.

[13] Dosovitskiy A, Fischery P, Ilg E, et al. FlowNet: Learning optical flow with convolutional networks. IEEE International Conference on Computer Vision, Santiago, IEEE, 2015: 2758-2766.

[14] Ranjan A, Black M J. Optical flow estimation using a spatial pyramid network. IEEE Conference on Computer Vision and Pattern Recognition, Hawaii, IEEE, 2017: 4164-4170.

[15] Ilg E, Mayer N, Saikia T, et al. Flownet 2.0: Evolution of optical flow estimation with deep networks. IEEE International Conference on Computer Vision and Pattern Recognition, Hawaii, IEEE, 2017: 2462-2470.

[16] Sun D, Yang X, Liu M Y, et al. Models matter, so does training: an empirical study of CNNs for optical flow estimation. IEEE Transactions on Pattern Analysis and Machine Intelligence, 2018: 1-15.

[17] Wedel A, Pock T, Zach C, et al. An improved algorithm for TV-L1 optical flow. Statistical and Geometrical Approaches to Visual Motion Analysis, Berlin, Springer, 2009: 23-45.

[18] Meinhardt-Llopis E, Pérez J S, Kondermann D. Horn-schunck optical flow with a multi-scale strategy. Image Processing on Line, 2013: 151-172.

[19] 刘骏, 祖静, 张瑜, 等. 光照变化条件下的光流估计. 中国图象图形学报, 2014, 19(10): 1475-1480.

[20] Andalibi M, Hoberock L L, Mohamadipanah H. Effects of texture addition on optical flow performance in images with poor texture. Image and Vision Computing, 2015, 40: 1-15.

[21] Papenberg N, Bruhn A, Brox T, et al. Highly accurate optic flow computation with theoretically justified warping. International Journal of Computer Vision, 2006, 67(2): 141-158.

[22] 陈震, 张聪炫, 晏文敬, 等. 基于图像局部结构的区域匹配变分光流算法. 电子学报, 2015, 43(11): 2200-2209.

[23] 张聪炫, 陈震, 黎明. 图像序列变分光流计算技术研究进展. 电子测量与仪器学报, 2015, 29(6): 793-803.

[24] Bruhn A, Weickert J, Schnörr C. Combining the advantages of local and global optic flow methods. Joint Pattern Recognition Symposium. Berlin: Springer, 2002: 454-462.

[25] Drulea M, Nedevschi S. Total variation regularization of local-global optical flow. IEEE International Conference on Intelligent Transportation Systems, Alaska, IEEE, 2012: 318-323.

[26] 项学智, 开湘龙, 张磊, 等. 一种变分偏微分多模型光流求解方法. 仪器仪表学报, 2014, 35(1): 109-116.

[27] Xu L, Chen J, Jia J. A segmentation based variational model for accurate optical flow estimation. European Conference on Computer Vision, Marseille, Springer, 2008: 671-684.

[28] 汪明润. 基于遮挡检测的非局部约束变分光流计算技术研究. 南昌: 南昌航空大学, 2016.

[29] 袁猛. 基于变分理论的光流计算技术研究. 南昌: 南昌航空大学, 2010.

[30] Nagel H H, Enkelmann W. An investigation of smoothness constraints for the estimation of displacement vector fields from image sequences. IEEE Transactions on Pattern

Analysis and Machine Intelligence, 1986, 8(5): 565-593.

[31] Weickert J, Schnörr C. Variational optic flow computation with a spatio-temporal smoothness constraint. Journal of Mathematical Imaging and Vision, 2001, 14(3): 245-255.

[32] Schnörr C, Sprengel R. A nonlinear regularization approach to early vision. Biological Cybernetics, 1994, 72(2): 141-149.

[33] Weickert J. On discontinuity-preserving optic flow. Proc. Computer Vision and Mobile Robotics Workshop, Santorini, IEEE, 1998,155-122.

[34] Zimmer H, Bruhn A, Weickert J. Optic flow in harmony. International Journal of Computer Vision, 2011, 93(3): 368-388.

[35] Brox T, Malik J. Large displacement optical flow: descriptor matching in variational motion estimation. IEEE Transactions on Pattern Analysis and Machine Intelligence, 2011, 33(3): 500-513.

[36] Hornacek M, Besse F, Kautz J, et al. Highly overparameterized optical flow using patchmatch belief propagation. European Conference on Computer Vision, Zurich, Springer, 2014: 220-234.

[37] Tu Z, Xie W, Cao J, et al. Variational method for joint optical flow estimation and edge-aware image restoration. Pattern Recognition, 2017, 65: 11-25.

[38] Weinzaepfel P, Revaud J, Harchaoui Z, et al. Deepflow: large displacement optical flow with deep matching. IEEE International Conference on Computer Vision, Portland, IEEE, 2013: 1385-1392.

[39] Chen Z, Jin H, Lin Z, et al. Large displacement optical flow from nearest neighbor fields. IEEE International Conference on Computer Vision and Pattern Recognition, Portland, IEEE, 2013: 2443-2450.

[40] Li Y, Osher S. A new median formula with applications to PDE based denoising. Communications in Mathematical Sciences, 2009, 7: 741-753.

[41] Werlberger M, Pock T, Bischof H. Motion estimation with non-local total variation regularization. 2010 IEEE Computer Society Conference on Computer Vision and Pattern Recognition, Sanfrancisco, IEEE, 2010: 2464-2471.

[42] Sun D, Roth S, Black M J. A quantitative analysis of current practices in optical flow estimation and the principles behind them. International Journal of Computer Vision, 2014, 106(2): 115-137.

[43] Stoll M, Volz S, Bruhn A. Adaptive integration of feature matches into variational optical flow methods. Proc. ACCV, 2012: 1-14.

[44] Lempitsky V, Roth S, Rother C. Fusion flow: discrete continuous optimization for optical flow estimation. International Conference on Computer Vision, Alaska, 2008: 1-8.

[45] Xu L, Jia J, Matsushita Y. Motion detail preserving optical flow estimation. IEEE Transactions on Pattern Analysis & Machine Intelligence, 2012, 34(9): 1744-1757.

[46] Barnes C, Shechtman E, Goldman D, et al. The generalized patchmatch correspondence

algorithm. European Conference on Computer Vision, Greece, 2010: 29-43.

[47] Revaud J, Weinzaepfel P, Harchaoui Z, et al. Epicflow: Edge-preserving interpolation of correspondences for optical flow. IEEE Conference on Computer Vision and Pattern Recognition, Boston, 2015: 1164-1172.

[48] Hu Y, Li Y, Song R. Robust interpolation of correspondences for large displacement optical flow. IEEE Conference on Computer Vision and Pattern Recognition, hawaii, 2017: 481-489.

[49] Hu Y, Song R, Li Y. Efficient coarse-to-fine patchmatch for large displacement optical flow. IEEE Conference on Computer Vision and Pattern Recognition, Las Vegas, 2016: 5704-5712.

[50] Li Y. Pyramidal gradient matching for optical flow estimation. arXiv preprint, 2017, arXiv:1704.03217.

[51] Bao L, Yang Q, Jin H. Fast edge-preserving patchmatch for large displacement optical flow. IEEE Conference on Computer Vision and Pattern Recognition, 2014: 3534-3541.

[52] Ho H W, de Croon G, van Kampen E, et al. Adaptive gain control strategy for constant optical flow divergence landing. IEEE Transactions on Robotics, 2018, 34(2): 508-516.

[53] 常侃, 张智勇, 陈诚, 等. 采用低秩与加权稀疏分解的视频前景检测算法. 电子学报, 2017, 45(9): 2272-2280.

[54] Menze M, Geiger A. Object scene flow for autonomous vehicles. IEEE International Conference on Computer Vision and Pattern Recognition, 2015: 3061-3070.

[55] Ke R, Li Z, Tang J, et al. Real-time traffic flow parameter estimation from UAV video based on ensemble classifier and optical flow. IEEE Transactions on Intelligent Transportation Systems, 2018, 20(1): 54-64.

[56] McGuire K, De Croon G, De Wagter C, et al. Efficient optical flow and stereo vision for velocity estimation and obstacle avoidance on an autonomous pocket drone. IEEE Robotics and Automation Letters, 2017, 2(2): 1070-1076.

[57] Dérian P, Almar R. Wavelet-based optical flow estimation of instant surface currents from shore-based and UAV videos. IEEE Transactions on Geoscience and Remote Sensing, 2017, 55(10): 5790-5797.

[58] Du B, Cai S, Wu C. Object tracking in satellite videos based on a multiframe optical flow tracker. IEEE Journal of Selected Topics in Applied Earth Observations and Remote Sensing, 2019, DOI: 10.1109/JSTARS.2019. 2917703.

[59] Balakrishnan G, Zhao A, Sabuncu M R, et al. An unsupervised learning model for deformable medical image registration. IEEE International Conference on Computer Vision and Pattern Recognition, 2018: 9252-9260.

[60] 许鸿奎, 江铭炎, 杨明强. 基于改进光流场模型的脑部多模医学图像配准. 电子学报, 2012, 40(3): 525-529.

[61] 张聪炫, 陈震, 黎明. 单目图像序列光流三维重建技术研究综述. 电子学报, 2016, 44(12): 3044-3052.

[62] Bailer C, Taetz B, Stricker D. Flow fields: Dense correspondence fields for highly

accurate large displacement optical flow estimation. IEEE International Conference on Computer Vision, 2015: 4015-4023.

[63] Heeger D J. Optical flow using spatiotemporal filters. International Journal of Computer Vision, 1988, 1(4): 279-302.

[64] Fleet D J, Jepson A D. Computation of component image velocity from local phase information. International Journal of Computer Vision, 1990, 5(1): 77-104.

[65] Zhang C X, Chen Z, Wang M, et al. Robust non-local tv-l1 optical flow estimation with occlusion detection. IEEE Transactions on Image Processing, 2017, 26(8): 4055-4067.

[66] 葛利跃, 张聪炫, 陈震, 等. 相互结构引导滤波 TV-L1 变分光流估计. 电子学报, 2019, 47(3): 707-713.

[67] 张聪炫, 陈震, 熊帆, 等. 非刚性稠密匹配大位移运动光流估计. 电子学报, 2019, 47(6): 1316-1323.

[68] Simonyan K, Zisserman A. Very deep convolutional networks for large-scale image recognition. arXiv preprint arXiv: 1409.1556, 2014.

[69] Szegedy C, Liu W, Jia Y, et al. Going deeper with convolutions. IEEE International Conference on Computer Vision and Pattern Recognition, 2015: 1-9.

[70] He K, Zhang X, Ren S, et al. Deep residual learning for image recognition. IEEE International Conference on Computer Vision and Pattern Recognition, 2016: 770-778.

[71] Huang G, Liu Z, Van Der Maaten L, et al. Densely connected convolutional networks. IEEE International Conference on Computer Vision and Pattern Recognition, 2017: 4700-4708.

[72] Jung S, Hwang S, Shin H, et al. Perception, guidance, and navigation for indoor autonomous drone racing using deep learning. IEEE Robotics and Automation Letters, 2018, 3(3): 2539-2544.

[73] Gomaa A, Abdelwahab M M, Abo-Zahhad M, et al. Robust vehicle detection and counting algorithm employing a convolution neural network and optical flow. Sensors, 2019, 19(20): 4588.

[74] Zhu Z, Wu W, Zou W, et al. End-to-end flow correlation tracking with spatial-temporal attention. IEEE Conference on Computer Vision and Pattern Recognition, 2018: 548-557.

[75] Djelouah A, Campos J, Schaub-Meyer S, et al. Neural inter-frame compression for video coding. IEEE International Conference on Computer Vision, 2019: 6421-6429.

[76] Hubel D H, Wiesel T N. Receptive fields, binocular interaction and functional architecture in the cat's visual cortex. Journal of Physiology, 1962, 160(1): 106-154.

[77] Lecun Y, Boser B, Denker J S, et al. Backpropagation applied to handwritten zip code recognition. Neural Computation, 1989, 1(4): 541-551.

[78] Ronneberger O, Fischer P, Brox T. U-net: Convolutional networks for biomedical image segmentation. International Conference on Medical image computing and computer-assisted intervention, 2015: 234-241.

[79] Sun D, Yang X, Liu M Y, et al. Pwc-net: Cnns for optical flow using pyramid, warping,

and cost volume. IEEE International Conference on Computer Vision and Pattern Recognition, 2018: 8934-8943.

[80] Ilg E, Saikia T, Keuper M, et al. Occlusions, motion and depth boundaries with a generic network for disparity, optical flow or scene flow estimation. European Conference on Computer Vision, 2018: 614-630.

[81] Hui T W, Tang X, Loy C C. LiteFlowNet: A lightweight convolutional neural network for optical flow estimation. IEEE International Conference on Computer Vision and Pattern Recognition, 2018: 8981-8989.

[82] Sevilla-Lara L, Sun D, Jampani V, et al. Optical flow with semantic segmentation and localized layers. IEEE International Conference on Computer Vision and Pattern Recognition, 2016: 3889-3898.

[83] Cheng J, Tsai Y H, Wang S, et al. Segflow: Joint learning for video object segmentation and optical flow. IEEE International Conference on Computer Vision, 2017: 686-695.

[84] Mayer N, Ilg E, Fischer P, et al. What makes good synthetic training data for learning disparity and optical flow estimation. International Journal of Computer Vision, 2018, 126(9): 942-960.

[85] Baker S, Scharstein D, Lewis J P, et al. A database and evaluation methodology for optical flow. International Journal of Computer Vision, 2011, 92(1):1-31.

[86] Butler D J, Wulff J, Stanley G B, et al. A naturalistic open source movie for optical flow evaluation. European Conference on Computer Vision, 2012: 611-625.

[87] Geiger A, Lenz P, Stiller C, et al. Vision meets robotics: the KITTI dataset. International Journal of Robotics Research, 2013, 32(11): 1231-1237.

[88] Mayer N, Ilg E, Häusser P, et al. A large dataset to train convolutional networks for disparity, optical flow, and scene flow estimation. IEEE International Conference on Computer Vision and Pattern Recognition, 2016: 4040-4048.

[89] Kingma D P, Ba J. Adam: a method for stochastic optimization. arXiv preprint arXiv:1412.6980, 2014.

[90] Jason J Y, Harley A W, Derpanis K G. Back to basics: unsupervised learning of optical flow via brightness constancy and motion smoothness. European Conference on Computer Vision, 2016: 3-10.

[91] Vogel C, Roth S, Schindler K. An evaluation of data costs for optical flow. German Conference on Pattern Recognition, 2013: 343-353.

[92] Zhu A Z, Yuan L, Chaney K, et al. Unsupervised event-based learning of optical flow, depth, and egomotion. IEEE International Conference on Computer Vision and Pattern Recognition, 2019: 989-997.

[93] Paredes-Vallés F, Scheper K Y W, De Croon G C H E. Unsupervised learning of a hierarchical spiking neural network for optical flow estimation: from events to global motion perception. IEEE Transactions on Pattern Analysis and Machine Intelligence, DOI: 10.1109/TPAMI.2019. 2903179.

[94] Shedligeri P, Mitra K. Live Demonstration: joint estimation of optical flow and intensity

image from event sensors. IEEE International Conference on Computer Vision and Pattern Recognition, 2019: 1-2.

[95] Meister S, Hur J, Roth S. UnFlow: unsupervised learning of optical flow with a bidirectional census loss. arXiv preprint arXiv:1711.07837, 2017.

[96] Wang Y, Yang Y, Yang Z, et al. Occlusion aware unsupervised learning of optical flow. IEEE International Conference on Computer Vision and Pattern Recognition, 2018: 4884-4893.

[97] Janai J, Guney F, Ranjan A, et al. Unsupervised learning of multi-frame optical flow with occlusions. European Conference on Computer Vision, 2018: 690-706.

[98] Rasmus A, Berglund M, Honkala M, et al. Semi-supervised learning with ladder networks. Advances in Neural Information Processing Systems, 2015: 3546-3554.

[99] Zhu Y, Lan Z, Newsam S, et al. Guided optical flow learning. IEEE International Conference on Computer Vision and Pattern Recognition, 2017: 1-5.

[100] Yang G, Deng Z, Wang S, et al. Masked label learning for optical flow regression. International Conference on Pattern Recognition, 2018: 1139-1144.

[101] Lai W S, Huang J B, Yang M H. Semi-supervised learning for optical flow with generative adversarial networks. Advances in Neural Information Processing Systems, 2017: 354-364.

[102] Lin T Y, Dollár P, Girshick R, et al. Feature pyramid networks for object detection. IEEE International Conference on Computer Vision and Pattern Recognition, 2017: 2117-2125.

[103] Paris S, Hasinoff S W, Kautz J. Local Laplacian filters: edge-aware image processing with a Laplacian pyramid. Communications of the ACM, 2015, 58(3): 81-91.

[104] Hosni A, Rhemann C, Bleyer M, et al. Fast cost-volume filtering for visual correspondence and beyond. IEEE Transactions on Pattern Analysis and Machine Intelligence, 2013, 35(2): 504-511.

[105] Lu Y, Valmadre J, Wang H, et al. Devon: Deformable volume network for learning optical flow. European Conference on Computer Vision, 2018: 1-4.

[106] Zhang C X, Ge L Y, Chen Z, et al. Refined TV-L1 optical flow estimation using joint filtering. IEEE Transactions on Multimedia, DOI: 10.1109/TMM. 2019.2929934.

[107] Yu F, Koltun V. Multi-scale context aggregation by dilated convolutions. arXiv preprint arXiv:1511.07122, 2015.

[108] Lai H Y, Tsai Y H, Chiu W C. Bridging stereo matching and optical flow via spatiotemporal correspondence. IEEE International Conference on Computer Vision and Pattern Recognition, 2019: 1890-1899.

[109] Ranjan A, Jampani V, Balles L, et al. Competitive collaboration: joint unsupervised learning of depth, camera motion, optical flow and motion segmentation. IEEE International Conference on Computer Vision and Pattern Recognition, 2019: 12240-12249.

[110] Yin Z, Shi J. Geonet: Unsupervised learning of dense depth, optical flow and camera pose. IEEE International Conference on Computer Vision and Pattern Recognition,

2018: 1983-1992.

[111] Aubry M, Maturana D, Efros A A, et al. Seeing 3D chairs: exemplar part-based 2d-3d alignment using a large dataset of cad models. IEEE International Conference on Computer Vision and Pattern Recognition, 2014: 3762-3769.

[112] Ilg E, Cicek O, Galesso S, et al. Uncertainty estimates and multi-hypotheses networks for optical flow. European Conference on Computer Vision, 2018: 652-667.

[113] Hérissé B, Hamel T, Mahony R, et al. Landing a VTOL unmanned aerial vehicle on a moving platform using optical flow. IEEE Transactions on Robotics, 2012, 28(1): 77-89.

[114] Holte M B, Moeslund T B, Fihl P. View invariant gesture recognition using 3D optical flow and harmonic motion context. Computer Vision and Image Understanding, 2010, 114 (12): 1353-1361.

[115] Lucas B D, Kanade T. An iterative image registration technique with an application to stereo vision. Proceedings of the 7th International Joint Conference on Artificial intelligence. Vienna: Springer, 1981. 674-679.

[116] Barron J L, Fleet D J, Beauchemin S S. Performance of optical flow techniques. International Journal of Computer Vision, 1994, 12(1): 43-77.

[117] 涂志刚, 谢伟, 熊淑芬, 等. 一种高精度的 TV-L1 光流算法. 武汉大学学报 (信息科学版), 2012, 37(4): 496-499.

[118] Werlberger M, Trobin W, Pock T, et al. Anisotropic Huber-L1 optical flow[A]. Proceedings of the British Machine Vision Conference. London: BMVA, 2009: 1-11.

[119] 梅广辉, 陈震, 危水根, 等. 图像光流联合驱动的变分光流计算新方法. 中国图象图形学报, 2011, 16(12): 2159-2168.

[120] Sun D, Roth S, Black M J. Secrets of optical flow estimation and their principles[A]. IEEE Conference on Computer Vision and Pattern Recognition. San Francisco: IEEE, 2010: 2432-2439.

[121] Brox T, Bruhn A, Papenberg N, et al. High accuracy optical flow estimation based on a theory for warping. 8th European Conference on Computer Vision. Prague: Springer, 2004: 25-36.

[122] Amiaz T, Lubetzky E, Kiryati N. Coarse to over-fine optical flow estimation. Pattern recognition, 2007, 40(9): 2496-2503.

[123] Zhang C X, Chen Z, Li M, et al. Anisotropic optical flow algorithm based on self-adaptive cellular neural network. Journal of Electronic Imaging, 2013, 22(1): 013038.

[124] Ding J, Tang Y, Tian H, et al. Robust tracking with adaptive appearance learning and occlusion detection. Multimedia Systems, 2016, 22(2): 255-269.

[125] 张世辉, 张钰程. 基于单幅深度图像遮挡信息的下一最佳观测方位确定方法. 电子学报, 2016, 44(2): 445-452.

[126] Faro A, Giordano D, Spampinato C. Adaptive background modeling integrated with luminosity sensors and occlusion processing for reliable vehicle detection. IEEE Transactions on Intelligent Transportation Systems, 2011, 12(4): 1398-1412.

[127] Alessandrini M, Basarab A, Liebgott H, et al. Myocardial motion estimation from medical images using the monogenic signal. IEEE Transactions on Image Processing, 2013, 22(3): 1084-1095.

[128] Kääb A, Leprince S. Motion detection using near-simultaneous satellite acquisitions. Remote Sensing of Environment, 2014, 154: 164-179.

[129] Xu J, Yang Q, Feng Z. Occlusion-Aware Stereo Matching. International Journal of Computer Vision, 2016, 120(3): 1-16.

[130] Malathi T, Bhuyan M K. Estimation of disparity map of stereo image pairs using spatial domain local Gabor wavelet. IET Computer Vision, 2015, 9(4): 595-602.

[131] Zitnick C L, Kanade T. A cooperative algorithm for stereo matching and occlusion detection. IEEE Transactions on Pattern Analysis and Machine Intelligence, 2000, 22(7): 675-684.

[132] 张世辉, 刘建新, 孔令富. 基于深度图像利用随机森林实现遮挡检测. 光学学报, 2014, 34(9): 189-200.

[133] Huq S, Koschan A, Abidi M. Occlusion filling in stereo: theory and experiments. Computer Vision and Image Understanding, 2013, 117(6): 688-704.

[134] Hua Y, Alahari K, Schmid C. Occlusion and motion reasoning for long-term tracking. European Conference on Computer Vision, 2014: 172-187.

[135] 朱周, 路小波. 基于椭圆拟合的车辆遮挡处理算法. 仪器仪表学报, 2015, 36(1) : 209-214.

[136] Kennedy R, Taylor C J. Optical flow with geometric occlusion estimation and fusion of multiple frames. International Workshop on Energy Minimization Methods in Computer Vision and Pattern Recognition, 2015: 364-377.

[137] Ayvaci A, Raptis M, Soatto S. Sparse occlusion detection with optical flow. International Journal of Computer Vision, 2012, 97(3): 322-338.

[138] Leordeanu M, Zanfir A, Sminchisescu C. Locally affine sparse-to-dense matching for motion and occlusion estimation. IEEE International Conference on Computer Vision, 2013: 1721-1728.

[139] Chang J Y, Tejero-de-Pablos A, Harada T. Improved optical flow for gesture-based human-robot interaction. 2019 IEEE International Conference on Robotics and Automation. Montreal, Canada: IEEE Press, 2019: 7983-7989.

[140] Xie H, Chen W, Wang J, et al. Hierarchical Quadtree Feature Optical Flow Tracking Based Sparse Pose-Graph Visual-Inertial SLAM. 2020 IEEE International Conference on Robotics and Automation. Paris, France: IEEE Press, 2020: 58-64.

[141] 方巍, 庞林, 张飞鸿, 等. 对抗型长短期记忆网络的雷达回波外推算法. 中国图象图形学报, 2021, 26(5): 1067-1080.

[142] Bambalan E P B, Britanico C M C, Francisco E L T, et al. Determining movement of a 2-DOF motion chair using optical flow for realistic roller coaster ride using 360° video. 2020 4th International Conference on Trends in Electronics and Informatics. Tamilnadu, India: IEEE Press, 2020: 780-786.

[143] HOfinger M, Bulo S R, Porzi L, et al. Improving optical flow on a pyramid level.

European Conference on Computer Vision 2020. Glasgow, UK: Springer Press, 2020: 1-33.

[144] Hur J, Roth S. Iterative residual refinement for joint optical flow and occlusion estimation. IEEE International Conference on Computer Vision and Pattern Recognition. Long Beach, USA: IEEE Press, 2019: 5754-5763.

[145] Zhao S, Sheng Y, Dong Y, et al. MaskFlownet: asymmetric feature matching with learnable occlusion mask. 2020 IEEE Conference on Computer Vision and Pattern Recognition. Seattle, USA: IEEE Press, 2020: 6277-6286.

[146] Wang H, Fan R, Liu M. CoT-AMFlow: Adaptive Modulation Network with Co-Teaching Strategy for Unsupervised Optical Flow Estimation. [2020-11-04]. https://arxiv.org/pdf/2011.02156.pdf.

[147] Jonschkowski R, Stone A, Barron J T, et al. What matters in unsupervised optical flow. European Conference on Computer Vision. Glasgow, UK: Springer Press, 2020: 557-572.

[148] Li H, Luo K, Liu S. GyroFlow: Gyroscope-Guided Unsupervised Optical Flow Learning. [2021-03-25]. https://arxiv.org/pdf/2103.13725.pdf.

[149] Maurer D, Stoll M, Bruhn A. Order-adaptive and illumination-aware variational optical flow refinement. The British Machine Vision Conference. London, UK: Bmva Press, 2017: 1-15.

[150] Mohamed M A, Rashwan H A, Mertsching B, et al. Illumination-robust optical flow using a local directional pattern. IEEE Transactions on Circuits and Systems for Video Technology, 2014, 24(9): 1499-1508.

[151] Monzon N, Salgado A, Sanchez J. Regularization strategies for discontinuity-preserving optical flow methods. IEEE Transactions on Image Processing, 2016, 25(4): 1580-1591.

[152] Yin Z, Darrell T, Yu F. Hierarchical discrete distribution decomposition for match density estimation. 2019 IEEE Conference on Computer Vision and Pattern Recognition. Long Beach, USA: IEEE Press, 2019: 6037-6046.

[153] Chen J, Cai Z, Lai J, et al. Efficient Segmentation-Based PatchMatch for Large Displacement Optical Flow Estimation. IEEE Transactions on Circuits and Systems for Video Technology, 2018 (99): 3595-3607.

[154] Maurer D, Marniok N, Goldluecke B, et al. Structure-from-motion-aware patchmatch for adaptive optical flow estimation. European Conference on Computer Vision 2018. Munich, Germany: Springer Press, 2018: 1-17.

[155] Chen Z, Zhang C, Xiong F, et al. NRDC-Flow: Large displacement flow field estimation using non-rigid dense correspondence. IET Computer Vision, 2020, 14(5): 248-258.

[156] Hur J, Roth S. MirrorFlow: Exploiting symmetries in joint optical flow and occlusion estimation. IEEE International Conference on Computer Vision. Venice, Italy: IEEE Press, 2017: 312-321.

[157] Mei L, J Lai, Xie X, et al. Illumination-Invariance Optical Flow Estimation Using Weighted Regularization Transform. IEEE Transactions on Circuits and Systems for

Video Technology, 2019: 495-508.

[158] Zhao F, Huang Q, Gao W. Image matching by normalized cross-correlation.IEEE International Conference on Acoustics, Speech & Signal Processing. Toulouse, France :IEEE Press, 2006: 729-732.

[159] Chen L C, Zhu Y, Papandreou G, et al. Encoder-decoder with atrous separable convolution for semantic image segmentation. European Conference on Computer Vision. Munich, Germany: Springer Press, 2018: 801-818.

[160] Sun D, Wulff J, Sudderth E B, et al. A fully-connected layered model of foreground and background flow. IEEE Conference on Computer Vision and Pattern Recognition. Ohio, USA: IEEE Press, 2013: 2451-2458.

[161] Rashwan H A, Mohamed M A, García M A, et al. Illumination robust optical flow model based on histogram of oriented gradients. 35th German Conference on Pattern Recognition, 2013: 354-363.

[162] Black M J, Anandan P. The robust estimation of multiple motions: parametric and piecewise-smooth flow fields. Computer Vision & Image Understanding, 1996, 63(1): 75-104.

[163] Hur J, Roth S. Joint optical flow and temporally consistent semantic segmentation. European Conference on Computer Vision, 2016: 163-177.

[164] Dong W, Shi G, Hu X, et al. Nonlocal sparse and low-rank regularization for optical flow estimation. IEEE Transactions on Image Processing, 2014, 23(10): 4527-4538.

[165] Xiao J, Cheng H, Sawhney H, et al. Bilateral filtering-based optical flow estimation with occlusion detection. European Conference on Computer Vision, 2006: 211-224.

[166] Shen X, Zhou C, Xu L, et al. Mutual-structure for joint filtering. International Journal of Computer Vision, 2017, 125(1-3): 19-33.

[167] 张聪炫, 陈震, 汪明润, 等. 基于光流与 Delaunay 三角网格的图像序列运动遮挡检测. 电子学报, 2018, 46(2): 479-485.

[168] 张桂梅, 孙晓旭, 刘建新, 等. 基于分数阶微分的 TV-L1 光流模型的图像配准方法研究. 自动化学报, 2017, 43(12): 2213-2224.

[169] Wannenwetsch A S, Keuper M, Roth S. Probflow: Joint optical flow and uncertainty estimation. IEEE International Conference on Computer Vision, 2017: 1182-1191.

[170] Hernandez M. Primal-dual optimization strategies in Huber-L1 optical flow with temporal subspace constraints for non-rigid sequence registration. Image and Vision Computing, 2018, 69: 44-67.

[171] Yang J, Li H. Dense, accurate optical flow estimation with piecewise parametric model. IEEE Conference on Computer Vision and Pattern Recognition, 2015: 1019-1027.

[172] Boykov Y, Veksler O, Zabih R. Fast approximate energy minimization via graph cuts. IEEE Transactions on Pattern Analysis and Machine Intelligence, 2001, 23(11): 1222-1239.

[173] Rother C, Kolmogorov V, Lempitsky V, et al. Optimizing binary MRFs via extended roof duality. IEEE Conference on Computer Vision and Pattern Recognition, 2007: 1-8.

[174] Pan Chao, Liu J G, Li J L. An optical flow-based composite navigation method inspired by insect vision. Acta Automatica Sinica, 2015, 41(6): 1102-1112 (in Chinese).

[175] Colque R, Caetano C, Andrade M, et al. Histograms of optical flow orientation and magnitude and entropy to detect anomalous events in Videos. IEEE Transactions on Circuits and Systems for Video Technology, 2017, 27(3): 673-682.

[176] 王飞, 崔金强, 陈本美, 等. 一套完整的基于视觉光流和激光扫描测距的室内无人机导航系统. 自动化学报, 2013, 39(11): 1889-1900.

[177] 张桂梅, 孙晓旭, 刘建新, 等. 基于分数阶微分的 TV-L1 光流模型的图像配准方法研究. 自动化学报, 2017, 43(12): 2213-2224.

[178] Perona P, Malik J. Scale-space and edge detection using anisotropic diffusion. IEEE Transactions on Pattern Analysis and Machine Intelligence, 1990, 12(7): 629-639.

[179] Weickert J, Schnörr C. A theoretical framework for convex regularizers in PDE-based computation of image motion. International Journal of Computer Vision, 2001, 45(3): 245-264.

[180] Hu Y, Song R, Li Y. Efficient coarse-to-fine patch match for large displacement optical flow. Proceedings of the 2013 International Conference on Computer Vision and Pattern Recognition, Las Vegas, USA: IEEE, 2016: 5704-5712.

[181] Revaud J, Weinzaepfel P, Harchaoui Z, et al. Epicflow: Edge-preserving interpolation of correspond- dences for optical flow. Proceedings of the 2013 International Conference on Computer Vision and Pattern Recognition. Boston, USA: IEEE, 2015: 1164-1172

[182] Revaud J, Weinzaepfel P, Harchaoui Z, et al. DeepMatching: Hierarchical deformable dense matching. International Journal of Computer Vision, 2016, 120(3): 300-323.

[183] Bian J, Lin W Y, Matsushita Y, et al. GMS: Grid-based motion statistics for fast, ultra- robust feature correspondence. Proceedings of the 2017 International Conference on Computer Vision and Pattern Recognition. Honolulu, USA: IEEE, 2017: 4181-4190.